城市基础设施规划方法创新与实践系列丛书

城市消防工程规划方法创新与实践

深圳市城市规划设计研究院
刘应明　刘　瑶　彭　剑　黄俊杰　编著

中国建筑工业出版社

图书在版编目(CIP)数据

城市消防工程规划方法创新与实践/深圳市城市规划设计研究院等编著. —北京：中国建筑工业出版社，2020.4

（城市基础设施规划方法创新与实践系列丛书）

ISBN 978-7-112-24804-9

Ⅰ.①城… Ⅱ.①深… Ⅲ.①消防-市政工程-城市规划 Ⅳ.①TU998.1

中国版本图书馆CIP数据核字(2020)第023488号

本书是作者团队多年来从事城市消防工程规划工作的经验总结。全书在介绍城市火灾基本概念、我国城市消防规划体系以及城市消防规划发展概况基础上，全面系统地阐述了城市消防工程规划的编制方法和基本要求，具体包括区域火灾风险评估、消防安全布局、消防站布局、消防装备、消防供水、消防通信及指挥系统、消防车通道、森林消防、综合应急救援体系、消防规划管理等多方面内容。同时选取多个规划实践案例进行了全面介绍，在附录中选取了中国香港地区、日本以及美国等国家或地区的消防体系进行了简单介绍。为城市消防工程规划编制及管理提供了权威、专业、全面的建议和指导。

本书不但涉及知识面广、资料翔实、内容丰富，而且集系统性、全面性、实用性和可读性于一体，可供城市消防工程规划建设领域的科研人员、规划设计人员、施工管理人员以及相关行政管理部门和公司企业人员参考，也可作为相关专业大专院校的教学参考用书和城乡规划建设领域的培训参考书。

责任编辑：朱晓瑜

责任校对：赵　菲

城市基础设施规划方法创新与实践系列丛书

城市消防工程规划方法创新与实践

深圳市城市规划设计研究院
刘应明　刘　瑶　彭　剑　黄俊杰　编著

*

中国建筑工业出版社出版、发行（北京海淀三里河路9号）

各地新华书店、建筑书店经销

北京红光制版公司制版

北京京华铭诚工贸有限公司印刷

*

开本：787×1092毫米　1/16　印张：20¾　字数：339千字

2020年4月第一版　2020年4月第一次印刷

定价：**89.00**元

ISBN 978-7-112-24804-9

(35350)

版权所有　翻印必究

如有印装质量问题，可寄本社退换

（邮政编码100037）

丛书编委会

主　任：司马晓

副主任：黄卫东　杜　雁　单　樑　吴晓莉　丁　年　刘应明

委　员：陈永海　孙志超　俞　露　任心欣　唐圣钧　李　峰　王　健　韩刚团　杜　兵

编　写　组

主　　编：司马晓　丁　年

执行主编：刘应明　刘　瑶　彭　剑　黄俊杰

编撰人员：汪　洵　朱安邦　胡　萍　姜　科　王　刚　蒋长志　叶惠婧　梁　骞　邓仲梅　刘　亮　袁　野　龚敏红　徐　虹　孙晓玉　谢鹏程　王　健　谢庆坤　张静怡　李　典　王文倩　吴志超　聂　婷　黎祺君　李苑君　李　俊

丛书序言

生态环境关乎民族未来、百姓福祉。十九大报告不仅对生态文明建设提出了一系列新思想、新目标、新要求和新部署，更是首次把美丽中国作为建设社会主义现代化强国的重要目标。在美丽中国目标的指引下，美丽城市已成为推进我国新型城镇化、现代化建设的内在要求。基础设施作为城市生态文明的重要载体，是建设美丽城市坚实的物质基础。

基础设施建设是城镇化进程中提供公共服务的重要组成部分，也是社会进步、财富增值、城市竞争力提升的重要驱动。改革开放40年来，我国的基础设施建设取得了十分显著的成就，覆盖比例、服务能力和现代化程度大幅度提高，新技术、新手段得到广泛应用，功能日益丰富完善，并通过引入市场机制、改革投资体制，实现了跨越式建设和发展，其承载力、系统性和效率都有了长足的进步，极大地推动了美丽城市建设和居民生活条件改善。

高速的发展为城市奠定了坚实的基础，但也积累了诸多问题，在资源环境和社会转型的双重压力之下，城镇化模式面临重大的变革，只有推动城镇化的健康发展，保障城市的“筋骨”雄壮、“体魄”强健，才能让改革开放的红利最大化。随着城镇化转型的步伐加快，基础设施建设如何与城市发展均衡协调是当前我们面临的一个重大课题。无论是基于城市未来规模、功能和空间的均衡，还是在新的标准、技术、系统下与旧有体系的协调，抑或是在不同发展阶段、不同外部环境下的适应能力和弹性，都是保障城市基础设施规划科学性、有效性和前瞻性的重要方法。

2016年12月～2018年8月不到两年时间内，深圳市城市规划设计研究院（以下简称“深规院”）出版了《新型市政基础设施规划与管理丛书》（共包括5个分册），我有幸受深规院司马晓院长的邀请，为该丛书作序。该丛书出版后，受到行业的广泛关注和欢迎，并被评为中国建筑工业出版社优秀图书。本套丛书内容涉及领域较《新型市政基础设施规划与管理丛书》更广，其中有涉及综合专业领域，如市政工程详细规划；有涉及独立专业领域，如城市通信基础设施规划、非常规水资源规划及城市综合环卫设施规划；同时还涉及现阶段国内研究较少的专业领域，如城市内涝防治设施规划、城市物理环境规划及城市雨水径流污染治理规划等。

城，所以盛民也；民，乃城之本也。衡量城市现代化程度的一个关键指标，就在于基础设施的质量有多过硬，能否让市民因之而生活得更方便、更舒心、更美好。新时代的城市规划师理应有这样的胸怀和大局观，立足百年大计、千年大计，注重城市发展的宽度、厚度和“暖”度，将高水平的市政基础设施发展理念融入城市规划建设中，努力在共建共享中，不断提升人民群众的幸福感和获得感。

本套丛书集成式地研究了当下重要的城市基础设施规划方法和实践案例，是作者们多年工作实践和研究成果的总结和提升。希望深规院用新发展理念引领，不断探索和努力，为我国新形势下城市规划提质与革新奉献智慧和经验，在美丽中国的画卷上留下浓墨重彩！

原建设部部长、第十一届全国人民代表大会环境与资源保护委员会主任委员

汪光焘

2019年6月

丛书前言

改革开放以来，我国城市化进程不断加快，2017年末，我国城镇化率达到58.52%；根据中共中央和国务院印发的《国家新型城镇化规划（2014—2020年）》，到2020年，要实现常住人口城镇化率达到60%左右，到2030年，中国常住人口城镇化率要达到70%。快速城市化伴随着城市用地不断向郊区扩展以及城市人口规模的不断扩张。道路、给水、排水、电力、通信、燃气、环卫等基础设施是一个城市发展的必要基础和支撑。完善的城市基础设施是体现一个城市现代化的重要标志。与扎实推进新型城镇化进程的发展需求相比，城市基础设施存在规划技术方法陈旧、建设标准偏低、区域发展不均衡、管理体制不健全等诸多问题，这将是今后一段时期影响我国城市健康发展的短板。

为了适应我国城市化快速发展，市政基础设施呈现出多样化与复杂化态势，非常规水资源利用、综合管廊、海绵城市、智慧城市、内涝模型、环境园等技术或理念的应用和发展，对市政基础设施建设提出了新的发展要求。同时在新形势下，市政工程规划面临由单一规划向多规融合演变，由单专业单系统向多专业多系统集成演变，由常规市政工程向新型市政工程延伸演变，由常规分析手段向大数据人工智能多手段演变，由多头管理向统一平台统筹协调演变。因此传统市政工程规划方法已越来越不能适应新的发展要求。

2016年6月，深规院受中国建筑工业出版社邀请，组织编写了《新型市政基础设施规划与管理丛书》。该丛书共五册，包括《城市地下综合管廊工程规划与管理》《海绵城市建设规划与管理》《电动汽车充电基础设施规划与管理》《新型能源基础设施规划与管理》和《低碳生态市政基础设施规划与管理》。该套丛书率先在国内提出新型市政基础设施的概念，对新型市政基础设施规划方法进行了重点研究，建立了较为系统和清晰的技术路线或思路。同时对新型市政基础设施的投融资模式、建设模式、运营模式等管理体制进行了深入研究，搭建了一个从理念到实施的全过程体系。该套丛书出版后，受到业界人士的一致好评，部分书籍出版后马上销售一空，短短半年之内，进行了三次重印出版。

深规院是一个与深圳共同成长的规划设计机构，1990年成立至今，在深圳以及国内外200多个城市或地区完成了3800多个项目，有幸完整地跟踪了中国快速城镇化过程中的典型实践。市政工程规划研究院作为其下属最大的专业技术部门，拥有近120名市政专业技术人员，是国内实力雄厚的城市基础设施规划研究专业团队之一，一直深耕于城市基础设施规划和研究领域，在国内率先对新型市政基础设施规划和管理进行了专门研究和探讨，对传统市政工程的规划方法也进行了积极探索，积累了丰富的规划实践经验，取得了明显的成绩和效果。

在市政工程详细规划方面，早在1994年就参与编制了《深圳市宝安区市政工程详细规划》，率先在国内编制市政工程详细规划项目，其后陆续编制了深圳前海合作区、大空港片区以及深汕特别合作区等多个重要片区的市政工程详细规划。主持编制的《前海合作区市政工程详细规划》，2015 年获得深圳市第十六届优秀城乡规划设计奖二等奖。主持编制的《南山区市政设施及管网升级改造规划》和《深汕特别合作区市政工程详细规划》，2017 年均获得深圳市第十七届优秀城乡规划设计奖三等奖。在通信基础设施规划方面，2013 年主持编制了国家标准《城市通信工程规划规范》，主持编制的《深圳市信息管道和机楼“十一五”发展规划》获得 2007 年度全国优秀城乡规划设计表扬奖，主持编制的《深圳市公众移动通信基站站址专项规划》获得 2015 年度华夏建设科学技术奖三等奖。在非常规水资源规划方面，编制了多项再生水、雨水等非常规水资源综合利用规划、政策及运营管理研究。主持编制的《光明新区再生水及雨洪利用详细规划》获得 2011 年度华夏建设科学技术奖三等奖；主持编制的《深圳市再生水规划与研究项目群》（含《深圳市再生水布局规划》《深圳市再生水政策研究》等四个项目）获得 2014 年度华夏建设科学技术奖三等奖。在城市内涝防治设施规划方面，2014 年主持编制的《深圳市排水（雨水）防涝综合规划》，是深圳市第一个全面采用模型技术完成的规划，是国内第一个覆盖全市域的排水防涝详细规划，也是国内成果最丰富、内容最全面的排水防涝综合规划，获得了 2016 年度华夏建设科学技术奖三等奖和深圳市第十六届优秀城市规划设计项目一等奖。在消防工程规划方面，主持编制的《深圳市消防规划》获得了 2003 年度广东省优秀城乡规划设计项目表扬奖，在国内率先将森林消防纳入城市消防规划体系。主持编制的《深圳市沙井街道消防专项规划》，2011 年获深圳市第十四届优秀城市规划二等奖。在综合环卫设施规划方面，主持编制的《深圳市环境卫生设施系统布局规划（2006—2020）》获得了 2009 年度广东省优秀城乡规划设计项目一等奖及全国优秀城乡规划设计项目表扬奖，在国内率先提出“环境园”规划理念。在城市物理环境规划方面，近年来，编制完成了 10 余项城市物理环境专题研究项目，在《滕州高铁新区生态城规划》中对城市物理环境进行了专题研究，该项目获得了 2016 年度华夏建设科学技术奖三等奖。在城市雨水径流污染治理规划方面，近年来承担了《深圳市初期雨水收集及处置系统专项研究》《河道截污工程初雨水（面源污染）精细收集与调度研究及示范》等重要课题，在国内率先对雨水径流污染治理进行了系统研究。特别在诸多海绵城市规划研究项目中，对雨水径流污染治理进行了重点研究，其中主持编制完成的《深圳市海绵城市建设专项规划及实施方案》获得了 2017 年度全国优秀城乡规划设计二等奖。

鉴于以上的成绩和实践，2018 年 6 月，在中国建筑工业出版社邀请和支持下，由司马晓、丁年、刘应明整体策划和统筹协调，组织了深规院具有丰富经验的专家和工程师编著了《城市基础设施规划方法创新与实践系列丛书》。该丛书共八册，包括《市政工程详细规划方法创新与实践》《城市通信基础设施规划方法创新与实践》《非常规水资源规划方法创新与实践》《城市内涝防治设施规划方法创新与实践》《城市消防工程规划方法创新与实践》《城市综合环卫设施规划方法创新与实践》《城市物理环境规划方法创新与实践》以及《城市雨水径流污染治理规划方法创新与实践》。本套丛书力求结合规划实践，在总结经验的基础上，突出各类市政工程规划的特点和要求，同时紧跟城市发展新趋势和新要求，系统介绍了各类市政工程规划的规划方法，期望对现行的市政工程规划体系以及技术标准进行有益补充和必要创新，为从事城市基础设施规划、设计、建设以及管理人员提供亟待解决问题的技术方法和具有实践意义的规划案例。

本套丛书在编写过程中，得到了住房城乡建设部、广东省住房和城乡建设厅、深圳市规划和自然资源局、深圳市水务局等相关部门领导的大力支持和关心，得到了各有关方面专家、学者和同行的热心指导和无私奉献，在此一并表示感谢。

本套丛书的出版凝聚了中国建筑工业出版社朱晓瑜编辑的辛勤工作，在此表示由衷敬意和万分感谢！

《城市基础设施规划方法创新与实践系列丛书》编委会

2019 年 6 月

本书前言

改革开放以来，随着我国城市化进程明显加快，城市人口、功能和规模不断扩大，城市运行系统日益复杂，安全风险不断增大。一些城市安全基础设施薄弱，安全管理水平与现代化城市发展要求不适应、不协调的问题比较突出。近年来，一些城市甚至大型城市相继发生重特大消防安全事故，给人民群众生命财产安全造成重大损失，暴露出城市消防安全管理存在的不少漏洞和短板。

2018 年 1 月，中共中央办公厅、国务院办公厅印发了《关于推进城市安全发展的意见》，要求城市基础设施建设要坚持把安全放在第一位，严格把关。坚持安全发展理念，严密细致制定城市经济社会发展总体规划及城市规划、城市综合防灾减灾规划等专项规划，居民生活区、商业区、经济技术开发区、工业园区、港区以及其他功能区的空间布局要以安全为前提。加强基础设施安全管理方面的消防站点、水源等消防安全设施建设和维护，因地制宜规划建设特勤消防站、普通消防站、小型和微型消防站，缩短灭火救援响应时间。

2018 年 10 月，中共中央办公厅、国务院办公厅印发《组建国家综合性消防救援队伍框架方案》，就推进公安消防部队和武警森林部队转制，组建国家综合性消防救援队伍，建设中国特色应急救援主力军和国家队作出部署。省、市、县级分别设消防救援总队、支队、大队，城市和乡镇根据需要按标准设立消防救援站，根据需要组建承担跨区域应急救援任务的专业机动力量。国家综合性消防救援队伍由应急管理部管理，实行统一领导、分级指挥。上述消防体制改革现已顺利完成。

总体来看，我国消防工程规划编制方法还不够完善，目前大部分消防工程规划局限在城市火灾消防层面。随着城市不断发展，政府机构改革，消防工程规划不得不面对更多的问题，比如消防系统的重大体制改革后，消防队伍增加了应急救援的任务，如何在消防工程规划中落实；公安消防部队和武警森林部队整合后，消防规划研究范畴是否考虑森林消防内容；随着城市化快速发展，城市的高密度区、地铁和地下空间、因快递行业的兴起而日益增多的物流仓储地区的消防要求并没有一个明确的规范或文件来指导。因此，有必要参考国外发达国家的做法，总结我国已有相关工作的经验教训，探索适合于我国国情的消防工程规划模式，为城市消防工程规划工作探出一条科学化、规范化的道路，为推进我国城市安全发展贡献力量。

根据《城市消防规划规范》GB 51080 要求，城市消防工程规划基本编制内容可概括为“一面、两点、三线”，其中“一面”是指城市区域火灾风险评估；“两点”是指城市的消防安全布局方面，包括易燃易爆点以及消防站点的布局；“三线”是指城市消防供水、消防通信以及消防车通道的规划。本书对上述六方面规划内容和方法进行了详细介绍，同时结合城市消防现状管理需要以及未来发展趋势，重点对消防体制、森林消防、社会救援和消防装备等方面的规划内容和方法进行了补充阐述。

深规院市政规划研究院作为国内知名的市政工程规划与研究的专业团队，早在2000年就主持编制了《深圳市消防发展规划》，其后陆续编制了福建晋江市消防总体规划、深圳市各区消防专项规划以及深圳市各街道消防详细规划，至今已编制完成了20余项城市消防工程规划，逐步形成和掌握了城市消防工程规划编制的理论和方法。本书编写团队主持编制的城市消防工程规划项目先后获得相关奖项，其中主持编制的《深圳市消防发展规划》获得了2003年度广东省优秀城乡规划设计项目表扬奖，在国内率先将森林消防纳入城市消防规划体系。主持编制的《深圳市沙井街道消防专项规划》，2011年获深圳市第十四届优秀城市规划二等奖，在国内首次提出了消防年度实施计划。

本书内容分为基础篇、方法篇和实践篇三部分，由司马晓、丁年、刘应明负责总体策划和统筹安排等工作，刘应明、刘瑶、彭剑、黄俊杰等四人共同担任执行主编，刘应明负责大纲编写、组织协调和文稿审核等工作，刘瑶和黄俊杰负责格式制定和文稿汇总等工作。其中基础篇主要由彭剑、刘瑶、蒋长志等负责编写。方法篇基本按规划编制内容进行分工，其中公共部分内容由朱安邦、刘应明、刘瑶负责编写；城市区域火灾风险评估方法内容由汪洵、刘应明、王文倩负责编写；城市安全布局规划内容由朱安邦和彭剑负责编写；城市消防站布局规划内容由黄俊杰和刘应明负责编写；消防装备规划内容由姜科和刘应明负责编写；城市消防供水规划及综合应急救援体系规划内容均由刘瑶、胡萍负责编写；消防通信及指挥系统规划内容由胡萍负责编写；消防车通道规划内容由王刚负责编写；城市森林规划内容由彭剑、黄俊杰、刘瑶负责编写；综合应急救援体系规划内容由刘瑶、黄俊杰、蒋长志负责编写；城市消防规划管理及保障措施内容由刘瑶、刘应明、蒋长志负责编写。实践篇选取了一些经典案例，其中深圳市消防设施系统布局规划案例由刘瑶和刘应明负责整理；深圳市罗湖区消防专项规划案例及宝安区沙井街道消防发展规划案例均由朱安邦负责整理；前海合作区消防工程专项规划案例由黄俊杰负责整理。附录主要包括多个地区或国家的先进经验，其中中国香港地区消防体系简介由汪洵和王文倩负责编写，日本消防体系简介由叶惠婧、黄俊杰负责编写，美国消防体系简介由彭剑负责编写。在本书成稿过程中，孙晓玉、谢庆坤、张静怡、聂婷等负责完善和美化全书图表制作工作。梁骞、邓仲梅、谢鹏程、刘亮、袁野、徐虹、王健、李典、黎祺君、李苑君、李俊等多位同志完成了全书的文字校对工作。深圳市市政工程咨询中心副总工程师龚敏红同志对城市消防供水规划内容提出了许多宝贵意见，深圳市福田区建筑工务署吴志超同志对规划实施管理内容提出了一些有价值的参考意见。本书由司马晓和丁年审阅定稿。

本书是编写团队多年来对城市消防工程规划工作经验的总结和提炼，希望通过本书与各位读者分享我们的规划理念、技术方法和实践案例。虽编写人员尽了最大努力，但限于编者水平以及所涵盖专业内容众多，因此书中疏漏乃至不足之处恐有所难免，敬请读者批评指正！

本书在编写过程中参阅了大量的参考文献，从中得到了许多有益的启发和帮助，在此向有关作者和单位表示衷心的感谢！所附的参考文献如有遗漏或错误，请直接与出版社联系，以便再版时补充或更正。

最后，谨向所有帮助、支持和鼓励完成本书的家人、专家、领导、同事和朋友致以真挚的感谢！

《城市消防工程规划方法创新与实践》编写组

2019 年 12 月

目 录

第1篇

基 础 篇

近年来，我国城市化进程逐年加快。在城市高速发展的同时，也产生了一些新问题。其中，城市消防安全成为当前各级政府以及社会各界高度关注的一个问题。城市的建筑种类多、结构复杂、人员密集、物资丰富，一旦发生火灾，容易造成严重的经济损失和人员伤亡。

本篇主要介绍了城市火灾特点及发展趋势，梳理了我国城市消防历史沿革、消防工作现状、消防安全系统构成以及城市消防体制等内容，分析了国内城市消防工程规划体系，提出了我国城市消防工程规划的编制程序，期望能就城市消防工程规划体系以及工作任务给予较为清晰的解释，以供相关专业人员参考。

第1章 城市与城市火灾

1.1 火与人类文明

火是自然界中可燃物与助燃物之间发生的一种发热、发光、发烟，并伴有火焰燃烧的化学现象。自从地球上有了人类，人就同火结下了不解之缘。中国古代传说中，燧人氏钻木取火使人类摆脱了茹毛饮血的生活，从而开创了华夏文明。西方传说中，普罗米修斯为人类盗取天火，使人类成为万物之灵。中国古代哲学中，火与金、木、水、土并为五行，相克相生，衍生万物。西方古代思想家恩培多克勒认为万物皆由水、气、火、土四种元素构成。无论在东方还是西方，人类的各种社会活动都离不开火。火是文明的起源，是世界文明的基石（图1-1）。

图1-1 古代人取火所用的火镰、火绒和火石

图片来源：殷生岳. 两只火镰的故事［J］. 收藏，2011（3）：114-115

人类对火的认识、使用和掌握，是人类认识自然，并利用自然来改善生产和生活的第一次实践。火的应用，在人类文明发展史上有极其重要的意义。从100多万年前的元谋人，到50万年前的北京人，都留下了用火的痕迹。

人类最初使用的都是自然火。人工取火发明以后，原始人掌握了一种强大的自然力，促进了人类的体制和社会的发展，最终把人与动物区分开。火给人带来了温暖，使人不再受到气候和地域的限制，并能抵抗严寒，扩大了人类的活动范围。人类用火驱赶、围歼野兽，使人类在与野兽的斗争中获得了主动权，同时提高了原始人的狩猎效率。人类用火来开展农业耕作，刀耕火种，就是依靠火来进行的，焚草开荒，植物施肥促进农作物生长。火还大大促进了原始的手工业的发展，弓箭、木矛的矫正，陶艺制作以及后面的金属冶炼和器具打造等，都是在对火的高度利用中完成的。与此同时，火的出现在潜移默化之间影响了人类的饮食。熟食的出现降低了疾病的发生率，延长了人类的平均寿命，并提高了人类的生活质量。火的使用，大大加快了人类走向文明的脚步。

在火造福人类的同时，也给人类带来了灾难，人类也不断与火带来的灾难作斗争。古代建筑常为木材制作，很容易遭到火的危害。历史上有记载的比较典型的火灾案例包括阿房宫大火、永宁寺大火和临安大火等，这些火灾都造成了难以估量的损失。同时火还在战争中被人类用来提高杀伤力，著名的战役包括田单火牛阵破燕、火烧赤壁等。

人类也在与火的斗争中不断积累防火救火意识。春秋战国时期著名的政治家、思想家孔子，就多次亲赴火灾现场，向救火者鞠躬并主动关心救火者的状况。同一时期的政治家、思想家墨子在年轻时，为抵御外来入侵者以火攻城，提出了城门上涂泥防火、用麻布作水斗、皮革作水盘、城门楼上设储水器等一系列的防火措施。

火伴随着人类走过了漫长的上百万年的历史，无论带来了温暖、美食还是灾难与痛苦，火的使用，都对人类发展和社会进步产生了极其深远的影响。

1.2　城市火灾特点及发展趋势

火能带来光明和温暖，但火若失去控制给人类造成灾害，这就是火灾。

城市火灾特指发生在城市建成区域内的所有火灾。自从城市出现以来，城市火灾也随之产生。城市建筑的高密度、可燃物的复杂性让城市火灾对生命和财产造成巨大的危害性。其中最典型的城市火灾案例就是伦敦大火，据记载，1666 年 9 月 2 日凌晨，伦敦城内一皇家面包房由于烘炉过热起火，大火很快蔓延，延烧了整个城市，连续烧了 4 天，包括 87 间教堂、47 个办公厅以及 13200 间民房尽被焚毁，欧洲最大城市伦敦大约六分之一的建筑被烧毁，大火蔓延到伦敦 80％的城区，损失 1200 多万英镑，20 多万人流离失所、无家可归。

从火灾场所、燃烧对象、火灾蔓延、火灾原因、火灾损失等方面看，城市火灾具有以下显著特征：

1. 城市火灾种类的多样性

现代城市发展迅速，文化向多元化方向发展，居民生活需求趋于多层次；人口压力增大，使得城市用地更加紧张，城市空间向空中和地下拓展，城市建筑形形色色，从百米高的摩天大楼到深入地下数十米，甚至上百米的地下建筑，各类建筑应有尽有。不同的建筑，由于其建筑结构、耐火等级各不相同，导致其火灾发生、发展及蔓延的规律也各不相同。此外，由于城市内工业集中，不同工业的生产工艺千差万别，工业火灾更是多种多样。

2. 城市可燃物的复杂性

可燃物的存在是火灾发生的必要条件之一。从不同的工业企业到各类公共建筑，再到居民住宅，这些生产与生活的场所，都存在着大量可燃物。这些可燃物从形态上看，固体、液体、气体、粉尘都有；从种类上看，更是形形色色，千差万别。特别是石化工业从原料到成品，生产全过程中存在的可燃物种类多，易燃易爆，且燃烧产物毒性大。城市可燃物的复杂多样性，增大了火灾的危害性和预防的难度。2015 年 8 月 12 日，位于天津市滨海新区天津港的瑞海公司危险品仓库发生火灾爆炸事故（图 1-2），仓库可燃物种类繁多，增加了火灾救助的困难，最终造成 165 人遇难、8 人失踪、798 人受伤、304 幢建筑物、12428 辆商品汽车、7533 个集装箱受损，直接经济损失 68.66 亿元[1]。

图 1-2　2015 年 8 月 12 日天津滨海新区爆炸事故

图片来源：滨海新区瑞海公司危险品仓库爆炸事故现场. [Online Image]. [2015-8-17]. https://news.china.com/focus/tjgbz/11173334/20150817/20206029_all.html

3. 城市火灾危害的严重性

城市的聚集性特征，加剧了火灾危害的严重性。城市火灾一旦发生，就容易造成群死群伤事故；财富的聚集也使城市火灾造成较大的经济损失。如 2008 年 1 月 2 日，新疆乌鲁木齐市德汇国际广场批发市场发生火灾，过火面积约 65000m²，造成 5 人死亡（包括 3 名消防员），直接财产损失约 3 亿元。

城市火灾的危害性还表现在其造成的间接损失巨大、破坏环境，影响到居民正常的生产、生活秩序。如 2005 年 11 月 13 日吉林化工厂发生爆炸，造成松花江水污染，使下游沿江城市的饮用水受到破坏，严重影响到居民正常的生活秩序，造成的直接和间接损失无法估量。

我国经济和社会不断发展，城镇化进程不断加快，城镇数量、人口、住房面积等不断增加，火灾也呈现严重化趋势，我国历年火灾情况详见附录 5。统计表明，从 20 世纪 90 年代开始，随着城市化的发展，我国火灾数量大幅增加，在 2013～2016 年间，全国火灾数量达历史新高，基本上每年超过 30 万起火灾。进入 21 世纪后，火灾起数与直接经济损失的增长速度明显加快（图 1-3）。

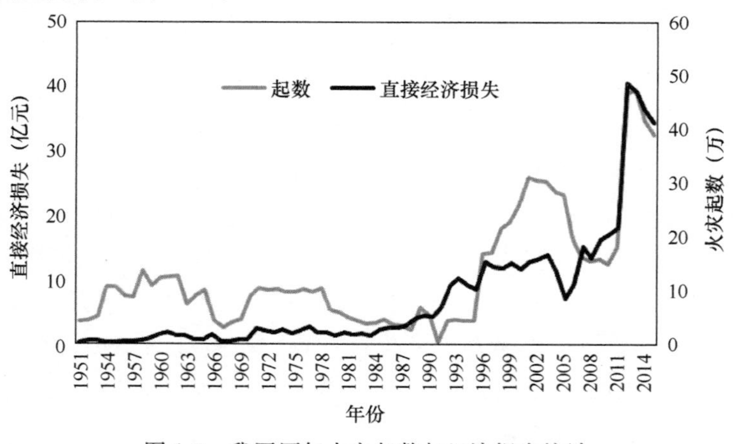

图 1-3　我国历年火灾起数与经济损失统计

综合分析城市火灾的特征，结合近年火灾情况统计，可以预计未来城市消防工作压力将越来越大。城市火灾发展趋势主要有：新型材料应用导致的火灾诱因复杂多样，新型综合设施建设导致的火灾扑灭难度增大，危化品风险增加导致的综合应急救援能力需求提升以及城市资源互通性导致的火灾间接损失增大。

1.3　城市消防安全系统构成

1.3.1　预防系统

预防系统是指采取措施防止火灾发生或限制其影响的系统。预防是城市消防工作的重中之重，防患于未然，是消防事业的根本大计。主要任务是贯彻执行消防法规，健全各种消防管理制度，形成有力的监督和责任体系；加强消防监督力量建设，发挥各类媒体的作用，加强消防宣传工作；合理调整城市消防安全布局，满足消防监督管理和消防安全要求，减少火灾隐患；消防设施建设按照相关标准设置，城市道路结构要确保消防的通达性、快捷性，消防给水系统满足消防要求，消防报警、通信要方便、及时、准确等；开展火灾风险评估工作，确定重点消防单位；新建重要建筑得到有效监督、审查，符合相关建筑消防规范标准要求，重点消防单位建立消防预警系统和消防演练制度，确保火灾时有效自防自救和方便消防部门快速执行扑救工作。

1.3.2　火灾扑救系统

火灾扑救系统是指火灾发生后进行应急救援和灭火扑救的系统，主要目的为最大限度减少人员伤亡和财产损失。形成强有力的火灾扑救体系，需要加强消防力量建设，建立现代化的消防队伍和完善的社会救援组织，配备先进的消防装备；协调各火灾扑救部门的关系，形成统一指挥、相互支援的火灾救援体系；建立充沛的消防水源和室外消防设施；加强城市电网建设，建立完善的供电网络；对特殊地区，要建立特殊的灭火系统；建立完善的社会救援体系。加强专职消防队建设和组织培训，形成最前沿的消防力量。此外，需要按要求设立义务消防队，发挥各单位、公民的主观能动性，建立消防安全人人有责的观念，使其积极参与到火灾救援行动中。

1.3.3　应急救援系统

应急救援系统是指政府及其他公共机构在突发事件的事前预防、事发应对、事中处置和善后管理过程中建立的必要的应对机制系统。其中，公共安全事件应急指挥中心是应急救援系统的核心，在处置公共安全应急指挥事件时，应急指挥中心需要为参与指挥的领导与专家准备指挥场所，提供多种方式的通信与信息服务，监测并分析预测事件进展，为决策提供依据和支持。

1.4 城市消防面临的挑战

近年来城市重特大火灾时有发生，反映出我国在火灾风险防范意识、措施和手段方面均存在不足，消防工程规划建设与城市发展不匹配，社会单位消防主体责任落实不到位等问题。同时，城市中大量的高层建筑、新型交通综合体、各种新型材料的应用等，也给我国城市消防带来了新的挑战，主要包括以下几个方面：

1.4.1 老旧城区消防形势严峻

老旧城区由于消防建设标准低，存在消防站服务面积过大、特种装备配备不齐全、培训演练不到位等情况。同时，老旧城区建筑密度较高、安全措施少、消防通道狭窄，一旦发生火灾，火势容易蔓延且由于消防车难以近距离灭火导致扑救难度大幅提高。以深圳市为例，深圳市城中村规模庞大，城中村违法建筑较多，目前已经成为全市经济社会发展中最突出、最复杂、最集中的矛盾和问题所在地，由于建筑本身未通过消防相关程序审批，导致防火监督工作难以开展，火灾隐患巨大（图 1-4）。

1.4.2 重大消防难题日益突出

现代城市发展迅速，轨道交通网不断延伸，建筑高度不断刷新纪录，地下空间不断拓展，各种集航空、地铁、高铁等功能于一体的综合枢纽设施不断增多，使得各种消防难题相互聚集、相互交叠，衍生出综合性的消防安全问题（图 1-5）。同时，新型材料投入使用时，其消防安全没有得到充分评估，运输、存储和使用在短时期内难以规范，存在安全隐患。这对城市消防工作带来了前所未有的压力。

图 1-4 深圳某城中村

图 1-5 深圳福田地下高铁站

1.4.3 消防管理体系有待完善

我国大部分城市在消防管理过程中普遍存在部门联合机制运行不畅的问题，主管部门建立了消防安全责任制度，却难以落实到位。相关职能部室不熟悉部门在消防安全中的职责，而是偏重各自部门所主管的生产经济方面，使得消防安全与生产、经济、效益之间的关系不能得到很好的处理。同时，现阶段消防监管还存在企业单位监管不到位、单位消防安全主体责任没有有效落实、群众参与度不够等情况，这些都妨碍了消防安全工作的有效开展。

1.5 城市火灾的预防策略

城市火灾的预防就是要建立与社会、经济发展相适应的城市火灾预防体系，综合运用工程技术，通过法律、行政、经济、管理、教育等手段，降低城市火灾发生概率，为社会稳定和经济发展提供可靠的保障。预防策略主要包括以下几个方面：

1.5.1 加强消防教育，提高消防意识

绝大多数火灾是人为因素引起的，提高全民消防意识才是城市火灾预防的治本之策，因此必须积极有效地开展消防宣传教育。消防宣传要坚持公益性原则，充分利用各种媒体和宣传手段，广泛宣传消防法律法规等相关知识，加强广大群众防火意识，提高防火、灭火能力和逃生自救能力。同时可以把消防宣传落实到中小学教育机构和企事业单位消防安全培训中，并对单位消防安全负责人定期考核和培训，提高消防宣传效果。

1.5.2 完善消防安全管理机制，实现多方联动

城市火灾预防涉及各个领域、各个行业，只有动员全社会每个成员共同参与，各行业部门通力合作，才能从根本上提高城市预防和抵御火灾的能力。因此，应建立由各级政府领导，充分发挥政府职能部门在消防工作中主导作用；充分发挥文教、卫生等行业主管部门在本行业内消防安全管理方面宣传作用；公安消防机构和其他相关监督部门联合执法监督；机关、团体、企事业单位和城乡居民自主管理的社会消防安全管理新机制。

1.5.3 加强消防科学技术研究，提高城市火灾预防水平

针对城市火灾面临的新情况，建议开展相关研究和培训，例如开展化学火灾事故以及高层、地下建筑特殊火灾预防和控制技术研究，灭火救援模拟训练研究，城市火灾和化学灾害事故风险评估体系研究，建筑物性能优化设计方法和评估技术研究等，为火灾预防提供强有力的技术支持。同时，推动消防技术装备的研制和革新，加快消防系统信息化建设，综合利用GPS、GIS和计算机网络等现代高新技术，形成集装备与人员信息管理、消防安全监控、应急救援决策于一体的智能消防系统。

1.5.4 遵循科学合理原则，制定切实可行的城市消防工程规划

我国城市消防常见的问题包括：消防安全布局不合理，消防站、消防给水、消防通

信、消防通道等消防基础设施落后、消防装备不足等，主要是由于轻视消防工程规划或消防工程规划的实施性较差，难以有效应对突发火灾。所以有必要根据国家有关城市规划和消防技术规范的最新要求，完善城市消防工作的顶层设计，编制切实可行的城市消防工程规划，合理规划城市公共消防设施，提高城市防火减灾能力，以保障城市建设的健康发展和经济建设的顺利进行。

第2章 城市消防体系发展概况

2.1 古代消防思想及政策

据记载，公元1023年，宋仁宗赵桢登位后，制定了严密的防火措施，降旨在京厢军中，挑选精干军士，组成队伍，建制为专事消防机构——军巡铺。军巡铺创建至今已有近千年的历史，其组织之严密，器械之众多，制度之完善，在世界消防史上属史无前例。防火理念主要以预防为主，当时所使用的灯主要为明火，军巡铺的任务就是夜间巡逻，督促百姓按时熄灯，以防引起火灾。当发现哪里出现火灾时及时上报，各巡逻队和支部队前来扑救，有的负责维护秩序，有的负责安排受伤百姓，有的负责抢救财产，有的负责运水灭火。

公元1131年，宋高宗赵构建立南宋，此时的消防机构更趋完善。主要街道均设有“防隅官房”，屯驻消防部队，时称“防隅巡警”或“防隅军”。全城“防隅巡警”达2300多人，建立望火楼20多处。为准确辨明失火地点，还特地规定了报警信号，如白天发现哪儿失火，立即用旗帜指明方向；夜间则以灯笼代旗指之。为激励防隅军在灭火中奋力向前，将损失控制在最小限度，还制定了严格的奖惩制度[3]。南宋嘉定年间（1208年），创建了防隅军兵二十队、潜火军兵七队，总人数约5万人，至元明时期，称救火兵丁。

清代城市消防系统名称不叫消防队，而是“水龙局”。水龙局的“消防员”分为扛龙夫和挑水夫两类，一架水龙必须配备水桶十担跟随。“水龙”是救火的主要工具。最早的灭火器具有水桶、盛水的大水缸、水袋、水囊、唧筒等。

唧筒又称“水龙”，在中国起源年代不详。故宫博物院现藏有两种唧筒，一种是水铳式唧筒，其外表像水枪，其实是一个能够上下伸缩的套筒，将它立放在水缸里，提上套筒，水便吸入气腔，再压下套筒，水即从喷口处射出；另一种是杠杆式唧筒。主要由压梁、汽包和水箱组成，箱底两侧有两根分别向后伸出的直木，作为抬杠，每端各有一个铁环，这是供拴绳用的。救火时，除另外有人随时向水箱内供水外，要有4个人分别站在两端用力一压一抬，使水沿水带由水枪喷出，射程可达30m左右（图2-1）。

水袋是用马或牛皮制成的，能装三四百斤水，把袋口绑起来，再插入一根去节的竹子，水就能通过这根竹子流出来，当出现火险时，由三五个壮汉抓着竹子借助袋口，往着火点注水。水囊是用猪或牛的膀胱制成的，里面装着水，使用时，就把水囊扔到着火点上，水囊就会被烧破，里面的水就会流出来灭火。

大水缸也是灭火的主力器具之一，比如明清两朝的紫禁城，由于宫中的房屋多是木制，易起火，为救火之需，就在宫中设置了308口大水缸，称之为“太平缸”或者“吉祥缸”（图2-2）。

图 2-1　古代灭火器水龙示意图

图片来源：古代灭火器水龙 [Online Image]. [2018-2-14]. http://thumb. takefoto. cn/wp-content/uploads/2018/02/20180214093021867O-680x451. jpg

图 2-2　现存故宫大水缸

图片来源：故宫大水缸 [Online Image]. [2018-8-8]. http://pic4. huitu. com/res/20120808/854 _ 20120808110040871144 _ 1. jpg

2.2　我国城市消防历史沿革

2.2.1　消防体制

自中华人民共和国成立后，即成立了消防机构，其后历时半个多世纪，消防体制一直与国际上普遍的职业化消防体制不同，我国消防机构基本上以现役武警官兵作为消防人员，该部队隶属于公安部消防局管辖，系武警序列的一个警种。在2018年，我国进行消防体制改革，公安消防部队转制整合至新组建的应急管理部。

1. 我国大部分区域消防体制发展历程

如图2-3所示。

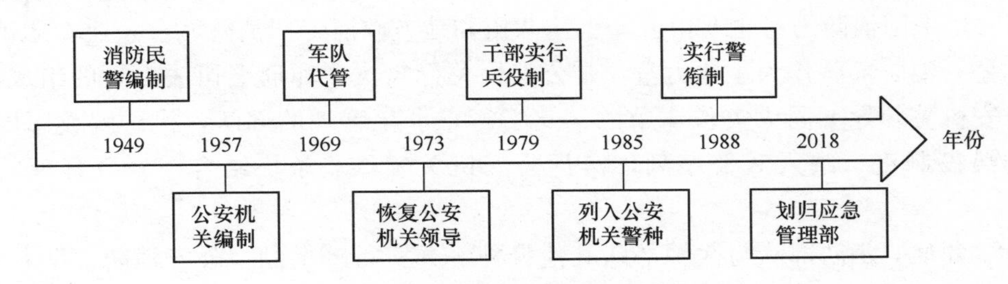

图2-3　我国消防体制发展历程

1949年，接收原有消防体系，建立消防民警编制阶段。

中华人民共和国成立后，接管了原国民政府中的警察系统，其中就包括警察系统内的消防机构。通过吸收进步青年，留用旧消防警察和接收部分民间消防组织，重新组建了公安消防民警队伍。自1951～1965年，国家在原有消防体制的基础上，先后成立了交通消防科、消防处消防局，至此，新中国的中央消防机构建立，开始指导全国的消防工作。1955年全国公安消防队伍总人数为11165人，消防车1207辆。

1957年，政务院颁布《消防监督条例》。该条例明确了我国的消防体制："在城市，根据防火和灭火的需要，由市人民委员会负责建立专职消防组织，列入公安机关编制，所需消防经费由市人民委员会预算开支。"

1969年3月25日，中共中央、中央文革、国务院、中央军委批准了公安部《关于征集消防民警问题的报告》，决定："消防民警的政治思想工作、征兵退伍和一般行政工作，分别由省军区、军分区或警备区代管。"服役期由5年改为3年。1973年，全国公安消防队伍人数发展到了39153人。

1973年10月15日，国务院、中央军委下达了《关于公安消防队伍领导关系问题的通知》，规定：自1973年12月1日起，公安消防队伍由公安机关统一领导。各级公安消防队伍的编制、政治教育、业务训练、枪支弹药和后勤供应等，由各省市、自治区公安局统一管理。公安消防队伍的征兵、退伍、政治和军事教材等，由军队代为办理。中队以上干部，均属公安干部，着装标准按公安部规定执行。消防民警的服役年限由3年改为5

年，并根据需要，实行超期服役制度。

1976 年 8 月 30 日，国务院、中央军委批转了公安部、总参谋部、总政治部、总后勤部《关于全国武装民警工作会议情况的报告》，决定消防中队干部实行兵役制。1982 年，全国公安消防队伍总人数发展到了 78551 人。

1982 年 6 月 19 日，公安消防部队也就是武警消防部队成立。武警消防部队系中国人民武装警察部队序列的一个警种，是公安机关的重要职能部门，也是国家武装力量的重要组成部分。原公安部消防局隶属于中华人民共和国公安部，主要职责是组织拟定消防法规和技术标准并监督实施；指导消防监督、火灾预防、火灾扑救工作；组织、指导公安消防应急抢险救援工作；组织、指导消防安全宣传工作和社会消防力量的动员、培训工作；指导公安消防部队的业务和队伍建设；主管天津、沈阳、上海、四川消防研究所，消防产品合格评定中心，中国消防协会。

当时，中国消防力量主要由公安消防队伍和地方政府专职消防队、企业专职消防队组成。公安消防部队作为主体力量，是公安机关行政执法和刑事司法力量的组成部分，是在公安机关领导下同火灾作斗争的一支实行军事化管理的部队，执行解放军的三大条令和兵役制度，纳入武警序列，实行公安机关领导、条块结合、分级管理的管理体制。

1988 年底，消防部队与武警部队其他警种一并实行警衔制。公安消防部队在各省、自治区、直辖市设消防总队，市、州、盟和直辖市城区设消防支队，支队下设消防大队（科）、中队。公开资料显示，截至 2009 年，全国公安消防部队实有 146254 人。

20 世纪 90 年代后，全国各地总队和支队两级机关，在国家和各级政府财政支持下，陆续建立了消防指挥中心，对接警、调动、指挥、反馈等环节进行信息化管理。各省、自治区、直辖市设消防总队，总队下设司、政、后、防 4 个部门，各地、市、州、盟和直辖市城区设消防支队，支队下设消防大队（科）、中队。

2006 年 5 月 10 日，《国务院关于进一步加强消防工作的意见》发布并指出："公安消防队在地方各级人民政府统一指导下，除完成火灾扑救任务外，还要积极参加以抢救人员生命为主的危险化学品泄漏、道路交通事故、地震及其次生灾害、建筑坍塌、重大生产安全事故、空难、爆炸及恐怖事件和群众遇险事件的救援工作，并参与配合处置水旱灾害、气象灾害、地质灾害、森林、草原火灾等自然灾害，矿山、水上事故，重大环境污染、核与辐射事故和突发公共卫生事件。"公安消防从主要以火灾扑救为主向全方位处置各类突发事件转变，应急救援更加具有综合性。

2018 年，公安消防部队转制，整合至新组建的应急管理部。

2018 年 3 月 13 日，国务委员王勇在进行"关于国务院机构改革方案的说明"时阐明，将公安部的消防管理职责和其他部门相关职责整合，组建应急管理部，作为国务院组成部门。公安消防部队、武警森林部队转制后，与安全生产等应急救援队伍一并作为综合性常备应急骨干力量，由应急管理部管理。公安消防部队不再列武警部队序列，全部退出现役。公安消防部队转到地方后，现役编制全部转为行政编制，成建制划归应急管理部，承担灭火救援和其他应急救援工作（图 2-4）。

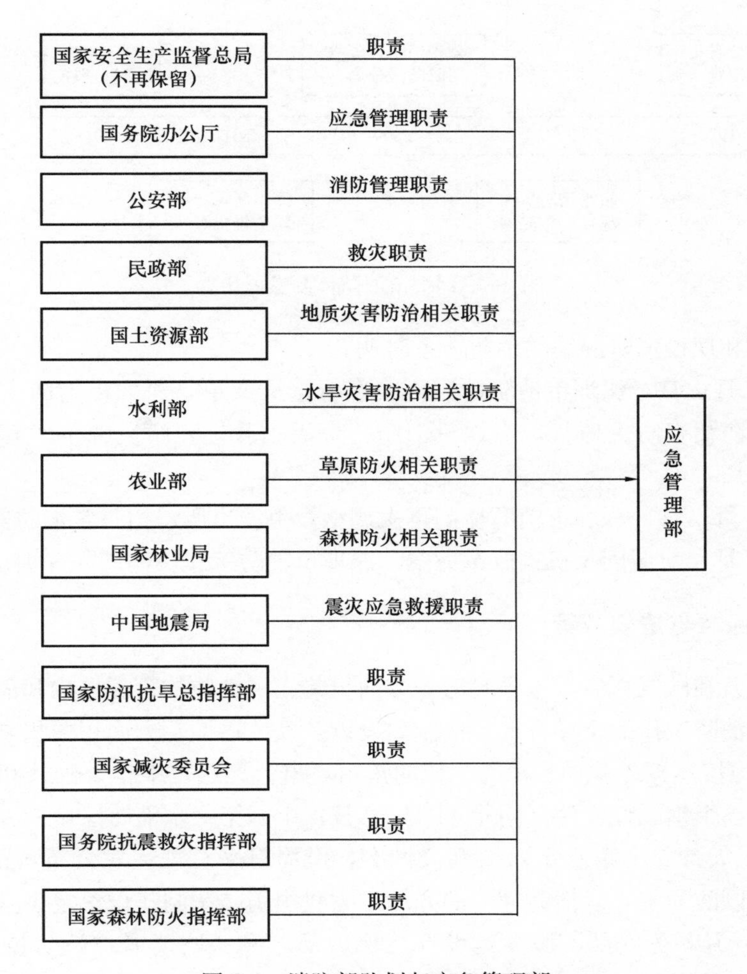

图 2-4　消防部队划归应急管理部

2018 年 10 月，中共中央办公厅、国务院办公厅印发《组建国家综合性消防救援队伍框架方案》。该方案推进了公安消防与武警森林部队的转制和国家综合性消防救援队的建设。消防部队按照正规化、专业化、职业化建设，目标是建设一支中国特色综合性消防救援队伍，发挥中国应急救援的主力军和国家队的作用[4]。

2. 深圳市消防体制发展历程

自 1984 年深圳市建立了国内唯一的公务员编制的职业化消防队伍以来，深圳的消防队伍建设先后经历了职业化、职业化和现役制混编、职业化和现役制分设等不同的体制（图 2-5）。

1984 年 11 月，深圳市对消防体制进行第一次重大改革，在全国率先组建 3 个公安职业消防队，并将湖贝现役消防队改编为公安职业消防队，创建了全国第一支职业制的公安消防队，拉开了消防职业化改革的序幕。

2007 年 5 月，公安部同意增加 500 名现役消防编制用于组建深圳市公安消防支队。2008 年 7 月，500 名现役消防官兵进驻深圳，武装现役消防支队正式成立，深圳市正式进

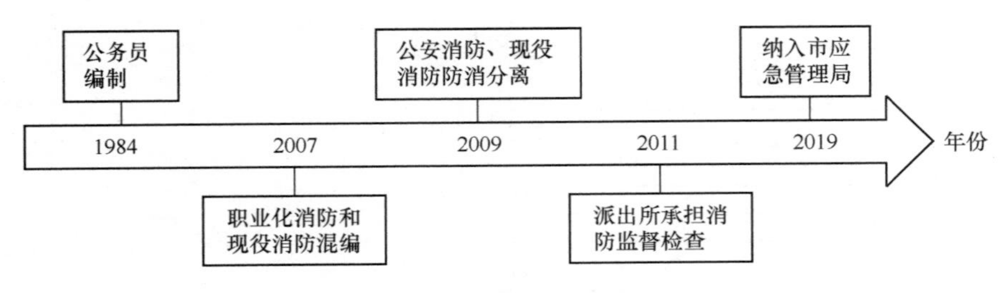

图 2-5　深圳市消防体制发展历程

入职业化消防和现役消防混编的消防体系时期。

2009 年 4 月 1 日，深圳市消防体制再次进行重大变革。深圳市消防支队实行机构分设，由公安消防负责防火监督，由现役消防负责灭火救援，两块牌子两套人员，相互独立，防、消分离。

2011 年 3 月 1 日，深圳市消防体制再次调整，由派出所承担日常消防监督检查职责。

2019 年 4 月，对照国家机构改革方案，深圳市消防工作整体纳入深圳市应急管理局。

2.2.2　行业标准与法规政策

中华人民共和国成立后，中国政府一方面组建人民消防的管理机构和消防队伍，另一方面，注重在消防工作的指导方针、法制建设以及人才培训等方面积极积累经验。

1957 年 9 月，《国务院加强消防工作的指示》出台。这是中华人民共和国成立后关于消防工作的第一个纲领性文件。同年 11 月 29 日，中国第一部消防法规——《消防监督条例》，经全国人大常委会第八十六次会议批准，由周恩来总理签发公布，正式颁布施行。该条例实行“以防为主，以消为辅”的方针，为我国消防法制建设奠定了基础。

1982 年 10 月，公安部、城乡建设环境保护部颁发《城镇消防站与技术装备配备标准》，明确城镇消防站的布局要求，从接警起 5 分钟到达责任区。

1984 年 5 月，经第六届全国人大常委会第五次会议批准，国务院公布了《中华人民共和国消防条例》（以下简称《消防条例》），把“预防为主，防消结合”的消防工作方针写进了《消防条例》总则，同时还对在城市设置消防队（站）的布点、企业专职消防队的建设和实施消防监督的具体机构作了新的补充规定，弥补了《消防条例》的不足，开创了中国消防法制发展史上的新篇章。

1995 年 2 月，国务院办公厅批转了公安部上报的《消防改革与发展纲要》，其中比较全面地描述了我国改革开放以来消防工作面临的新情况和问题，包括基础设施落后、人员配备不足、制度体系缺乏等，并对各地消防工作的开展和远景规划指明了方向。至此，许多地区，特别是经济富庶的东南沿海地区将消防纳入经济社会发展的规划之中，加速了消防发展的步伐。

1998 年，第九届全国人大常委会第二次会议通过了《中华人民共和国消防法》（以下简称《消防法》），于 1998 年 9 月 1 日起实施，中国第一部消防法律诞生。这意味着中国消防正式步入法制化建设的轨道。《消防法》与《消防条例》相比，条款内容更加丰富、科学和全面，明确了政府、单位和公民的责任，规定了违反《消防法》的法律责任。

为配套《消防法》实施，公安部先后于1999年3月15日发布《火灾事故调查规定》，2001年10月19发布《机关、团体、企业、事业单位消防安全管理规定》，2004年6月9日发布《消防监督检查规定》，对消防安全管理监督检查及火灾事故调查做了详细规定，对推进消防工作社会化和改革以往的消防管理模式起到了重要的指导作用。

2008年10月28日，第十一届全国人民代表大会常务委员会第五次会议审议通过了《消防法（修订草案）》，自2009年5月1日起施行。《消防法》修订草案的颁布和实施是我国社会主义法制建设和消防事业发展史上的一件大事，对于加强消防法制化，推进消防事业科学发展，维护公共安全，促进社会和谐，具有重大意义。这次《消防法》的修订，坚持以人为本、预防为主原则，侧重改善民生。

在技术标准方面，全国消防标准化技术委员会接受中国国家标准化管理局（即国家标准化管理委员会）的组织领导，下设九个分委员会，负责制定、修订和审查各类消防技术标准草案。消防技术标准经消防标准化技术委员会审定后，报送中国国家标准化管理局或公安部技术监督委员会批准，作为国家标准（GB）或行业标准（GA）公布施行。现已颁布施行的国家标准和行业标准达250余项。

2.3　我国城市消防工作的现状

中华人民共和国建立以来，我国在消防立法、消防管理体制建设方面取得了长足的进展，消防人员队伍配备、消防基础设施和消防技术装备等得到了完善，应对火灾能力显著提升。

我国城市消防安全管理模式也大都经历了粗放式管理到精细化管理的历史转变过程。由最初的模仿、借鉴他国尤其是苏联城市消防管理模式状态到根据自身特点独立探索城市消防管理模式的过渡，我国城市消防管理工作呈现出健康、良好的发展态势。各项管理制度健全、各种管理措施齐备、相关的管理理念也越来越呈现出国际化的发展趋势。

但是，在取得巨大发展成就的同时，也逐渐暴露出我国城市消防工作的诸多问题。消防隐患问题严重，消防事件层出不穷，成为我国城市消防安全管理工作中的突出问题。从2000年以来的火灾统计数据来看，全国火灾起数整体呈现上升趋势，火灾成为制约现代城市发展的重大障碍。近年来，世界各种灾害频发，城市的防灾及安全问题成为人们关注的重点，尤其对于我国现阶段而言，正经历着快速的城市化和社会化的转型，因此城市安全问题呈现出许多新特点。城市消防系统作为城市防灾系统的重要组成部分，其发展与建设越来越得到人们的重视，也为新形势下消防工作带来了巨大的挑战，目前我国城市消防还存在的问题和困难主要包括以下几个方面：

1. 人民群众消防安全意识淡薄

在长期以经济发展为目标的情况下，消防安全意识被弱化。人民群众形成了消防安全由政府包管的固有思维，消防安全意识薄弱。现今社会，依然有不少人无法正确拨打火警电话，不会扑救初期火灾，也不会使用灭火器具，甚至不会正确地疏散和逃生。这些问题和思想，导致了很多建筑在建设和使用时不重视消防问题。

2. 消防基础设施建设落后

消防基础设施、装备和警力建设与我国经济飞速的发展都不匹配。一些消防队存在管辖面积过大，设施陈旧的问题，高科技装备更为匮乏，一定程度上制约了消防队伍在强攻、破拆、灭火、排烟、登高等方面的拓展，难以满足新形势综合救援要求。居民区特别是城中村为火灾的多发场所，落后地区的社区基本没有灭火器材，遭遇火灾的时候，没有扑救初期火灾的能力。一些建筑密集的区域，居民为了安全或者个人私利，安装防盗网或者占用消防通道，都给消防救援工作带来了一定的阻碍。

3. 部分地区消防监管不到位，企业责任意识缺失

政府在消防安全管理中处于指导、监督的地位，建筑工地、化工厂房等消防安全事故层出不穷和政府监管缺失直接相关，监管往往局限于大检查和标准化验收等固定程序，部分监管人员素质不高，监管力度不够，部分企业为了经济利益在消防基础设施上投资较少或建设不规范等，存在严重安全隐患。

4. 消防部队纳入应急管理部门的工作难点

目前消防部队已划归应急管理部，和其他救援部队一起组成统一应急救援队伍，承担更多综合性应急管理任务，队伍职能将大幅拓展，国家综合性消防救援队伍除担负传统意义上的灭火救援任务外，还将承担诸如台风、洪涝、泥石流等应急救援和抢险救灾任务，对消防救援队伍实战能力提出了更高要求。针对复杂救险任务，充分配备救援装备，快速实现作战队伍从单一型向综合型转变、从分散响应型向整体联动型转变，建立复杂任务的协同作战指挥机制，是当下应急管理部门最迫切的工作任务。

2.4 我国消防工作的展望

近年来，我国消防工作取得很大的进步，但是依然存在一系列的问题，比如机制不健全、信息化落后、消防力量薄弱、监管不足等。随着国家消防机构改革，我国消防工作还有很大的进步空间，应当对标体制改革，不断完善消防体制，提高消防监督管理水平，突破消防工作发展的瓶颈问题，促进我国消防事业的稳定健康发展。

2.4.1 落实消防监督责任制

落实消防监督责任制是做好消防工作的关键，可杜绝目前仍存在的消防监管人员责任不清的情况，以防火灾发生后的相互推卸责任。消防监督责任制应当对标目前的消防体制改革，应当形成人民政府统一领导、消防部门依法监管、各个企业自主监管的监督系统。首先，由于消防工作涉及的行业和单位较多，需要人民政府统筹协调各行各业及各部门间的消防监督分工，定期研究解决消防安全工作的重难点问题，并争取政策支持。其次，各部门应当落实人民政府的监管要求，建立健全火灾情况研究和分析判断，各部门定期会商区域消防监督管理机制，将政府消防法规政策、规划和应急方案纳入日常管理中，推动火灾风险评估和消防隐患专项治理工作。最后，各个企业单位应当为消防责任制落实的第一责任人。应当严格落实消防管理规定和办法，定期向消防管理部门汇报单位消防监督管理情况，提高企业消防安全监督管理能力。

2.4.2 健全消防监管工作机制

消防机构改革对消防监管工作机制提出了新的要求，健全的消防监管工作机制是消防机构改革的重要举措。首先，应当联动消防、治安、市场监管、城管和住房城乡建设部门，共管齐抓，完善消防安全评估管理体系，信息通报共享，形成多部门联合监管，加大执法力度，去除消防隐患死角，切实提高消防监管的效力。其次，健全城市应急救援体系，随着机构改革，消防纳入综合应急管理部门对以往的消防体制影响较大，需要对城市综合应急救援预案重新评估和完善。有效发现及整改消防隐患，提升消防部门对城市应急救援和险情的处理能力。最后，应当健全消防宣传机制，近几年消防宣传工作已较以往有很大的进步，街道消防宣传、公园消防宣传和消防文化馆日益增多，但是消防宣传的渠道还比较单一，应当充分利用中小学教材、互联网、电子屏幕、手机软件等媒介多方面多渠道宣传防火、灭火、应急防灾等知识，提高全民的消防安全意识，全民参与城市消防监督工作。

2.4.3 加强消防系统信息化建设

消防救援队伍面对复杂多变、分秒必争的任务，快速响应需要高效快速又可靠的信息技术支持。消防系统信息化建设是推动消防监督管理工作规范化的进程。消防信息化建设工作，必须与时俱进，注重科技支撑，随着 5G 通信技术的落地和推广，充分利用大数据、云计算、物联网、人工智能等现代技术，建立网上消防监督信息化工作平台，完善消防监督管理信息系统，推动科技信息化与消防工作深度融合，促进消防工作的现代化和网络化，增强消防监管执法效能。将最新最好的信息通信技术应用和普及在消防救援工作中，是消防救援队伍为提升攻坚打赢能力、高效完成职责使命的长期探索和不懈追求。[5]

加大信息化高科技技术在消防工作中的应用。首先，可建立统一的消防基础数据库，加强消防信息数据的统一管理。推广智慧水源平台的开发和利用，使用手机 APP 等管理系统快速寻找就近水源，并对辖区水源进行监督管理，提高消防救援的效率。其次，完善辖区火灾隐患普查和整改情况建立数据更新系统，可及时掌握消防普查和监管的进度，提高消除火灾隐患的工作效率。最后，开发辖区消防监管报警软件，在消防重点单位进行网络监管，可以及时了解重点单位消防设施运行是否存在突发火灾的情况等，能够提高消防监督和火灾防控能力。

2.4.4 优化消防监督队伍

消防队伍建设是城市消防监督管理工作的基本保障。现代化、素质过硬的消防队伍是体制改革、构建完善的消防监督体系中必不可少的一环。

首先，我们应当提高消防监督管理干部的消防意识。消防监督管理干部是消防队伍的领头兵，应当深刻领会国家赋予消防部门的政治责任，积极投身社会消防安全治理中，加强上下沟通，确保消防队伍适应消防监督执法改革，积极探索建立消防监督管理的新体系，改进工作方法，适应新体制，提高消防监管的质量。其次，应当提高消防队员的操作能力素质。随着机构改革，消防队员需要承担的任务不仅仅是消防，还增加了很多应急救援的工作要求。需对消防队员进行业务培训，总结以往消防和应急救援的经验规律，结合实操训练和业务技能比赛等手段不断强化消防业务培训，积极适应不断变化的消防工作需要，打造一支高素质、高技能、高水平的消防队伍。

第 3 章　城市消防工程规划概述

3.1　国内现行城市规划体系概述

城市规划是政府调控城市空间资源、指导城乡发展与建设、维护社会公平、保障公共安全和公众利益的重要公共政策之一。城市规划体系是进行城市改造建设的基础。我国自 2008 年起已正式施行《城乡规划法》，我国城乡规划体系包括三个方面的内容：城乡规划法律法规体系、城乡规划行政体系、城乡规划工作体系。

城乡规划法律法规体系纵向包括由各级人大和政府按立法职权确定的法律、法规、规章、规范性文件以及标准规范，横向包括基本法、配套法和相关法。其中，基本法也就是《城乡规划法》，配套法包括《城市规划编制办法》《城市国有土地使用权出让、转让规划管理办法》及各种技术标准和技术规范；相关法包括《土地管理法》《环境保护法》《水法》《建筑法》等。

城乡规划行政体系由不同层次的城市规划主管部门构成，从住房城乡建设部到省建设厅或者规划局再到市级规划局。各级城市行政主管部门对同级政府负责，上级城市规划行政主管部门对下一级进行监督和指导。国务院建设主管部门组织编制全国城镇体系规划，省、自治区人民政府编制省域城镇体系规划，城市人民政府负责编制城市总体规划和城市分区规划。

《城乡规划法》中规定城乡规划包括城镇体系规划、城市规划、镇规划、乡规划和村庄规划等 5 大类规划，其中，城市规划、镇规划分为总体规划和详细规划两个阶段进行编制。根据“先规划后建设”原则，城市、镇依法编制总体规划或者控制性详细规划，确定建设用地范围及规划条件。在各类规划中，城镇体系规划、城市总体规划、镇总体规划以及城市、镇控制性详细规划为法定必须编制的规划。

城市规划一般分为总体规划和详细规划两个阶段。大、中城市根据需要，可以依法在总体规划的基础上组织编制分区规划。城市详细规划分为控制性详细规划和修建性详细规划。国务院建设主管部门组织编制的全国城镇体系规划，省、自治区人民政府编制省域城镇体系规划，市级及乡镇城市人民政府负责编制城市总体规划和城市分区规划，如图 3-1 所示。

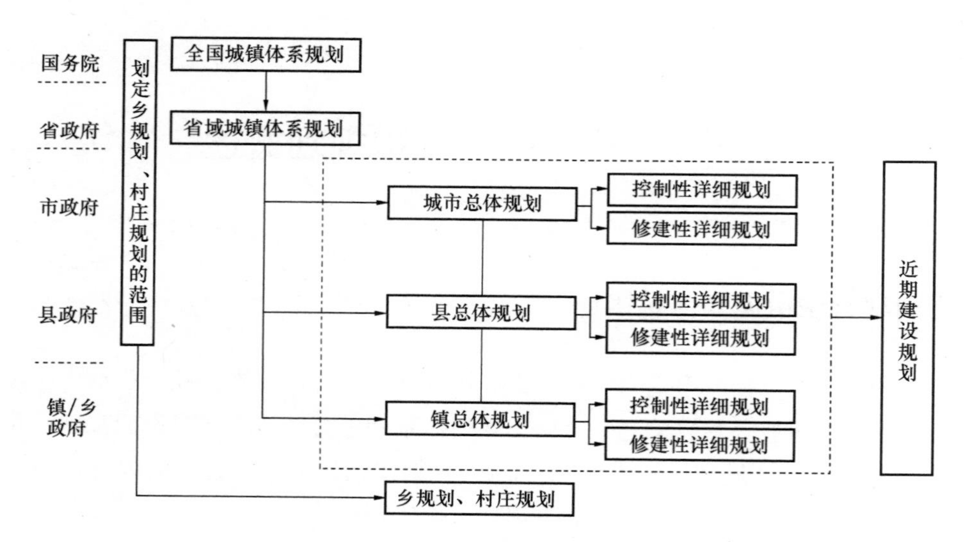

图 3-1 我国各类城市规划编制关系示意图

3.2 规划任务

消防工程规划的任务主要是结合城市规划要求，在现状基础条件下，综合评估城市火灾风险和消防薄弱环节，提出城市消防发展目标，对城市消防安全统筹布局，推进消防设施建设。完善、优化道路级配，合理布局消防通道网络系统。完善消防供水系统，加快信息化建设，完善消防通信体系，坚持科技强警。加强消防队伍和装备建设，进一步优化装备结构，逐步实现装备发展从数量规模型向质量效能型转变。健全消防安全管理体系，强化规划管理，制定和完善消防基础设施的管理制度。完善机构与体制建设满足全社会的消防安全需要。强化消防宣传教育培训，最大限度地预防和减少各类火灾事故的发生。

3.3 规划层次

3.3.1 各层次规划之间的关系

与城市规划编制体系类似，消防工程规划可以依照城市规划分为总体规划和详细规划两个层次。总体规划和详细规划两个层面的关系是逐层深化、逐层完善的，消防工程总体规划是消防工程详细规划的依据，起指导作用；而消防工程详细规划是对消防工程总体规划的深化、落实和完善。同时下层次规划也可对上层次规划不合理的部分进行调整，从而使规划更具合理性、科学性和可操作性。消防工程总体规划层面主要解决区域消防体系和评估问题，消防工程详细规划重点解决规划落实和建设实施问题。

1. 总体规划层次

消防工程总体规划与城市总体规划相匹配，从消防工程系统角度分析和论证城市经济社会发展目标的可行性、城市总体规划布局的可行性和合理性，并从消防安全方面提出对城市发展目标和总体布局的调整意见和建议。同时依据城市总体规划确定的发展目标、空间布局，合理规划消防工程系统，制定主要技术标准、布局消防站点和完善政策保障措施。消防总体规划是消防工程规划编制工作的第一阶段，也是消防站点建设和管理的依据。

2. 详细规划层次

消防工程详细规划是以总体规划或者分区规划为依据，可根据城市建设的实际需要，按功能分区如行政管理区、新城、新区、工程系统管理分区等范围进行编制，也可以针对文物建筑、历史街区、传统村落、旅游休闲项目、仿古建筑等区域开展特殊区域消防安全布局要求、消防给水、消防道路，以及公安消防力量和社会消防力量的优化配置等专项研究[6]。以消防工程总体规划为指导，结合城市设计布局，对消防站布局进行优化，对消防站等工程设施建设位置进行选址，根据消防工程总体规划、市政专项规划和城市功能分区布局，布置公共消防设施的位置。注重近、中、远期相结合，分步实施，同步建设，提出投资估算及实施计划保障规划的落地性。

3.3.2　与其他城市规划的关系

消防工程规划是城市规划的一个组成部分，它包括城市的消防安全布局、消防站、消防供水、消防通信、消防车通道、消防装备等内容。消防工程规划实际上是城市消防建设计划，它是一项方针、政策性很强的综合性技术工作。消防工程规划管理是市政建设和市政管理的重要组成部分。消防工程规划重要结论应当纳入其他城乡规划中，公共消防设施应当与其他市政基础设施统一规划、统一设计、统一建设。

1. 与城市规划协调

消防工程规划应当与城市规划综合协调，保障城市供水、排水、防洪、供电、通信、燃气、供热、消防等设施的发展目标和总体布局满足城市消防工程的要求；对接城市消防工程规划目标和总体布局。

在城市总体布局中，必须将生产、储存易燃易爆化学物品的工厂、仓库设在城市边缘的独立安全地区，并与人员密集的公共建筑保持规定的防火安全距离。对布置在旧城区内影响城市消防安全的工厂、仓库，必须纳入近期改造规划，有计划、有步骤地采取限期迁移或改变生产使用性质等措施，消除不安全因素。

在城市修建性详细规划及控制性详细规划中，应当落实消防工程规划中要求的消防公共设施用地，从消防工程系统角度对城市详细规划的布局提出调整意见和建议。并按照消防工程规划中供水、通信等专业保障管线要求，具体布置规划范围所有的工程设施和工程管线，提出相应的工程建设技术要求和实施措施。

2. 与城市供水规划协调

城市消防给水工程是消防工程规划中的重要组成部分，是迅速、有效地扑灭火灾的重要保证。消防工程规划应当与城市供水规划协调确定城市、城镇、居住区、工厂、仓库室外消防用水量是否满足《建筑设计防火规范》图示 18J811-1 的规定；充分利用江河、湖泊、水塘等天然水源，并应修建联通天然水源的消防车通道和取水设施。应当根据城市的具体条件，建设合用的或单独的消防给水管道、消防水塔、水井或加水柱。城市消防给水管道应敷设成环状，其管径、消火栓间距应当符合《建筑设计防火规范》图示 18J811-1 的规定。对于城市原有消防给水管道陈旧或水压、水量不足的，供水部门应当结合供水管道进行扩建、改建和更新，以满足城市消防供水要求。城市中大面积棚户区或建筑耐火等级低的建筑密集区，无市政消火栓或消防给水不足或无消防车通道的，应由城市建设部门根据具体条件修建消防专用蓄水池。

3. 与交通规划协调

城市街区内应当合理规划建设和改造消防车通道。消防车通道的宽度、间距和转弯半径等均应符合有关的规范要求，保证消防车辆畅通无阻。对于有河流、铁路通过的城市，应当采取增设桥梁等措施，保证消防车道的畅通。在规划城市桥梁、地下通道、涵洞时，应考虑消防车最大载重量和特种车辆的通过高度。消防车通道建成后，任何单位或个人，不准挖掘或占用。由于城建需要，必须临时挖掘或占用时，批准单位必须及时通知公安消防监督机构。

4. 与通信规划协调

100 万人口以上的城市和有条件的其他城市，应当规划和逐步建成由电子计算机控制的火灾报警和消防通信调度指挥的自动化系统。小城市的电话局和大、中城市的电话分局至城市火警总调度台，应当设置不少于两对的火警专线。建制镇、独立工矿区的电话分局至消防队火警接警室的火警专线，不宜少于两对。一级消防安全重点单位至城市火警总调度台或责任区消防队，应当设有线或无线火灾报警设备。城市火警总调度台与城市供水、供电、供气、急救、交通、环保等部门之间应当设有专线进行通信联络。

3.3.3 与其他应急管理工作的关系

中共中央办公厅、国务院办公厅关于印发《应急管理部职能配置、内设机构和人员编制规定》的通知（厅字〔2018〕60 号），明确规定应急管理部的主要职责是负责消防工作，指导地方消防监督、火灾预防、火灾扑救等工作。

应急管理部下设火灾防治管理司。其主要职责为组织拟订消防法规和技术标准并监督实施，指导城镇、农村、森林、草原消防工作规划编制并推进落实，指导消防监督、火灾预防、火灾扑救工作；拟订国家综合性应急救援队伍管理保障办法并组织实施。

应急管理部负责管理消防救援队伍、森林消防队伍两支国家综合性应急救援队伍，承担相关火灾防范、火灾扑救、抢险救援等工作，设立消防救援局、森林消防局，分别作为消防救援队伍、森林消防队伍的领导指挥机关。

3.4 规划编制程序

1. 工作程序

消防工程规划一般包括前期准备、现场调研、规划方案、规划成果 4 个阶段。

前期准备阶段：指项目正式开展前的策划活动过程，需明确委托要求，制定工作大纲。工作大纲内容包括技术路线、工作内容、成果构成、人员组织和进度安排等。

现场调研阶段：主要掌握现状消防情况、社会经济、城市规划、专业工程规划的情况，收集专业部门、行业主管部门、规划主管部门和其他相关政府部门的发展规划、近期建设计划及意见建议。工作形式包括现场踏勘、资料收集、部门走访和问卷调查等。

规划方案阶段：主要分析研究现状情况和存在问题，并依据城市发展和消防工作发展目标，确定规划目标，完成消防安全布局、消防站点设施及配套专业管网系统布局，安排建设时序。期间应与专业部门、行业主管部门、规划主管部门和其他相关政府部门进行充分的沟通协调。

规划成果阶段：主要指成果的审查和审批环节，根据专家评审会、规划部门审查会、审批机构审批会的意见对成果进行修改完善，完成最终成果并交付给委托方。

2. 编制主体

各行政区域内设市城市和县人民政府所在地镇负责城市消防工程规划的编制和审批；城市消防工程规划的编制，由城市人民政府领导，城市规划行政主管部门、公安消防机构组织，委托具有相应城乡规划编制资格的单位承担。

3. 审批程序

目前，国家法律法规中未对消防专项规划的审批程序作明确的规定。消防专项规划的审批程序可参考城市其他专项规划的审批程序来定。

城市消防工程规划编制完成后，应当由当地城市规划行政主管部门、公安消防机构组织有关部门和专家评审。根据评审意见修改完成后，消防工程总体规划一般由市规划委员会或市政府审批，消防工程详细规划建议由区、县人民政府或者相关管理部门审批。

城市消防工程规划经批准后，由批准机关公布，并报原审查机关备案。城市人民政府可根据社会经济、城市建设发展的需要，对城市消防工程规划进行局部调整，报原审查机关备案；但涉及重大变更的，须报原审查机关审查[7]。

4. 规划实施

城市工程消防是一个涉及规划、国土、消防、水务、城管、通信、安监、供电、燃气、建设等十多个行业部门以及千家万户的复杂系统工程，是城市基础设施建设的重要组成部分，是由一系列相互联系、相互作用的消防体系要素组成的有机整体。因此，需要通过法制化的监督机制，完善城市消防评价体系，规范化运作消防设施及科学化的管理手段保障消防系统工程正常运作。

第2篇

方　法　篇

城市消防工程规划基本编制内容可概括为“一面、两点、三线”，其中“一面”是指城市区域火灾风险评估；“两点”是指城市的消防安全布局方面，包括易燃易爆点以及消防站点的布局；“三线”是指城市公共消防基础设施规划方面，包括城市消防供水、消防通信以及消防车通道的规划。

本篇从工作任务、工作内容、指导思想、基本原则、现状调研、资料收集以及成果内容要求等多方面详细介绍了城市消防工程规划的工作方法和成果要求。同时对城市消防工程规划基本编制内容进行了详细介绍，最后结合城市消防现状管理需要以及未来发展趋势，对消防装备、森林消防、综合应急救援体系、规划管理以及保障措施等方面的规划内容和方法进行了详细阐述。

第 4 章　城市消防工程规划方法总论

4.1　指导思想及基本原则

4.1.1　指导思想

严格执行《中华人民共和国消防法》等法律法规，贯彻“预防为主，防消结合”的方针，积极创新社会消防管理，扎实推进构筑社会消防安全的重要工程，深入打造公安消防与现役消防相结合的消防铁军，全面加强应急救援工作，努力实现消防工作与经济社会发展相适应，公民消防安全素质普遍提高，加强公共消防设施和消防装备建设，基本形成政府统一领导、部门依法监管、单位全面负责、公民积极参与的消防工作社会化网络，全社会防控火灾能力显著提升，最大限度地减少火灾总量与人财物损失，促进城市安全、协调和可持续发展。

4.1.2　基本原则

（1）认真贯彻落实“预防为主、防消结合”的工作方针，根据城市规模、结构形态、城市功能布局的要求，规划形成相适应的消防安全体系。

（2）积极推进消防工作社会化，创造良好的消防安全环境，构建以专业消防为主，企业消防协同作战的消防体系。

（3）注重城市综合防灾减灾工作，根据新阶段要求，使消防队伍向多功能发展，使城市消防逐步增加应急抢险功能。

（4）加强消防科技研究与开发，推广、使用先进的消防技术装备，积极开展国内、国际消防技术交流与合作。

（5）加强消防规划的针对性和可操作性，从城市实际情况出发，把握全局，突出重点，解决主要问题。

（6）在城市总体规划的指导下，结合相关专业规划，做到近远结合，统筹兼顾、分期实施。

4.2　技术路线

通过对城市发展规模及规划定位的分析，对规划区进行火灾风险评估，并提出规划区消防设施完善建议。在评估结果的基础上，进行消防安全布局及公共消防基础设施规划，包括消防场站、消防车道、消防供水、消防通信等。最后结合规划区近期新、改扩建道路、近期城市建设项目、近期市政建设需求，提出消防工程近期建设计划和投资估算。具体技术路线如图 4-1 所示。

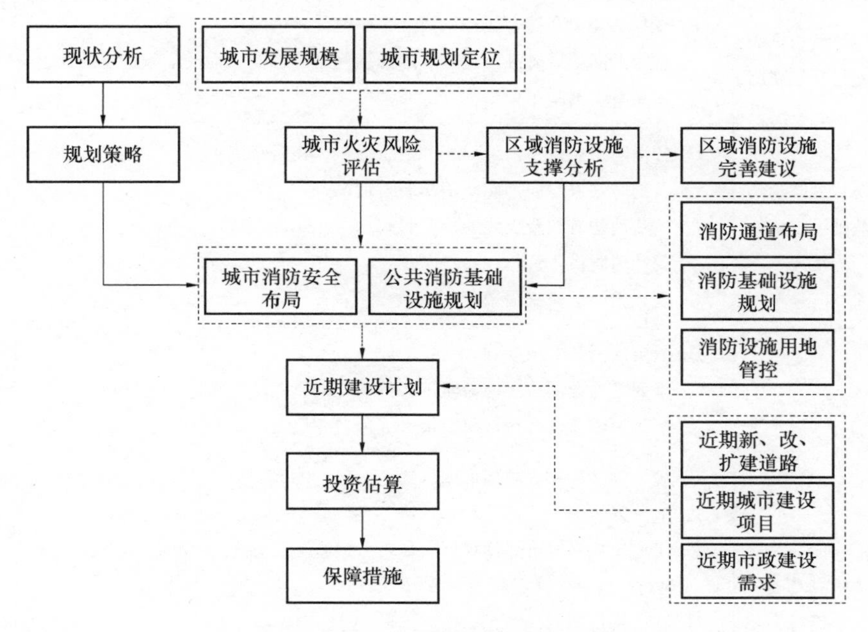

图 4-1　消防工程规划技术路线图

4.3　现状调研及资料收集

4.3.1　现状调研

城市消防规划涉及部门众多，且各个城市涉及消防的部门也各不相同。但基本上需要调研消防部门、城市建设管理部门、规划国土部门、安全监管部门、供水部门、交通部门等。具体需要根据各地情况确定调研部门。

4.3.2　资料收集

消防工程规划需要收集的资料包括现状火灾及救援资料、现状城市消防安全布局资料、现状公共消防基础设施建设情况、相关专项规划资料及相关基础资料等五类资料，如表 4-1 所示。

消防工程专项主要资料收集汇总表　　表 4-1

序号	资料类型	资料内容	收集部门
1	现状火灾及救援资料	① 近五年火灾次数、所在区域，死亡人数、烧伤人数、经济损失； ② 火灾及抢险救援成因统计； ③ 各消防站或专职消防队消防警力及出警情况； ④ 火灾报警形式、受理方式；消防指挥调度形式	消防部门

续表

序号	资料类型	资料内容	收集部门
2	现状城市消防安全布局资料	① 现状工业、仓储、居住、商业等用地分布情况； ② 现状老旧城区、高层建筑、加油加气站等燃气工程设施分布情况； ③ 现状重点消防单位名称及分布情况	规划部门 燃气部门 消防部门
3	现状公共消防基础设施建设情况	① 各消防站位置、占地面积、建筑面积、辖区范围； ② 各消防站或专职消防队消防装备情况； ③ 现状消防有线及无线通信资料； ④ 现状消防供水资料； ⑤ 现状主要道路交通情况	消防部门 通信部门 供水部门 交通部门
4	相关专项规划资料	① 上层次消防专项规划； ② 规划区内及周边区域消防工程专项规划或消防工程详细规划； ③ 消防设施建设可行性研究报告或项目建议书	规划部门 消防部门 建设部门
5	相关基础资料	① 规划区及相邻区域地形图（1/500～1/2000）； ② 卫星影像图； ③ 用地规划（城市总体规划、城市分区规划、规划区及周边区域控制性详细规划、修建性详细规划等）； ④ 城市更新规划； ⑤ 道路交通规划； ⑥ 道路项目施工图； ⑦ 近期规划区内开发项目分布和规模	国土部门 规划部门 交通部门

4.4 消防工程总体规划编制指引

4.4.1 工作任务

在消防工程总体规划层次，主要工作任务是根据规划区城市建设规模、功能分区、各类用地分布状况、基础设施配置状况等，对城市消防安全布局和消防站、消防给水、消防通信、消防车通道等城市公共消防设施和消防装备进行统筹规划并提出实施意见和措施，为城市消防安全布局和公共消防设施、消防装备的建设提供科学的依据[8]。

4.4.2 工作内容

城市消防工程规划应坚持“预防为主、防消结合”的消防工作方针，因此城市消防工程规划编制的内容主要围绕火灾预防和灭火救援两方面展开[9]。在总体规划层次，城市消防工程规划主要工作内容如下：

（1）城市火灾风险评估；

（2）城市消防安全布局；

（3）城市消防站及消防装备；

（4）消防通信；

（5）消防供水；

（6）消防车通道；

（7）森林消防规划；

（8）综合应急救援体系；

（9）实施规划的保障措施等。

4.4.3　文本内容要求

1. 规划背景及现状概况

说明规划编制目标、依据、指导思想和原则，规划年限及规划范围，规划区现状情况及存在问题。

2. 城市区域火灾风险评估

主要对区域现状火灾基本情况分析，划分城市火灾风险分区。

3. 城市消防安全布局

说明城市消防安全布局的规划依据和原则，按照有关消防安全规定和消防技术标准的要求，划分城市消防重点保护区域。

4. 消防站

说明消防站的规划依据和原则，按照《城市消防站建设标准》（建标 152）的要求，确定新建消防站的位置、数量、用地规模、消防装备等。

5. 消防给水

说明市政供水管网及消火栓、消防水池、天然水源取水设施等消防给水设施的规划依据和原则；确定可利用的市政及天然消防水源，按照消防技术标准的要求，确定新建消防给水设施的数量、位置，并提出技术要求。

6. 消防通信

说明消防通信的规划依据和原则；按照有关城市消防通信技术标准的要求，确定 119 火灾报警和消防通信指挥系统的规划方案。

7. 消防车通道

说明消防车通道的规划依据和原则；按照有关消防技术标准的要求，对城市道路及桥梁、隧道、立体交叉桥等提出消防车通道宽度、限高、承载力及回车场地等要求。

8. 森林消防

提出规划区森林消防基础设施数量、位置及用地，提出森林消防主通道等。

9. 综合应急救援体系

主要包括应急预案体系，应急基础设施和应急避难场所以及应急物资储备保障制度等内容。

10. 保障措施

提出确保规划有效实施的措施和意见。

4.4.4 图纸内容要求

图纸分为两类：现状图和规划图。现状图和规划图所表达的内容及要求应当与基础现状资料及规划文本的内容一致；规划图应符合有关图纸的技术要求，图纸比例可根据实际需要确定，一般宜为1：5000～1：25000。

主要包括：

（1）区域位置图：标明区域位置及规划范围。

（2）现状消防站覆盖图：标明现状消防站位置、规模及服务辖区范围。

（3）消防重点单位分布图：包括消防重点单位的位置和名称。

（4）火灾风险评估图：标明城市消防风险分布范围。

（5）消防站及责任区规划图：主要标明规划消防站名称、位置种类、责任区范围。消防指挥中心、消防训练培训基地、消防战勤保障中心，消防车辆及装备维修基地等单位的名称、位置和规模。

（6）消防站选址图：包括新建消防站和扩建消防站及其他消防设施的用地选址内容。

（7）消防重点地区规划图：包括区域消防重点单位的位置、范围和名称。

（8）易燃易爆危化品布局规划图：包括易燃易爆设施及化学危险品的位置、范围和名称。

（9）消防供水规划图：主要标明城市天然水源和取水点、市政水厂、主干给水管网和消火栓、消防水池等分布位置和容量。

（10）消防通信规划图：主要标明消防指挥中心、消防站、电信通信局等部门的位置和通信调度路线。

（11）消防车通道规划图：主要标明城市消防车通道，危险品运输路线的位置、走向以及城市铁路、码头、机场等位置。

（12）应急救援场所规划图：主要标明城市应急救援场所的名称、位置、规模等。

（13）近期建设图：主要标明近期消防站、消防供水、消防通信、消防车通道及装备等近期建设的内容。

4.4.5 说明书内容要求

（1）现状消防安全分析。对城市火灾事故现状、综合消防能力、经济能力和社会消防发展水平等进行分析，深入调查现状的消防设施，客观评价城市消防安全现状，找出城市面临的消防安全问题，并分析问题成因。

（2）城市区域火灾风险评估。分析规划范围内可能存在的火灾风险，建立全面的评估指标体系，划分城市火灾风险分区。

（3）消防安全总体布局规划。按照城市消防安全和综合防灾的要求，对易燃易爆危险化学品场所或设施及影响范围、建筑耐火等级低或灭火救援条件差的建筑密集区、历史城区、历史文化街区、城市地下空间、防火隔离带、防灾避难场地等进行综合部署和具体安排，制定消防安全措施和规划管制措施。不符合城市规划和消防安全要求的，应当调整、完善。

（4）消防站规划。按照《城市消防站建设标准》（建标 152）的要求，合理规划新建消防站的位置、数量、类型、用地规模及消防装备配置等内容，并结合城市实际，确定消防指挥中心和消防培训基地的位置和用地规模，提出对控规单元的规划要求。现有不适应城市消防需要的消防站应提出改造、迁移计划。

（5）消防供水设施规划。结合城市给水规划和城市河湖水系保护规划，按照有关消防技术标准的要求，确定城市消防用水总量，合理布局城市给水与消防用水合并系统或城市特定区域消防独立给水管网系统的管网和消防取水设施，并确定消防取水设施配水管最低压力和最小管径。设置必要的城市消防水池，根据地理、环境和气候条件，综合利用江、河、湖泊等天然水体和其他人工水体作为消防水源，并设置取水码头。现有不能满足需要的消防供水设施应提出改造计划。

（6）消防通信设施规划。结合城市通信基础设施规划，提出消防通信网络建设、消防通信指挥中心和移动消防通信指挥中心建设等具体实施方案。

（7）消防车通道规划。结合城市综合交通体系规划，按照有关消防技术标准的要求，对城市道路、桥梁、隧道、地下管沟、立体交叉桥等提出消防车通道间距、宽度、高度、坡度、承载力及回车场地等要求。供消防车取水的消防水池、天然水体及其他人工水体，应规划消防车通道。现有不能满足消防车通行要求的道路应提出改造计划。

（8）森林消防。确定森林消防预警监测系统、森林消防通信和信息指挥系统、森林消防专业队伍与装备、森林消防物资储备库、森林消防基础设施等内容。

（9）综合应急救援规划。确定应急基础设施和应急避难场所的布局，建立应急预案体系及应急物资储备保障制度等。

（10）近期建设与规划实施保障。确定近期建设重点、投资估算、时序安排以及规划实施的保障措施和意见等。

4.5　消防工程详细规划编制指引

4.5.1　工作任务

在消防工程详细规划层次，以消防工程总体规划为指导，结合城市土地利用规划，对消防站进行布局优化，对消防站等消防设施进行选址；对消防给水管、消防取水点、消防水池、消火栓等消防设施进行布局规划，并确定相应设施的位置。对规划区内消防设施进行分期规划，制定实施计划，保障规划的可实施性。

4.5.2　工作内容

消防工程专项详细规划应在总体规划的指导下，以实施落实为要求进行布局选址及相关消防设施的布置等工作，主要工作内容应包括：

（1）火灾风险评估根据实际备选；

（2）区域城市消防安全布局；
（3）城市消防站布局及选址研究；
（4）消防供水规划；
（5）消防通信规划；
（6）消防车通道规划；
（7）森林消防规划（根据实际备选）；
（8）综合应急救援规划；
（9）消防装备；
（10）近期实施计划；
（11）保障措施。

4.5.3 文本内容要求

1. 规划背景及现状概况

说明规划编制目标、主要依据、总体指导思想和原则、规划年限及规划范围规划区现状情况及存在问题。并对上位规划解读。

2. 城市火灾风险评估

主要对区域现状火灾基本情况分析，对现状火灾风险进行评估，提出消防改善方案。

3. 城市消防安全布局

对现有影响城市消防安全的易燃易爆危险物品生产、储存、装卸、供应场所提出迁移或改造计划；对现有耐火等级低、建筑密集、消防通道不畅、消防水源不足的老城区、棚户区和商业区提出改造计划；对暂时不能改造、迁移或不宜远离城区的要提出安全控制措施，提高自身防灾能力。

4. 消防站

优化消防站布局并对责任区划分。确定片区消防站（包括小微消防站）的位置、数量、用地规模等。对现有不适应城市消防需要的消防站提出改造、迁移计划；对新建消防站进行落地选址等。

5. 消防供水

消防供水主要包括消防水源和消防供水设施。消防水源包括可用于扑救火灾的水资源，需要确定可利用的市政及天然消防水源，按照有关消防技术标准的要求，确定新建消防供水设施的数量、位置，并提出有关技术要求；消防供水设施部分则需要说明市政供水管网及消火栓、消防水池、天然水源取水设施等消防供水设施的规划布局。对现有不能满足消防需要的水压低区提出消防供水保障方案。

6. 消防通信

对消防通信指挥中心、消防站通信设备、有线系统和无线系统消防通信规划提出智慧消防建设的要求。

7. 消防车通道

按照有关消防技术标准的要求，对城市道路及桥梁、隧道、立体交叉桥等提出消防车通道宽度、限高、承载力及回车场地等要求；对现有不能满足消防需要的消防车通道提出改造计划，特别是老城区微消防车通道打通；确定化学危险品的运输路线；天然水源充足地带，应规划消防车取水用的消防车通道。

8. 森林消防规划

确定片区森林消防的消防站位置及用地。

9. 综合应急救援规划

主要内容包括防火隔离带的布置和应急避难疏散场所的布局。

10. 消防装备规划

主要包括消防车辆装备、灭火器材装备、个人防护装备、抢险救援装备、消防通信装备等，需按照现行国家标准和规范对配置品种和数量进行规划。

11. 近期规划与投资估算

根据消防规划总体要求，分项分年度提出具体的新建、改建、迁移计划以及各项目的投资估算；列表说明工程的名称、主要内容、投资估算及时间安排等。

12. 规划保障措施

提出确保规划有效实施的措施和意见。

4.5.4　图纸内容要求

（1）区域位置图：标明区域位置及范围。

（2）现状消防站覆盖图：标明现状消防站位置、规模及服务辖区范围。

（3）消防重点单位分布图：包括消防重点单位的位置和名称。

（4）火灾风险评估图：标明城市消防风险分布范围。

（5）消防站及责任区规划图：主要标明规划消防站名称、位置种类、责任区范围。消防指挥中心、培训中心、训练中心等单位的名称、位置和规模。

（6）消防站选址图：包括新建消防站和扩建消防站及其他消防设施的用地选址内容。

（7）消防重点地区规划图：包括区域消防重点单位的位置、范围和名称。

（8）易燃易爆危化品布局规划图：包括易燃易爆设施及化学危险品的位置、范围和名称。

（9）消防供水规划图：主要标明城市天然水源和取水点、市政水厂、给水管网和消火栓分布、消防水池等位置和容量。

（10）消防通信规划图：主要标明消防指挥中心、消防站、电信通信局等部门的位置和通信调度路线。

（11）消防车通道规划图：主要标明城市消防车通道，危险品运输路线的位置、走向以及城市铁路、码头、机场等位置。

（12）应急救援场所规划图：主要标明城市应急救援场所的名称、位置、规模等。

（13）近期建设图：主要标明近期消防安全布局、消防站、消防供水、消防通信、消防车通道及装备等近期建设的内容。

4.5.5 说明书内容要求

（1）现状消防安全分析：现状城市消防安全布局、现状消防站及市政消防基础设施情况及存在问题分析；

（2）相关规划解读：包括对城市总体规划、分区规划、上层次或上版消防工程专项规划、其他市政专项规划及行业规划等相关规划的解读；

（3）火灾风险评估：现状火灾风险评估和规划火灾风险评估。建立火灾风险评估指标体系，对区域进行定量风险评估，如无法定量分析，则可以采用“城市用地消防分类定性评估方法”，即通过城市用地的消防分类，确定城市重点消防地区、一般消防地区、防火隔离带及避难疏散场地，定性处理城市或区域的火灾风险问题；

（4）城市消防安全布局：根据城市性质、规模、用地布局和发展方向，考虑地域、地形、气象、水环境、交通和城市区域火灾风险等多方面的因素，按照城市公共消防安全的要求，合理规划和调整各种危险化学物品生产、储存、运输、供应设施（特别是城市重大危险源）的布局、密度及周围环境，合理利用城市道路和公共开敞空间（广场、绿地等）以控制消防隔离与避难疏散的场地及通道，综合研究公共聚集场所、高层建筑密集区、建筑耐火等级低的危旧建筑密集区（棚户区）、城市交通运输体系及设施、居住社区、古建筑及文物、地下空间综合利用（含地下建筑、人防及交通设施）的消防问题并制定相应的消防安全措施，使城市整体在空间布局上达到规定的消防安全目标；

（5）消防站规划：确定消防站位置、规模及辖区范围；在定性评估城市不同地区各类用地的火灾风险的基础上，合理调整城市消防安全布局，合理划分城市消防站的服务区，合理确定消防站站级、位置、用地面积和消防装备的具体配置，进而提高城市公共消防安全决策、消防安全布局和城市消防站布局的科学性和合理性；

（6）消防供水规划：预测消防水量，确定消防供水水源、主干管网布局及规模；确定消火栓设置原则；

（7）消防通信设施规划：确定消防调度系统、有线通信系统、无线通信系统等消防通信系统；

（8）消防通道规划：确定一、二、三、四级消防车通道及危险品运输通道布局，特别老城区消防车通道；

（9）森林消防规划：确定规划区森林消防站用地：

确定森林消防预警系统，森林消防通信和森林消防信息指挥系统、森林消防专业队伍与装备，物资储备及基础设施建设等；

（10）应急救援规划：确定规划区应急基础设施，应急救援场所布局，建立应急救援体系及应急物资储备保障等；

（11）近期规划与投资估算：根据总体规划要求和现状消防存在问题，提出分年度具体新改建项目，需说明项目名程、内容、时间安排及投资估算等；

（12）规划保障措施：提出规划实施的政策保障、资金保障及技术保障等。

第5章　城市区域火灾风险评估方法

5.1　城市区域火灾风险评估方法概述

5.1.1　火灾风险评估的基本概念

火灾风险评估又称消防安全评估，是在辨识火灾危险源的基础上，分析引发火灾的影响因素，评估火灾隐患、火灾防控措施、火灾后果严重程度及各因素综合作用下的消防安全状况，进而对这些评估因素进行量化处理，构建数学模型将其转化为可比较的数字结果，最终得到评估结论[10]。

火灾风险评估的主要目的是为城市消防规划编制提供科学详细的现状分析，划分出城市火灾风险分区，将其作为城市消防规划管理的依据，推动城市消防事业的健康发展，为经济社会发展提供安全保障。

1. 火灾风险概念界定

火灾风险包含以下两个基本概念，即火灾危险性和火灾危害性。为避免概念混淆导致的评估偏差，相关概念界定如下：

火灾危险性：火灾发生的可能性，强调的是由客观存在的火灾危险源引起火灾的概率。

火灾危害性：目标对象发生火灾后产生的后果及影响。

火灾风险是火灾的发生概率及其造成的后果的综合度量。其中，狭义火灾风险指目标对象不受外部消防力量干预下的火灾风险；广义火灾风险指目标对象受到外部消防力量干预下的火灾风险。

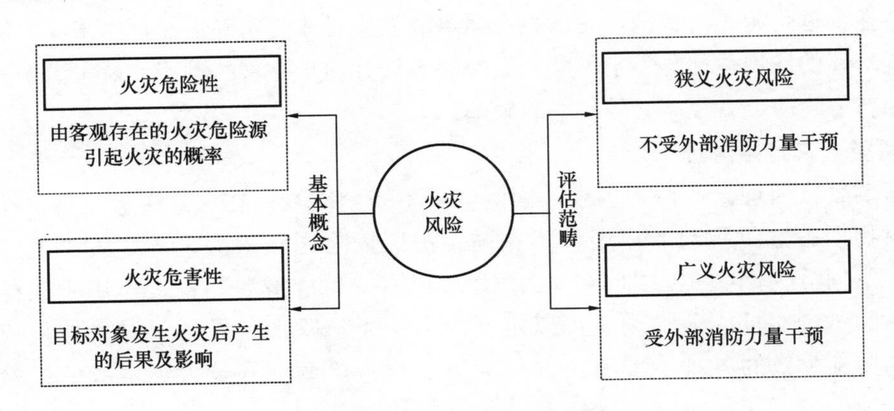

图5-1　火灾风险概念界定图

2. 区域火灾风险定义

根据我国的消防工作特点，可以将“区域”定义为某个支队或总队的消防辖区范围，即某个城市或某省的消防辖区，其最小单元是一个街区。将火灾风险作为指标赋予某个特定区域，即区域火灾风险[11]。

3. 火灾风险管理的ALARP原则

最低合理可行原则（As Low as Reasonably Practically）英文简称为ALARP，其含义是：一个系统中天然存在风险，不可能通过预防措施彻底消除；并且，随着系统的风险水平逐步降低，受边际效应影响，进一步降低风险需要花费的成本代价也会呈指数曲线上升。因此，必须在降低系统风险水平和预防措施的支出成本之间做出折中。

人们往往希望不惜成本来避免火灾事故发生，然而除非完全禁止用火、用电等存在火灾风险的行为，否则风险是无法彻底消除的。同时，对消防安全有更高的要求，意味着需要进一步增加消防安全资源的投入。为了保证消防安全资源投入成本的经济合理性，可以根据ALARP原则将火灾风险限定在一个合理的、可接受的水平上。

5.1.2 火灾危险源辨识

1. 危险源

危险源是各种事故发生的根源，是指可能导致事故从而造成人员伤亡和财产损失等损害的潜在的不安全因素[12]。

危险源具有以下四个特点：

决定性：事故的发生以危险源的存在为前提，危险源的存在是事故发生的基础，离开了危险源就不会有事故。

可能性：危险源并不必然导致事故，只有失去控制或控制不足的危险源，才可能导致事故。

危害性：危险源一旦转化为事故，会给生产生活带来不良影响，还会对人的生命健康、财产安全以及生存环境等造成危害。如果不能造成这些影响和危害，就不能称之为危险源。

隐蔽性：危险源是潜在的，一般只有当事故发生时才会明确地显现出来。人们对危险源及其危险性的认识往往是一个不断总结经验教训并逐步完善的过程，对于尚未宣传认识的现有和新危险源，其控制必然存在着缺陷。

2. 两类火灾危险源理论

根据事故致因理论，作为事故致因的各种不安全因素，在导致事故发生、造成人员伤害和财物损失方面所起的作用各不相同。按照危险源在事故发生、发展的作用，可以将危险源划分为两大类，即第一类危险源和第二类危险源。直接作用于人体（或客观事物）的过量能量或危险物质可以定义为第一类危险源；导致对过量能量或危险物质的控制措施失效的各种不安全因素称为第二类危险源。导致火灾事故的危险源同样遵循以上理论。

由于导致火灾事故的两类危险源的性质完全不同，其辨识、控制和评价的方法也不相同。

（1）第一类火灾危险源

火灾事故往往是由于某个区域内的过量能量失去控制而意外释放造成的。过量能量在火灾事故的致因中占有重要地位，被称为第一类火灾危险源。其具有的能量越高，发生火灾后造成的后果越严重；反之，具有的能量越低，发生火灾后造成的危害也越小。

生活在城市中的人们为了满足生产或生活的需求，不可避免地将大量的可燃物（如装饰材料、桌椅、纸张、织物等）、爆炸危险物品（如加油加气站、燃气管线、煤气罐等）聚集在一定空间范围，特别是在一些商贸中心、居住区及易燃易爆危险品生产销售企业内，存在着大量城市火灾危险源。一旦疏忽对能量的可靠控制，极易引发火灾事故，造成人员伤亡及财产损失。从上述情况来看，第一类火灾危险源的存在难以避免。

（2）第二类火灾危险源

为了安全合理地利用能量，人们必须采取适当的措施来控制、约束或限制能量，即必须控制第一类火灾危险源，以避免能量意外释放。但事实上，在现实生活中的诸多不确定因素作用下，约束或限制措施可能在工程技术水平、城市管理水平以及人员素质等方面存在缺陷。导致城市中过量能量失去控制的各类因素，被称为第二类火灾危险源（图5-2）。

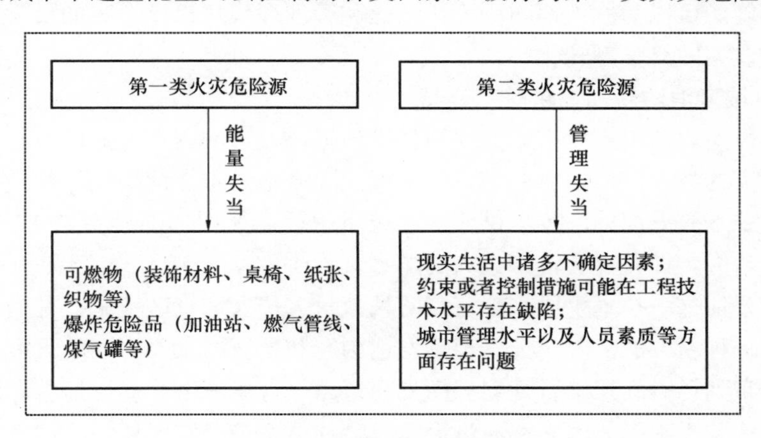

图5-2　两类火灾危险源

3. 基于两类火灾危险源理论的区域火灾风险

从以上理论出发，区域火灾风险包含以下的内容：

（1）火灾风险是由第一类火灾危险源与第二类火灾危险源引起的，其大小受火灾损失以及损失严重程度的影响；

（2）火灾风险与评估对象（如建筑物的状态、人群的位置等）的自然属性和社会属性密切相关；

（3）火灾风险受到评估对象抗灾能力的影响，抗灾能力包括城市消防技术、装备情况等；

（4）火灾风险的大小可以通过历史统计的损失量在一定程度上得到体现，可以根据历史火灾数据的统计结果结合城市火灾现状对城市综合火灾风险状况进行定量的估计；

(5) 城市的火灾风险还受社会管理水平、城市气象状况以及城市规划等因素的影响。

因此评判一个区域的火灾风险，首先需要分析该地区火灾发生的可能性；然后分析火灾发生的后果严重程度和损失大小。将影响这两方面的因素进行指标量化及综合分析，就是区域火灾风险评估。

5.1.3 城市区域火灾风险评估的意义

1. 可以掌握区域的火灾风险总体水平

随着我国经济的发展和社会的不断进步，城市化发展的速度非常快，大中小城市的规模都在日益扩大。特别是大城市，人口密度大，城市的功能日益多元化、复杂化，建筑形式也日趋多样化，过去远离市中心的高风险工业区逐渐被外延的城市新区所包围；城市居民和流动人员的活动方式、生活方式发生了根本性的变化：生产生活中采用新材料、新工艺、新技术、新能源等，这些因素决定了城市的火灾风险在不断增大。统计数据显示，火灾已对我国城市安全形成了巨大的威胁，严重影响着我国城市经济可持续发展和社会稳定。消防安全水平也体现了社会的文明程度。城市区域火灾风险的评估结果可以清楚地显示某一特定区城的火灾风险总体水平、造成火灾风险高的主要原因以及提高消防安全度应采取的一些措施，可以为城市消防决策科学化和管理现代化提供一定的科学依据，使消防管理工作由经验型向科学型转化。

2. 可以为城市消防规划提供技术支持

城市火灾风险评估可为城市消防规划提供依据。城市的固有火灾风险与相应的设防力量构成城市火灾的综合风险。研究综合风险可以为城市的整体消防规划、应急力量布局和设防力量整体要求等方面的决策提供科学的技术手段，从而提高社会消防安全管理水平，完善城市消防功能，提升社会抗御火灾的能力。

通过风险评估这一技术手段来确定消防站数量、位置和辖区范围，是当今国内外消防站规划布局的一种新方法。美、英、德等发达国家和地区，针对不同的火灾风险，确定不同的消防车行车到场时间，结合规划区内交通道路、行车速度、地形地貌、消防站布局现状以及当地经济发展水平等因素，通过火灾风险评估，为确定区域消防站点数量、位置和辖区范围提供依据和优化方案。

3. 是我国消防部门开展火灾防控工作的基础

我国公安部及公安消防局高度重视城市火灾风险评估工作，在《公安部消防局 2017 年工作要点》中明确提出“加强火灾风险评估工作，落实消防安全形势定期分析研判制度”。可以预见城市火灾风险评估将逐步成为各地消防部门开展火灾防控工作的基础，帮助消防部门实现由“被动应对处置”向“主动预测预警预防”转变，由“传统消防”向“现代消防”转变。因此，科学合理、有针对性地开展城市火灾风险评估，对于城市规划建设和政府科学行政，也具有极其重要的现实意义[13]。

5.2 国内外城市火灾风险评估方法介绍

火灾风险评估方法与技术在国内外都有了不同程度的应用，并取得了非常丰硕的成果。从方法论的角度区分，火灾风险评估基本可分为定性法、半定量法和定量法三大类。

火灾风险评估方法中的定性方法主要用于识别最不利火灾事件，其主要方法有安全检查表法、风险分类指示器法等。这类方法主要以规范或规章的有关规定作为评判依据，以简单方式确定火灾风险特征，从而采取指令性方式解决消防安全问题。

火灾风险评估方法中的半定量方法主要用于确定火灾的相对风险，也称为火灾风险分级法。比较典型的方法有风险值矩阵法、消防安全评估系统法、商业财产评估表法、陶氏火灾爆炸指数法、火灾等级层次法等。半定量法由于其快捷简便、结构化强的特点，应用较为广泛。然而由于半定量法往往是针对特定类型建筑、工艺开发的，不具有普适性，并且其评估结果与方法开发者的知识水平、经验以及相关历史数据积累等密切相关，具有一定主观性。

火灾风险评估中的定量方法主要用于确定火灾的实际风险，是一种相对精确的火灾风险评估法，其通过明确的假设、数据以及数学关联，追溯产生量化结果并反映潜在的火灾风险分布，也称为概率法，比较典型的方法有 CRISP 法、风险分析事件树法、可靠指数火灾风险评估法等。这类方法优点是结果反映了风险不确定的本质，缺点是需要大量的数据资料和时间。

以上从方法学角度概括性地描述了通用火灾风险评估法。下文就目前国内外常用的城市火灾风险评估方法与技术做基本介绍。

5.2.1　我国城市火灾风险评估方法

1. 基于单体对象的城市区域火灾风险评估方法[14]

公安部消防局从 2005 年 5 月起，在全国部分地区先行试点重大危险源调查、评价工作，结合我国消防部队灭火抢险救援实际，建立了一套城市区域火灾评价方法，并在全国 7 个地区进行了全面试点。

（1）相关定义与说明

固有火灾风险：指在没有公安消防力量保护的情况下考察对象的火灾风险。以下内容中出现的“风险”没有特殊说明的，均指固有火灾风险。

单体对象：在火灾风险评价中，划分出使用性质单一、建（构）筑物组成相对独立的建筑物（群），简称单体。一般的单体对象即是评价的最小单元，是可以用指标模型（体系）直接评价的单元。

区域对象：根据火灾风险评价需要，在某地理区域划定出的相对独立的一个评价范围。评价区域是由多个独立单体对象和复合对象组成的。区域对象也简称区域，没有特殊说明时，下文中出现的区域为区域对象。

人员风险值（R_m）：在评价某类对象的火灾风险时，对其可能的人员伤亡数量的估算值。

财产风险值（R_f）：在评价某类对象的火灾风险时，对其可能的财产损失数量的估算值。

火灾事故发生率（P）：某类单体每年发生某等级火灾事故的频度。

$$P_{ij} = S_{ij} /(n \cdot N_i) \tag{5-1}$$

式中 P——火灾事故发生率；

i——单体分类序号；

j——事故等级划分序号；

S——火灾事故发生总数，为统计结果；

N——评价区域内某类单体的总数；

n——统计年限。

单体固有火灾风险率（L）：用评价指标体系及其评判标准对单体对象火灾事故发生的严重性进行的综合评价结果。

风险向量（R）：指火灾事故中评价对象人员伤亡风险与财产损失风险的集合，是衡量火灾事故（中评价对象的）总体损失的表征量。$R=(R_m, R_f)$。

从上述定义可知，区域是由单体组成的，单体评价的实现是区域评价的基础。在单体对象评价中，主要选取人员和财产风险来表征单体对象的火灾风险。单体对象在人和物两方面的火灾风险无法换算或统一为一个表征量，采用风险向量来表征单体对象火灾风险，使得不同单体对象的火灾风险可以定量地相互比较，这也较好地解决了区域火灾风险的计算问题。

（2）评估思路

1）单体对象固有火灾风险评估要素

单体对象固有火灾风险率评估因素从致灾程度的因素、自身防控能力影响灭火救援力量发挥因素、毗邻情况等四个方面进行分析。

致灾程度因素主要考虑单体对象的火灾荷载与建筑情况。

自身火灾防控能力主要包括消防设施、消防管理、消防水源等要素。

影响消防力量发挥因素主要包括距离最近消防站的路程、消防车道、消防水源，其中消防水源是复用因素。

毗邻风险包括周围环境所带来的风险和防火间距两个因素，主要反映单体间火灾风险耦合程度。

单体对象固有火灾风险评估因素包括人员、财产与固有火灾风险率三个方面。

2）区域火灾风险评估思路

区域是由单体组成的，单体评估的实现是区域评估的基础，区域火灾风险评估是单体火灾风险的综合衡量。区域组成和结构的复杂性导致区域划分的多样性，可以根据工作需要，按消防队辖区或行政辖区将评估区域划分为多个子区域。区域风险由子区域风险组成，子区域风险由单体对象风险组成。

（3）单体对象评估指标体系

在建立指标体系方面，从解决消防部队对辖区基本信息和火灾风险分布情况的需求出发，充分分析和研究城市区域各种类型单体对象自身的致灾因素及制约灭火抢险救援力量发挥的环节，旨在使指标体系切实反映单体对象的火灾风险特点，有利于火灾风险评估，最大限度地满足消防部队的实际需求。

单体风险评估指标体系采用“三层次模型”进行设计，形成自上而下的构造单体对象评估指标体系和自下而上的度量固有风险率的评估机制。

根据消防部队灭火救援和防火监督工作的特点，将单体对象划分为7大类（人员密集场所、危险化学品单位、高层公共建筑、地下建筑、仓储类、重要机关单位、其他场所）36种不同类型，详见表5-1。各类型单体对象的火灾风险因素存在差异，因此，评估指标体系也不尽相同，但评估指标体系的基本结构是相似的。指标体系的基本结构可以按建筑基本情况、消防设施情况、消防供水能力、消防管理水平、火灾荷载、消防力量发挥因素等构成。

单体对象分类情况表　　**表5-1**

单体对象类别	具体风险场所
人员密集场所	宾馆饭店、集体宿舍、客车站、码头、机场、生产加工车间、商场、市场、图书馆、博物馆、展览馆、档案馆、托幼儿园所、养老院、学校教学区、学校试验楼区、医院娱乐场所、影剧院体育场馆
危险化学品单位	储罐区、库房、生产车间
高层公共建筑	办公写字楼、宾馆饭店商场、商住综合楼
地下建筑	地下仓库、地下商场、地下市场、地下娱乐场所
仓储类	非露天仓库、半露天仓库
重要机关单位	重要机关和单位
其他场所	易燃建筑密集区、古建筑、隧道

（4）区域火灾风险的计算模型

$$R = f(P, L) \tag{5-2}$$

式中　R——火灾风险向量；

P——火灾事故发生概率；

L——单体对象的固有火灾风险。

确定风险数值的大小不是组织风险评估的最终目的，重要的是要确定不同单体对象火灾风险的等级，对于不同风险级的单体对象采取不同的防范和保护措施。等级划分可以按照风险数值排序的方法，也可以采用区间划分的方法。单体对象火灾风险等级划分从固有火灾风险率和末级指标权重结合起来，形成最终的等级划分结果。

2. 基于城市区域性重大事故定量风险评估方法[15]

公安部消防局从2005年5月起，在全国部分地区先行试点重大危险源调查、评价工作，结合我国消防部队灭火抢险救援实际，建立了一套城市区域火灾评价方法，并在全国7个地区进行了全面试点。

火灾风险评估是指在火灾风险分析的基础上对火灾风险进行估算，通过对所选择的风险抵御措施进行评估，把所收集和估算的数据转化为准确的结论的过程。城市火灾风险性评估应从城市消防安全角度、火灾应急救援的角度出发，研究城市消防规划和建设中土地的消防分类、消防安全布局、重大危险源合理布局、急救援力量等的基本需求和合理布局，建立风险评价模型，根据社会、经济、环境特别是居民安全的实际

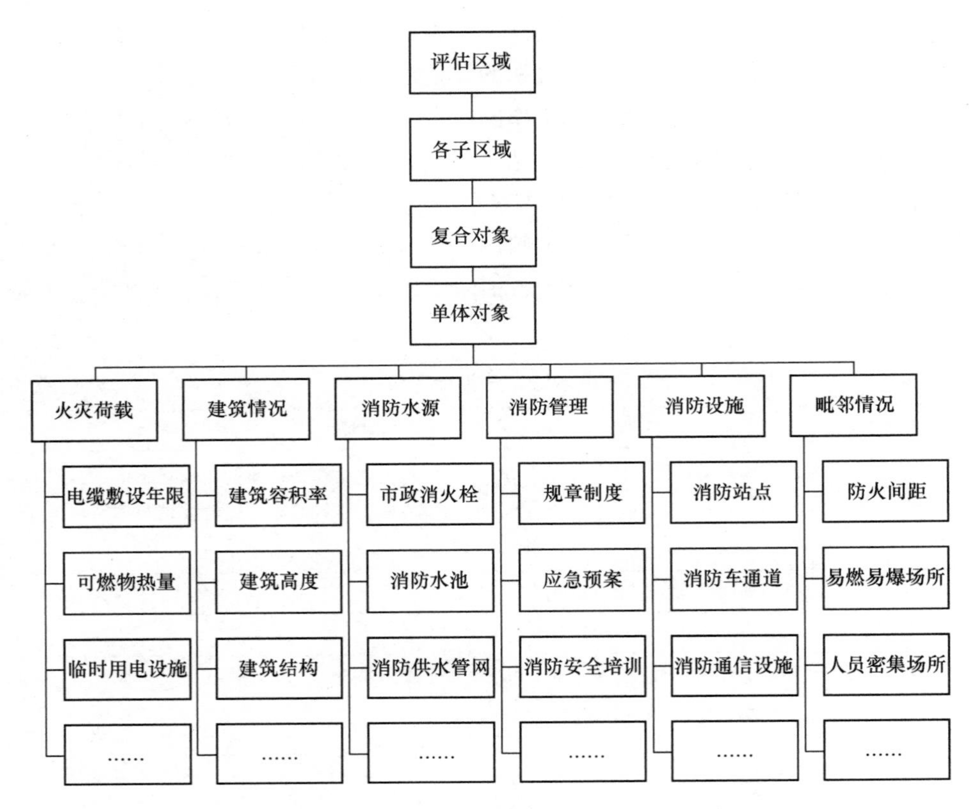

图 5-3 区域火灾风险的评估结构示意图

需要，确定城市个人风险、社会风险等的承受水平，并按照风险承受水平进行消防安全规划和消防投资。

一般来说，城市火灾风险可用城市火灾风险率来表示，一些国家和地区常用个人风险和社会风险作为城市风险指标表示。

（1）火灾事故风险率

火灾事故风险率等于火灾事故发生的概率和火灾事故损失率的乘积。

$$R=P\cdot S \tag{5-3}$$

式中 R——火灾事故风险率；

P——火灾事故发生概率，即单位时间内发生火灾事故的次数；

S——火灾事故的损失率，即平均每次火灾事故的经济损失。

（2）个人风险

个人风险是指在某一特定位置长期生活的未采取任何保护措施的人们遭受特定危害的频率，通常特定的危害为死亡。对于城市火灾事故，个人风险与人们所处的位置以及该位置与可能造成特定危害的火灾危险源有关。一般来说，距离可能造成特定危害的危险源越接近，个人风险值也越大。

（3）社会风险

社会风险描述的是事故如火灾、紧急事件和自然害等的发生频率与造成人员伤害间的定量关系。从城市生产和生活事故角度，评价社会风险时不仅需要特定危害危险源发生的频率，还需要城市不同区域人口分布数据。如果明确了城市的个人风险和不同区域的人口分布，就可以计算出城市的社会风险。

社会风险可以用事故后果超过某一特定值的概率给出：

$$R(N)=\iint S(N<N_0)r(x,y)n(x,y) \tag{5-4}$$

式中　R——为城市社会风险（次/a）；

$r(x,\ y)$——为城市个人风险值函数［次/(人・a)］；

$n(x,\ y)$——为城市区域人口分布函数（人/m^2）；

$x,\ y$——为人员距特定危害危险源的距离（m）；

N——为用于事故后果的事故死亡人数（人）；

$S(N<N_0)$——为事故死亡人数 N 小于某特定人数 N_0 的城市区域范围（m^2）。

（4）风险功能区划分方法

基于城市区域性重大事故定量风险评价技术，我们在实行城市消防安全布局规划时可尝试采用定量化的可接受风险基准作为风险功能区划分的依据。划分出不同等级的城市风险功能区。即：一类风险控制区、二类风险控制区、三类风险控制区、四类风险控制区，具体划分标准如表 5-2 所示。

重大危险源不同等级风险功能区划分情况一览表　　**表 5-2**

风险功能区名称	最大可接受风险	包含的主要城市功能区类型	特点描述
一类风险控制区	10^{-6}	居民区	人员高度聚集
		医疗区	人员高度易损
		文教区	人员高度聚集或易损
		交通枢纽区	人员高度聚集
		商业中心区	人员高度聚集
		重点保护区	目标敏感
		名胜古迹区	目标敏感
		行政办公区	目标敏感
二风险控制区	10^{-5}	一般商业娱乐区	人员密度较高
		劳动密集型工业区	人员密度较高
三类风险控制区	10^{-4}	技术密集型工业区	人员密度较低
		仓储区	人员密度较低
		广场、公园、公共绿地等	人员密度较低
四类风险控制区	$>10^{-4}$	水域、防护绿地等开阔地	人员密度较低

3. 基于城市建设用地地块单元的区域火灾风险评估方法[16]

现有的区域火灾风险评估方法大部分都是从火灾危险性、承灾体易损性以及城市抗灾能力三个方面分析确定指标，但指标的选取仍存在较大差异。由于部分指标难以用传统方法定量计算，或者受限于数据获取难度，火灾危险性往往仅考虑易燃易爆危险源分布或者消防安全重点单位分布，易损性指标也主要集中在人口密度、建筑形式等指标。而编制城市消防工程规划，需要识别耐火等级低的区域，根据火灾危险性、易损性制定不同的火灾管控措施，并依据风险优化消防站布局。因此，面向城市工程消防规划的火灾风险评估，既需要针对性地建立相关指标，构建覆盖火灾危险性、承灾体脆弱性以及城市抗灾能力的指标体系，同时，其结果还应能为消防工程规划的编制提供必要的支撑和依据。

该方法结合遥感卫星影像分析和用地功能分析，建立覆盖火灾危险性、易损性、抗灾能力三个方面的指标体系，并以建设用地地块单元为基本评价单元，进行城市区域火灾风险评估。

（1）历史火灾统计分析

必须立足区域火灾特点开展研究区域火灾风险评估，因此首先需要分析整理历史火灾统计。由我国 2012～2016 年火灾统计数据可知，火灾事故原因主要为电气火灾、生活用火不慎，分别占总起数的 30.8% 和 18.5%（图 5-4）。

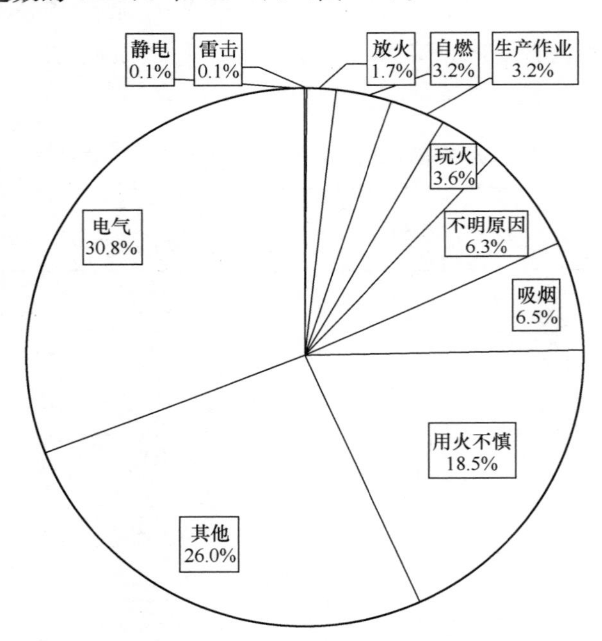

图 5-4　我国 2012～2016 年起火原因统计分析图

对火灾事故发生场所进行归集，分为住宅、交通工具、易燃易爆场所、人员密集场所、仓储物流、生产场所、垃圾及废弃物、办公场所、其他，其中，住宅火灾、生产场所火灾是主要的起火场所，分别占总起数的 38.6%和 12.4%。

（2）城市火灾风险评估指标体系

区域火灾风险评估主要针对火灾危险性、承灾体易损性和抗灾能力三个一级指标进行评估。

1）火灾危险性度量火灾发生的不确定性。建筑耐火等级与火灾发生概率存在明显的相关性，建筑耐火等级低的地区火灾发生概率高。结合已发生火灾实地调查情况，建筑耐火等级低的地区，主要是棚户区、城乡接合部等地区，居民消防安全意识较为薄弱，生活用火不慎、吸烟、玩火等导致火灾高发。虽然因管控更严格，易燃易爆危险源引发火灾的概率在不断降低，但易燃易爆危险源仍然是直接导致火灾的主要因素之一，不容忽视。因此，选取建筑耐火等级、易燃易爆危险源作为衡量危险性的影响因子。

2）火灾易损性度量承灾体损失的程度。从历史火灾统计分析来看，火灾带来的损失主要分为人员损失和财产损失两类，人口和经济的分布情况都会对损失结果有影响，人口密度和城市经济密度可以表示人员和财产分布的总体状况。从区域角度评估火灾，还应考虑火灾影响的区域。建筑密度会影响整个区域火灾蔓延、发展情况，建筑密度较高的区域，发生火灾后更容易蔓延，导致起火范围扩大，损失更为严重。因此，选择建筑密度、人口密度、经济密度三个因子反映承灾体易损性特征。

（3）城市抗灾能力是尽量保证该区域内发生火灾时灭火救援的成功性

消防站布局、消防给水、消防车通道等消防系统是城市抗灾能力的重要组成部分，合理的消防系统规划与建设，可以有效地把火灾事故消灭在萌芽状态，减少火灾损失，从整体上降低火灾的风险。由于消防供水、消防车通道等消防基础设施主要依托市政供水设施、城镇道路系统，与城市用地布局、建筑密度、建筑耐火等级存在较大的相关性，因此不单独考虑该指标。选取评价单元与消防站的距离作为度量抗灾能力的影响因子。

火灾风险是火灾损失的概率，度量概率的危险性和度量损失的易损性对于火灾风险的贡献具有同等重要性。由于我国现有的消防站主要承担灭火救援的工作，也就是最大程度降低火灾发生后的损失，并不能降低火灾发生概率，因此权重减半。根据一级指标因子分析可见各因子对于指标具有同等的重要性，火灾风险评估指标体系如表5-3所示。

火灾风险评估指标体系表　　**表5-3**

评价指标	指标因子	权重	等级划分	得分
危险性（D）	建筑耐火等级	1/2	Ⅰ	1
			Ⅱ	2
			Ⅲ	3
			Ⅳ	4
			不耐火	5
	易燃易爆危险源影响距离	1/2	0～300m	1
			300～600m	2
			600～900m	3
			900～1200m	4
			＞1200m	5

续表

评价指标	指标因子	权重	等级划分	得分
易损性（V）	建筑密度	1/3	0～20%	1
			20%～30%	2
			30%～40%	3
			40%～50%	4
			50%～100%	5
	人口密度（对应城市用地分类类别）	1/3	W、U、G、S4	1
			M	2
			R1、H14	3
			R3、A（除A3、A5）、H12	4
			R2、A3、A5、S3、B	5
	城市经济密度	1/3	R3、G、H14、H12	1
			R1、R2	2
			M、W、U、S3、S4	3
			A	4
			B	5
抗灾能力（F）	消防站布局	1/2	1200～6000m	1
			900～1200m	2
			600～900m	3
			300～600m	4
			0～300m	5
	消防设施保障水平	1/2	<20%	1
			20%～40%	2
			40%～60%	3
			60%～80%	4
			80%～100%	5

4. 城市火灾风险评估方法

（1）评价单元确定

现有火灾风险评估多以行政单元、网格、城市建设用地地块为评级单元。其中，城市建设用地根据土地使用的主要性质划分为居住用地、公共管理与公共服务设施用地、商业服务业设施用地、工业用地、物流仓储用地、道路与交通设施用地、公用设施用地、绿地与广场用地共8大类，并根据用地功能、环境质量、建筑特点等要素，将8大类用地划分为35中类、42小类，其中居住用地按设施水平、环境质量和建筑层数等综合因素细分为3个中类。采用建设用地地块作为评估单元，各单元在用地性质、用地功能及建筑特点等方面具有相近的空间属性，更便于分类识别出各单元的因子特征。

（2）指标因子评价准则

为了确保评估方法的通用性，统一把各指标的评价值无量纲化为 5 个等级，并赋值1～5进行计算，分别表示高、较高、中等、较低、低 5 个等级。建筑耐火等级和建筑密度通过现场调研与遥感影像目视识别相结合的方法进行评判，易燃易爆危险源影响和消防站布局根据距离划分等级。人口密度和经济密度的相对关系与用地类型与用地功能密切相关，例如，居住用地的人口密度明显高于公园绿地的人口密度，商业用地的经济密度明显高于村庄居住用地的经济密度。因此，通过分析用地类型及用地功能差异，将地块单元的人口密度和经济密度划分为 5 个等级。

耐火等级分为国家标准的四级耐火等级及不耐火 5 个等级，判别依据为：

一级耐火等级建筑：一般城市新建机场、高铁站等建筑为一级耐火等级。

二级耐火等级建筑：主要有新建的高层建筑。

三级耐火等级建筑：主要为标准厂房、中高层建筑等。

四级耐火等级建筑：主要包括农房、城市棚户区、简易厂房（研究区域内厂房大部分为简易厂房，可以判断为四级耐火等级）。

不耐火建筑：主要为砖木结构、木结构的老旧建筑，防火性能差，属于不耐火建筑。

在用地类型和建筑形式复杂多样的区域进行建筑耐火等级的判断时，地块内部可能存在 2 种及以上耐火等级并存的情况，往往需要先按耐火等级标准识别建筑分布区，再在各地块内合并计算不同耐火等级建筑区的面积加权值作为耐火等级得分。研究区用地类型和建筑形式相对简单，可以直接判断各建设用地地块的耐火等级。

建筑密度以地块单元的密度值划分为：（0～20%）（20%～30%）（30%～40%）（40%～50%）（50%～100%）共 5 个等级。高层建筑集中区、机场用地、学校、市政设施用地区及目视判断建筑密度低的地块，判断建筑密度<20%；城市多层建筑集中区、一类居住用地区、医院、行政办公用地等地区及目视判断建筑密度较低的地块，判断建筑密度 20%～30%；其他城市二类居住用地及目视判断建筑密度中等的地块，判断为建筑密度 30%～40%；城市商业商务区、集镇、新建村主要街道及目视判断建筑密度较高的地块，判断为建筑密度 40%～50%；集中连片厂房、棚户区、村庄及目视判断建筑密度高的地块，判断为建筑密度 50%。

（3）风险评估方法

采用加权平均的方法计算评价单元风险值。设评价单元各指标因子的基准得分为 S_i，权重为 W_i，用指标因子对应的评分与该因子对应的权值相乘，并进行累加，得到危险性、易损性、抗灾能力指标最后的评估分数 D，V，F，如下所示；再将各指标进行加权平均，得评价单元的火灾风险值 R，如式（5-6）所示。根据 D，V，F，R 值的大小，划分为 5 个等级，划分为：（0～1.5）（1.5～2）（2～3）（3～3.5）（3.5～5）共 5 个等级，分别表示风险等级低、较低、中、较高、高。

$$D=\sum_{i=1}^{2}S_iW_i \tag{5-5}$$

$$R=(D+V+F)/3 \tag{5-6}$$

式中 S_i——评价单元各指标因子的基准得分；

W_i——评价单元各指标因子的权重；

D——危险性指标评估得分；

V——易损性指标评估得分；

F——抗灾能力指标评估得分；

R——评价单元的火灾风险值。

5.2.2 国外城市火灾风险评估方法

1. 英国城市火灾风险评估方法

英国对消防救援力量的部署是依据其内政部批准的在全国统一使用的"风险指标"，把消防队的辖区划分为"A""B""C""D"四类区域，名为"火灾风险分级"系统。建立这个系统的目的是对消防队的辖区进行风险评估，确定辖区内的各种风险区城，进而设立该风险区域发生火灾后，确定消防车数量和响应时间。为了保证在全国范围内的标准化和一致性。英国内政部发布了一套使用该方法的指南，具体规定了一系列使用该方法的指标、不同等级风险区域的标准响应模式等，总称为"消防力量部署标准"。同时在这个指南中也强调了在进行分级评估时，应该通过专业的判断，密切注意各地区有可能对风险级别产生影响的地方特征。

（1）确立区域火灾风险级别的作用

确立消防队辖区的火灾风险等级非常重要，因为通过它可以确定以下内容：在相应的区域，所需要的消防力量的水平；为了满足该区城的风险需求，消防队应常规配备的消防车辆、人员和其他各种设备；在某种程度上，为消防队获取相应的财政支持，以期在平衡成本与效益的基础上，满足标准的公共保护水平和保持足够的保卫力量。总之，对不同风险级别的区域，应满足表 5-4 所示的标准。

不同风险级别区域的消防车力量调度情况表　　表 5-4

风险级别	第一时间出动消防车数量	各个出动的时间限度（min）		
		头车	第二台消防车	第三台消防车
A	3	5	5	5
B	2	5	8	—
C	1	8～10		—
D	1	20	—	—

（2）区域火灾风险等级的确定

在划分火灾风险等级的指南中，给出了三种分级指导，即进行分级的三个阶段：

1）第一阶段

对各级风险进行文字表述，分别表示为 A、B、C、D 和偏远地区、特殊风险，如果某区域内大多数建筑设施都符合某种措施，则划分为相应的风险等级。这一阶段的目的是对消防队辖区的全部或其中一部分进行总体的观察，初步认定不同的风险区域。

“A”级风险区域：这类区域通常位于大城市或县镇，这类区域应具备相当的规模，集中了有可能对人员和财产造成极大火灾风险的建筑设施，具体包括：主要的商业聚集地、商（市）场、多层宾馆和写字楼；影剧院酒吧、舞厅及其他音乐场所集中地带；高风险性的工业和商业集中地带。

“B”级风险区域：这类区域通常属于较大的城市或县镇中没有划归A类风险区域的区域，这类区域应由一定规模的连续建成区组成，集中了有可能对人员和财产造成明显火灾风险的建筑设施，具体包括：商业聚集地，主要由多层建筑组成，有一定的聚集程度；较大的旅游景点处的宾馆和休闲娱乐场所集中的地带；有一定人口密度的较陈旧的多层建筑物集中的地带；风险性较高的工业和贸易性质的建筑群。

“C”级风险区域：这类区域通常位于较大城市的郊区或较小城镇的建成区，这类区域应具备一定的建设规模，尽管发生火灾时人员和财产风险较低，但其中某些区域的人员伤亡风险可能相对较高。建筑设施集中程度不等，但通常规模有限。具体包括：战后开发的居住用房，包括带有门廊的多层住宅、门口有露台的住宅和较大的公寓楼、旧建筑集中的地带，通常属于战前联排或带前后院的多层住宅建筑。原有建筑转变为多用途建筑的情况较多；位于郊区的带前后院的、半独立式的或独立式的住宅集中的区域，风险较低的工业和居住混杂区域，小城镇中基本上没有什么高危险场所的工业或商贸区。

“D”级风险区域：不属于偏远地区，也没有划归为A、B、C级区域的其他所有区域。

偏远地区：与人口聚集的地区相隔离的、建筑物非常少的区域。

特殊风险区域：有些特定的小区域，无论其是单栋建筑还是一组建筑，无论其周围区域的风险级别，它们发生火灾事故时都需要超越常规的第一出动。这些建筑物或小区域则应归属为“特殊风险”区域，它们的情况各异，但通常包括：具有一定规模且存在特殊风险的民用建筑物，比如医院或监狱；C和D级区域中的属于居住或商贸性质的塔楼：大型的石化或其他高风险工厂；飞机场。

2）第二阶段

即对某风险区域内的单体建筑物的特征情况进行检查，并打分，进而确定风险类别：最后的分值为16分以上的，为“A”类；11～15分的，为“B”类；10分以下的，为“C”类。该阶段可以视为对第一阶段所认定的风险等级的明确和细化。赋分方法有助于消防队计算出各类单体建筑的风险类别，从而了解某区域内的主要火灾风险的综合情况。

所需要的评估元素及其赋分方法如下：

① 建筑面积，分值为0～9分；总占地面积小于371m^{2}的，0分；总占地面积为18580m^{2}及以上的，9分。

② 建筑间距，分值为2～8分：如果某建筑物只有一侧与另一建筑物之间的间距≤12m，取2分；如果某建筑物四边都与另一建筑物之间的间距<12m，取8分。注意：建筑面积和建筑间距是相互排除的，即最终结果只取用二者中分值较高的一个。

③ 建筑结构，分值为1～5分：如果某建筑物设计为能够阻燃的难燃结构，比如混凝

土，阻燃保护的钢架结构，取1分；如果某建筑物属于或基本上属于全木结构，取5分。

④ 建筑层数，分值为2～6分：以建筑物包括地下层在内的楼层数目为基准赋予分值，建筑物为3层以下的，取2分；建筑物为7层或7层以上的，取6分。

⑤ 建筑物的占用情况，分值为1～5分：以建筑物的使用类型为基准进行打分，建筑物占用率低的，比如教堂等小型单层建筑物，取1分；建筑物占用率中等的，比如办公楼、影剧院和其他公共娱乐场所，取3分；建筑物占用率高的，比如百货大楼和购物中心、制造工厂、医院、幼儿园、残疾人救助中心等，取5分。

3）第三阶段

区域面积及其主要风险的确定。

① 风险区域的面积。对于某一级别的风险区域来说，不存在一个最佳的面积量。在该评估方法中，一个区域的面积大小取决于该区域的特征与第一阶段中的文字表述内容相一致的情况，另外还应通过第二阶段的赋分来进一步得以明确。在实践过程中，应用计分方法时，想区分相邻的不足0.5km^2的区域的不同风险是不太现实的，因此第二阶段的赋分通常针对0.5km^2大小的小区域进行。所以大部分的风险区域都包括一定数量的类似区域（通常最少为6个）。但偶尔也有必要把更小的区域划归为属于某个风险级别的区域。为保证风险评估的合理性还必须充分考虑当地的具体情况，由专业人员对这些实际情况做出权衡。

② 如何对区域赋分，从应用赋分方法的角度考虑，可以有助于解决区域面积的问题。赋分方法的应用有两个途径：一是消防主管部门沿着消防站现有责任区的地图网格，逐一进行计分。这样可以确定该责任区是否还应该依现状来划分，此时，“区域”的边界即消防站责任区的边界“区域”的风险级别由其主要的风险类型来决定；二是不考虑消防站的现有责任区，沿着地图网格，对消防站辖区内一定面积的各个区域逐一进行计分。这样可以重新考察已有的区域划分是否能反映出现有的火灾风险情况，并在必要时对已有的区域划分做出相应的调整。显然，第二个途径更为彻底和开放。无论是区域的风险级别的改变，还是区域边界调整后面积的改变，无疑都应对消防站站址的选择和站内装备的数量产生很大的影响。

③ 较小的风险区域。为了严密地确定被考察区域的风险级别，往往会发现某些单体建筑物或建筑组团比其所处的区域中的绝大多数的建筑物的风险级别都高，比如：在一个风险级别为D的大区域中有一个包含数个高风险场所的工业区；在主要风险为C的区域中，通过应用赋分方法却发现其中的一个巨型超级市场（由百货商店和超市组合成的巨大的商业建筑）或大型购物中心属于A级风险；在一个D级风险占优势的区域内有医院或护理中心。按照“主要风险”的概念，上述孤立的高风险的小区域应划归第一阶段文字表述中所称的“特殊风险区域”。对于这种情况，消防主管部门要针对其特殊性做出相应的出动预案。

④ 主要风险（决定区域风险级别的风险）。当应用文字表述方法时，区域的主要风险由区域的实际情况与文字描述的符合程度来决定；当应用赋分方法时，被考察的小区域中的建筑物的分值就决定了它的主要风险；同样，任何面积更大的区域的风险级别通常都是

比较明显的，如果某区域的主要风险难以通过上述途径得到，则有必要通过其他因素来确定其风险级别，这些因素可能包括：不常见的结构特征、拥挤程度、辐射或爆炸危险、消防车难以靠近的程度和供水量的不足程度、建筑物内的物质性质等。

2. 美国城市火灾风险评估方法介绍[12]

国际消防组织资质认定委员会（The Commission of Fire Accreditation International，CFAI）在美国消防部门的支持下，在其“消防部门自我评估”及“消防保卫标准”的工作基础上，为了更加突出强调火灾科学的科学性，开发出“风险，危害和经济价值评估（Risk，Hazard and Value Evaluation，RHVE）”方案，并于2001年11月19日发布了该方案。它是一个计算机软件系统，包含了多种表格、公式、数据库、数据分析方法，主要是用来采集相关的信息和数据，以确定和评估辖区内火灾及相关风险情况，供地方公共安全政策决策者使用。该方法是一套用以确认任一给定辖区内的具体风险和危险的创新性的工具和方法。当辖区决策者需要制定减火计划和目标，比如在对紧急救援资源进行布置时，就可利用它收集信息，进行分析。该方法有助于消防组织和政策决策者针对其消防及紧急救援组织的需求做出客观的、可量化的决策，更加充分地体现把消防力量部署与社区火灾风险相结合的原则。

该方法的要点集中于以下两个方面：

（1）各种建筑场所火灾风险评估

其目的是收集各种数据元素，这些数据是能够广泛认可的度量，以提供客观的、定量的决策指导。这方面的主要内容包括两组数据：

1）具体建筑设施的确认信息

所收集的数据包括具体建筑物的地址、评估机构赋予的邮编号码、工地使用情况、地区人口统计信息。其中有些数据元素对计算机的进一步运算有一定的影响（如与地理信息系统相结合），但不会影响分值计算。

2）分值分配系统

分值分配系统包括六类数据元素：建筑环境、建筑物、生命安全、事故风险、供水需求、经济价值。其中：

① 建筑环境（确认对象，不是给对象赋分，而是确定后续因素的赋分路径），包括一些总体性的数据元素：建筑设施的性质描述；建筑设施的用途；建筑设施的使用类型；建筑设施中的具体构筑物数量；经济价值评估值；人群疏散条件；第一出动消防站距离等。

② 建筑物（得到一个分值），包括一些有关建筑物外部特征的数据元素：与距离最近的建筑物之间的间距（具体的评估因素为：0～10m、11～30m、31～60m、61～100m、>100m）；建筑结构类型（具体的评估因素为：钢混框架结构、砖混结构、砖木结构、木结构）；建筑高度（具体的评估因素为：1～2层、3～4层、5～6层、7～9层、>9层）；消防通道（这里不是指消防车与建筑物之间的距离，而是消防队在建筑物内部铺设水带的条件以及是否具备合适的消防作业空间，这里以具备消防登高条件的建筑物的外墙数目来表示，具体的评估因素为：4面、3面、2面、1面，需要超出寻常的努力才能接近）；建筑物的面积（具体的评估因素为：0～600m²、601～1200m²、1201～2500m²、

>2500m²)。对于多用途建筑物，以建筑物的外墙为界，对于不同用途的区域，以耐火等级为Ⅵ级的墙体分隔的建筑物则可视为单体建筑。

③ 生命安全（得到一个分值），包括一些影响人员生命安全以及保证人员安全疏散功能的具体的数据元素：客容量（对于多用途建筑物记录客容量最大的建筑场所，具体的评估因素为：0～10 人、11～50 人、51～100 人、101～300 人、>300 人)；人员的能动性（即建筑层高对人员疏散的影响，对于空置、设备存储等用途的建筑物，可表示为“不计”。具体的评估因素为：清醒状态/适于步行的，1～2 层的；睡眠状态/适于步行的，1～2 层的；清醒状态/适于步行的，>3 层的；睡眠状态/适于步行的，>3 层的；不适于步行的/行动受限制的；不计)；火灾警报（建筑物内安装的相应火灾报警系统，对于多用途建筑物除非所有的场所都处于一个大灾报警系统的保护范围内，否则视为“无报警系统”。具体的评估因素为：自动的集中型火灾报警；自动的区域型火灾报警；手动的集中型火灾报警；手动的区域型火灾报警；无报警系统；不计)；现有系统符合法规的程度（具体的评估因素为：符合、不符合)。

④ 事故风险，包括事故（件）发生的频率/可能性和事故后果两大因素，可能性分值乘以后果分值得到风险因子。

某建筑场所事故发生的频率或可能性：监督执法的力度（考察对建筑设施的管理和执法程度，具体的评估因素为：高度管理、强制执行；高度管理、具备定期检查记录；高度管理、具备不定期检查记录；进行管理、自愿执行；不管理、不检查；不计)；常住人员的行为性质（考察可能会发生在该建筑设施中的人员活动的种类，表征与人员进入该场所有关的运动能力，包括从熟练工人、活动受限制到没有人员控制要求的室内活动，具体的评估因素为：非授权人员不得出入；非授权人员限制出入，批发零售、商业活动；人员众多、流动；没有人员控制要求的室内活动；不计)；历史数据（考察该类场所的，而非该具体场所的)。真实火灾记录可以参考当地的火灾年鉴，具体的评估因素为：每天发生、每周发生、每月发生、每年发生、极少发生。

某建筑场所事故发生的后果数据元素包括：发生火灾后进行扑救的难度（表示该建筑发生火灾后可以预见的扑救难度。具体的评估因素为：火灾控制在起火点；对建筑物造成辐射危险；大范围蔓延；极难控制；对火灾扑救工作造成危害)；火灾危险源［建筑内的危险源种类，具体的评估因素为：有限的危险；常见危险（住宅类)；多种危险（商业类)；工业危险；多种、复杂危险］；火灾荷载。

⑤ 供水需求（得到一个分值)，包括：消防供水流量（以建筑设施所在的最近的地理位置来取值)；喷淋系统（这个数据决定了消防供水流量要求值，具体的评估因素为：有无)；消防给水流量的满足程度（具体的评估因素为：是、否)。

⑥ 经济价值元素（得到一个分值)：这个数据元素应选择下列最可能代表该建筑设施在该区域内的经济价值的具体评估因素：个人/家庭损失；商业损失，人员伤亡风险小；对辖区经济造成中等冲击，人员伤亡风险大；对辖区经济税收、就业造成极大冲击；对辖区的基础设施、文化、文物等造成无法挽回的巨大损失。

区分商业损失、中等或严重经济冲击时，应考虑受影响的员工人数、销售额、税收额等；这些信息可以从辖区的发展和经济规划部门得到。

总计：从上述前2～5项的各类数据元素的总分值与经济价值元素的乘积得到相应建筑的风险分值。此分值分为4类：60分以上，风险极大；40～59分，风险显著；15～39，风险中等；15分以下，风险较低。这4类分值可以与“灭火力量分配标准”相结合，进而还可以与地图绘制工作相结合，提供一个有助于辖区决策工作的直观的管理工具。

可以说这一项是一个以建筑群为基础的数据库，可以随时从中查找相应的记录，得到有记录的各类建筑的数目及其百分比、辖区的风险总值。

（2）社区人口统计信息

用于收集辖区年度收集的相关数据元素。包括两类数据元素：

1）消防部门信息

确认产生上述数据的消防部门的基本信息。

2）社区人口统计信息的数据

① 总体信息，其中的几种数据元素可以用作“原始数据”指标的对比数据和计算数据，可以从当年开始，最好前溯5～7年。包括：永久居住人口；流动人口辖区的面积，绘图功能（全球信息系统或全球定位系统）；紧急医护救援服务（用以比较该辖区消防局所提供的最高等级的救援服务）；消防部门救援能力（具体的评估因素为：消防站数量、消防车种类、消防车操作人员数量、灭火人员数量，警报出动人员数量）；进行救援的事故种类（用以比较该辖区的消防部门的响应数量）；保险覆盖程度。

② 经济信息，包括评估信息（辖区总的经济价值和利润评估值），年均火灾损失总值；辖区消防财政预算信息。

③ 原始数据，指消防部门存档的原始信息。包括：每1000人口中的消防员（具体的评估因素为：现役消防员、志愿消防员、义务消防员）总数，火灾损失，消防车的平均人员装备（具体的评估因素为：水罐、云梯等）；其他（具体的评估因素为：每个消防站的平均保护面积；每1000美元评估值的救援成本，人均救援成本）。

④ 其他风险评估，包括：自然灾害（具体的评估因素为：干旱、地震、洪涝、滑坡、台风、草原火灾、风暴等）：民防（具体的评估因素为：生化武器袭击、民众骚乱、恐怖袭击）；技术/人为因素（具体的评估因素为：水坝塌陷、化学危险品泄漏、建筑火灾、交通事故）。

风险、危害和经济价值评估更加充分地体现了消防力量布置与社区火灾风险相结合的原则，该方法作为一个社区风险分析计算软件，现已在一些消防部门的响应规划中得到应用，以美国南达科他州的苏福尔斯市消防部门为例，它利用该方法把其社区风险定义为高、中、低三类区域，进而再考察这些区域的消防风险可能性和风险后果。高风险区域包括风险可能性和后果都很大的以及可能性低、后果大的区域，主要指人员密集的场所和经济利益较大的场所；中等风险区域是风险可能性大、后果小的区域，如居住区；低风险区域是风险可能性和后果都较低的区域，如绿地、水域等，然后再把这些在消防响应规划中体现出来。进而还可以把RHVE与城市的计算机辅助调度系统相结合，建立响应情况原始数据库，对消防站的选址、灭火力量的部署等进行评估和调整。

5.3 城市区域火灾风险评估方法技术路线

收集并整理城市区域的基础数据资料，如人口规模、土地利用情况、经济能力、交通路网、建筑情况、危险源分布、重点防护单位、消防站点、山地、水域等，通过辨识不同类型火灾危险源，筛选出相应的火灾风险评估指标；并运用层次分析等方法构建综合评估数学模型，至少包含区域特征、火灾负荷、消防实力水平、社会防控水平等一级权重指标，利用 GIS 等手段将各项指标因素与评估单元进行识别叠加，统计各单元权重并分级，形成火灾风险等级图。根据火灾风险评估结果，进一步优化城市消防工程规划，从而使消防工程规划更加科学，更具指导性和可操作性，为城市消防决策科学化和管理现代化提供依据。

城市区域火灾风险评估方法技术路线见图 5-5。

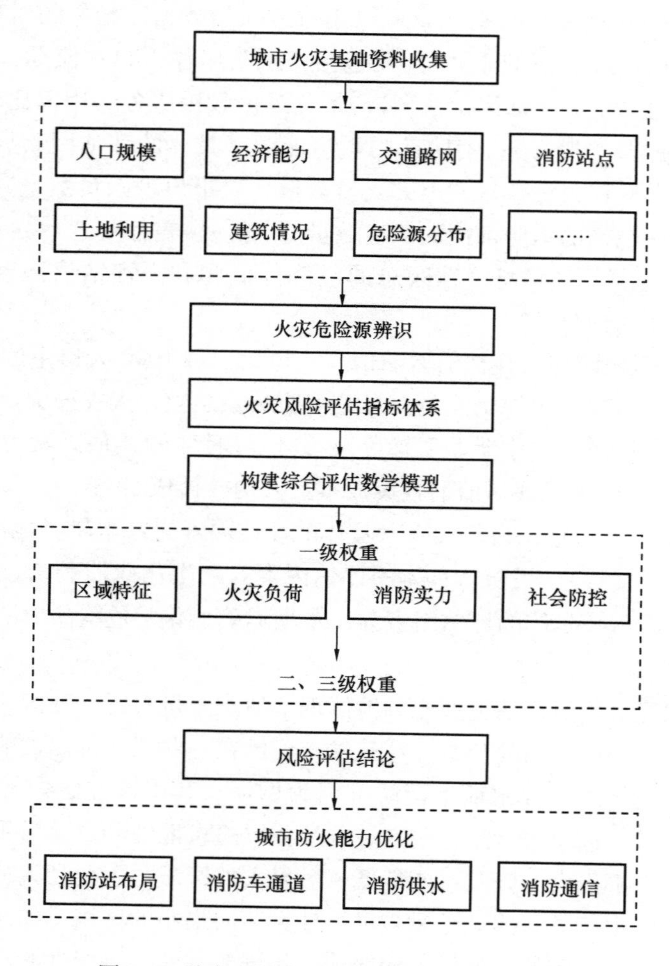

图 5-5 城市区域火灾风险评估方法技术路线

5.4　城市区域火灾风险评估体系构建

5.4.1　城市区域火灾风险评估方法构建的基本原则

对两类火灾危险源进行系统分析可知，城市发生火灾时，第一类火灾危险源、第二类火灾危险源是根源，消防系统良好运转是减轻火灾风险的控制机制，火灾发生的危害则往往通过城市的区域特征显现出来。从降低城市区域火灾风险的总目标出发，首先需要确定城市区域火灾风险评估的四个基本准则。即：

（1）待评估的城市区域特征明显。城市防火首先要求城市功能分区明确。城市包含错综复杂的功能，归纳起来主要有居住区、中心区、工业区、仓储区等，而每个功能区又可细分。城市规划和建设中有效地将这些区域分隔，有利于防范。选用城市区域特征作为划分城市区域和评估火灾风险等级的第一基本原则。

（2）降低该区域内火灾发生的可能性。城市生活中，必然需要各种能量，因而存在两类危险源是很正常的。但可以通过管理和控制的手段，降低这两类危险源起火的程度，则是降低该区域内火灾风险的有效手段。通过该区域内易燃易爆危险源的数量，包括电力载荷和燃气管网的工作情况，可以反映该区域内发生火灾的概率。

（3）尽量保证该区域内发生火灾时灭火的成功性。消防系统是城市功能的重要组成部分，合理的消防系统规划与建设，可以有效地把火灾事故消灭在萌芽状态，减少火灾损失，从整体上降低火灾的风险。所以，我们把消防实力水平也作为评估城市区域火灾风险的一个基本准则。

（4）提高公众的安全消防意识。良好的公众安全消防意识可以在各个环节降低火灾的风险，如可通过对两类危险源的认真管理，降低起火概率；掌握充分的消防知识，可以在起火初期就有效灭火，降低火灾的危害性。公众安全消防意识的程度可以通过社会管理的水平来体现。

因此，在评估城市区域火灾风险时，可以通过城市区域特征、火灾发生概率、消防实力水平和社会管理水平四个准则层的目标来反映。

综上所述，区域火灾风险评估方法构建的基本原则如下（图 5-6）：

1）可用于评估生命风险；

2）可用于评估财产风险；

3）能够在区域火灾风险和各种消防措施之间保持平衡；

4）具有良好的区域灭火救援力量规划论证基础；

5）其评估结果是量化的，并具备实际背景含义；

6）可进行区域火灾风险求和；

7）具备一定的灵活性、实用性和评估的一致性。

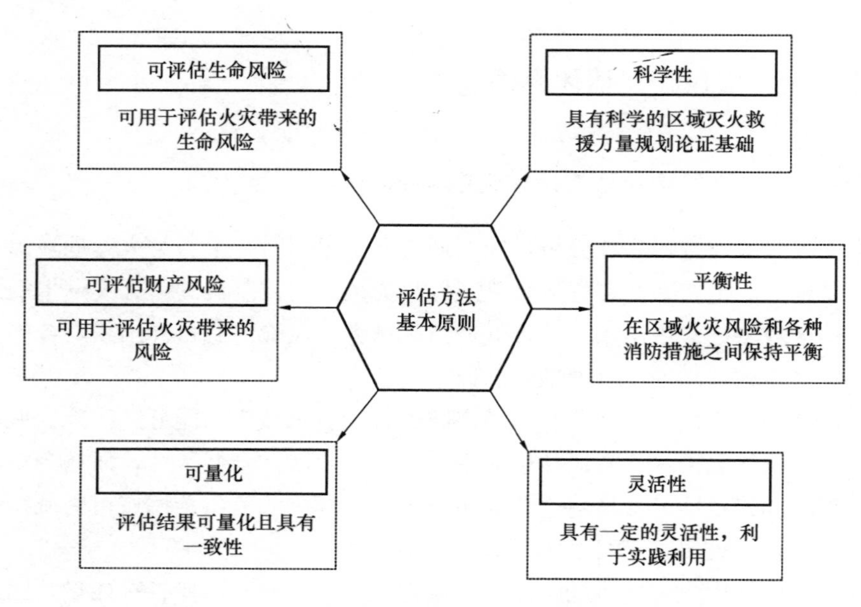

图 5-6　区域火灾风险评估方法构建基本原则

5.4.2　城市区域火灾风险评估的数学模型

目前，综合评价方法类型很多，主要评价方法有复合权重法、直接综合法、综合记分法、因子分析法、投影法、加权评分法等。从我国的实际条件和可操作性角度考虑，本书认为加权评分法不仅能满足城市消防发展水平综合评价的要求，而且具备了操作简便、准确、计算结果符合实际等特点[17]。因此，城市消防发展水平综合评价方法是按照加权评分法的类型和框架进行设计的，这种方法是依据模糊数学关于综合评判的数学模型，计算公式为：

$$R=\sum_{i=1}^{n}F_i\times W_i \tag{5-7}$$

式中：R——综合火灾风险指数；

F_i——单项火灾风险影响因子的评分；

W_i——单项火灾风险影响因子的权重。

5.4.3　城市区域火灾风险评估指标的组成与权重

1. 城市区域特征的影响因素

只有城市功能分区明确的区域，发生火灾或者规划消防系统建设时，才能有明显的针对性。例如，在深圳的城中村地区，针对该居住区人员密集道路狭窄，危险源只是居民家中用电、煤气罐等，起火规模较小的特点，消防中队配备简易消防摩托，不仅避免了消防车辆通行不便的不足，而且显著提高了出警率和灭火成功率。

因此，在城市区域特征中，下列因素对城市火灾的起火、灭火和火灾后果有重要影响：

（1）人口密度：人口密度不仅是划分城市区域的重要参考指标，而且对火灾的后果有重要影响。例如，英国采用以生命风险为基本评估指标后，改进了居住区的消防系统建设状况，明显降低了火灾中的人员伤亡率。

（2）重点防火单位数量：根据《机关、团体、企业、事业单位消防安全管理规定》以及《消防安全重点单位界定标准》，城市中的消防安全重点单位火灾风险高，一旦发生火灾损失严重，可能威胁城市整体的安全。因此，重点防火单位都应该建立各自的安全目标并予以实施，确定消防安全责任，实施和组织落实消防安全管理工作，建立健全各项消防安全制度和保障消防安全的操作规程，对火灾隐患进行积极整治，人员应当接受消防安全专门培训，建立灭火和应急疏散预案并定期演练；消防安全重点单位数量及实施相关消防安全管理规定情况，将会影响到城市区域内火灾发生的可能性以及火灾后的损失情况。

（3）气象因素：火灾的发生与天气气候有着密切的联系，其中空气温度、湿度、风力、连续无降水日数、降水量等是最直接相关的因素。风速与火灾蔓延有明显的相关性，资料统计表明，日平均风速 4.0m/s 是一个敏感的临界值，当日平均风速小于 4.0m/s，火势蔓延速度很快，极易造成较大损失。

（4）经济发展状况：在消防力量有限的情况下，经济发展状况将是决定消防力量重点投入方向的一个参考因素。经济发展状况好的区域，发生火灾后造成的后果比较严重。同时，经济发展状况好的区域，往往也是各类危险源存在数量较多、容易发生火灾的高风险地区。

（5）交通状况：迅速有效地灭火是减少人员伤亡和财产损失的最重要的条件之一，而发达的交通路线以及消防通道是消防灭火最基本的保证。交通状况区分为道路的建设和道路畅通情况两类因素。在道路建设方面，市政道路的宽度不应小于街道两侧的建筑物的防火间距，而在交通通畅方面，在建筑物的周围应当留出一定宽度的消防车道，以便消防车能够接近起火建筑物，避免发生消防车无法通过的情况。一般来说，城市道路可分为快速路、主干路、次干路和支路等四种。

为便于消防车通行，保证消防车在 5min 内到达火场，必须使城市道路保持适当的密度，一般以每平方公里 6～8min 较为合理，城市干道以 0.7～1.1min 为宜。城市规模大小不同，道路网的密度要求也不同。

（6）建筑物的安全等级：建筑物的安全等级将决定建筑物内部发生火灾的风险，包括起火的概率、起火后有效灭火的可能性以及避免起火后影响其他建筑的一些因素。目前，我国对于建筑物的安全等级评估或者火灾风险评估开展较为成熟，一般选取安全疏散情况、消防设施设备的完好率、管理工作人员灭火疏散演练情况三个指标作为参考因素。

（7）建筑物的密度：针对城市地区火灾发生的统计资料，经常发生火灾或者发生火灾后果较为严重的城市建筑一般包括高层公共建筑、地下建筑和人员密集场所。所以把这三类建筑物的密度作为评估该区域火灾风险的影响因素。

高风险建筑所占比例。高风险建筑指下列三大类建筑：高层住宅、棚户住宅、公共建筑。高风险建筑所占比例指上述三类建筑的建筑总面积与居住区内各类建筑总建筑面积的比例。为满足居民物质、文化生活等的需要，在居住区内建造有各种用途的建筑，根据我国历年火灾统计年鉴提供的数据分析，火灾发生频率高、火灾危险性大、灾后损失大的建筑在居住区系上述三大类建筑。居住区之中这三类建筑数量多、总建筑面积大，则火灾风险就高。因此，将“高风险建筑所占比例”作为评估指标具有非常重要的现实意义。

2. 火灾发生概率的影响因素

城市区域内存在火灾风险的概率往往通过该区域内的火灾负荷量来衡量。城市的工业区中，往往存在着大量的易燃易爆危险源，如石油、化工等企业在生产、运输、贮存或使用过程中容易发生火灾，且发生火灾后往往能造成重大人员伤亡及财产损失。而在居民区和普通建筑中，发生火灾的因素往往与燃气管网的建设、电路载荷情况有关系。如果这些危险源没有进行防火处理，不按规范要求铺设、使用，一旦发生火灾极易蔓延，很难控制，对城市安全构成严重的威胁。

3. 消防实力水平的影响因素

城市消防系统的建设，与城市区域特征、危险源存在情况密切相关。并且，随着城市管理水平的提高，目前，各个国家和城市消防系统的建设，都已经进入规范化的轨道。参考有关法律、法规和标准，消防实力水平的影响因素，我们选取以下几项：

（1）119 指挥中心的建设情况：城市消防指挥中心及接警调度自动化系统的实现，是消防能力强的重要表现。《消防通信指挥系统设计规范》GB 50313 对火警调度技术、无线通信设备的配备技术和图像传输设备的技术要求标准，都作出了具体规定。这里，我们选取指挥中心的设备和人员两个方面因素进行综合考虑。

（2）市政消防供水能力：目前，消防扑救所用的灭火剂主要是水，因此合理布置消防栓和供给消防用水是城市防火安全系统建设的一项重要内容。市政给水管网应采用环状双向供水线路布置，消防控制中心与水厂和城市供水网的加压站应有直接联系，保证火灾时水源能及时补充，城市中无论是暗埋或地面式消火栓的最大设置间距都为 120m。这里，我们取水源数量、水压和消防栓数量三个指标。

（3）5min 消防时间达标率。迅速出警是有效降低火灾危害的重要保证，同时也是消防实力水平建设的最终体现。根据当前消防管理的惯例，一般采用 5min 消防时间达标率来衡量出警的速度和消防中队的建设水平。

（4）专业消防人员数量。专业消防人员是指现役和地方公安编制的消防人员以及民办专业、企事业专职消防人员。城市中总是配有专门的消防队伍，其占城市人口比例、分布的合理与否、作战水平的高低直接影响对火灾的扑救和隔离。《城市消防站建设标准》（建标 152）中规定了城市中消防站的责任区面积不应大于 $7km^2$，每个消防站应配备的消防人员为 30～40 人（标准型普通消防站一个班次的执勤人员）。

（5）专业消防设备配备水平。固定消防装置的配备情况是扑灭初期火灾的重要手段；而消防站设置的密度、装备各类灭火车辆的数量以及使用状况、直升机配备以及完好情况等都直接显示了城市消防的整体实力，是控制火势的发展以及在城市中蔓延决定力量。《建筑防火设计规范》GB 50016 及《城市消防站建设标准》（建标 152）中对于上述配备给出了详细的规定，可以此为标准对城市的消防技术装备数量及完好率进行衡量。

（6）119 火警线达标率。根据公安部、建设部、国家计委、财政部 1989 年颁布实施《城市消防规划建设管理规定》和公安部 1987 年印发试行的《城镇公安部队通信装备配备标准》，结合当地发展需要，确定城市 119 火警线应开通数（对）＋火警调度专用线应开通数（对）。其达标率的计算方法为：[119 火警线已开通数（对）＋火警调度专用线已开通数（对）] / [119 火警线应开通数（对）＋火警调度专用线应开通数（对）]。

4. 社会管理的影响因素

动员全社会的力量进行消防宣传和教育工作是消防工作的重要组成部分，如 119 火警线使用、初期灭火、消防设施的使用及有效的避难与疏散等。应当建立防火组织机构，设立义务消防队并确定专（兼）职防火干部，组织机构要定期开展活动，安排布置防火工作，组织防火灭火知识的宣传、培训、教育等对于控制城市火灾会有很大的帮助。通过量化消防责任目标，加强消防教育，可以全面提高市民的消防安全意识和消防安全知识，提高市民火场逃生能力和扑火初期火灾的可能性，预防和减少火灾给人类带来的损失。一般，选取义务消防组织情况、社会消防培训情况、大众消防安全素质、消防安全意识社会化水平、防火监督管理情况四个方面的因素来综合衡量社会安全管理的基本情况。

5. 区域火灾风险评价因素（指标）集

经过上述分析，建立区域火灾风险评价因素（指标）集，并对各因素进行编号如表 5-5 所示。

6. 综合评价指标的权重

评估过程中，为了合理反映各测评指标对总体评价结果的影响和作用程度，需要对各参评指标做出较为科学的权重调整，以得出总的评价结果。指标权重的确定一般有两种方法：一是主观赋权，即专家赋权，这种方法的缺点是受人为因素的影响较大；二是客观赋权，是指从原始数据出发，通过一定的数学转换，运用数理统计方法取得指标权重。这种方法虽然客观性强，没有人为因素的影响，但由于城市火灾风险评估指标中，本身就有很多定性数据，如准则层社会管理的一些指标，往往通过考核、随机抽查或者逐项检查的方式表示。一般建议采用有专家参与的层次分析法（AHP）来确定各参评指标的权重[18]。

区域火灾风险评价因素（指标）集 表 5-5

目标	准则层（建议权重）	影响因子（建议权重）
城市火灾风险评估	城市区域特征（0.210）	人口密度 C1（0.040）
		建筑物安全等级 C2（0.037）
		经济密度 C3（0.035）
		路网密度 C4（0.034）
		轨道密度 C5（0.028）
		重点消防单位 C6（0.036）
	火灾负荷（0.113）	易燃易爆危险源 C7（0.019）
		加油加气站 C8（0.018）
		燃气管网情况 C9（0.016）
		高层建筑密度 C10（0.028）
		城中村情况 C11（0.032）

续表

目标	准则层（建议权重）	影响因子（建议权重）	
城市火灾风险评估	消防实力水平（0.566）	公共消防基础设施（0.242）	消防时间达标率 C12（0.064）
			消防站建设水平 C13（0.067）
			消防车道建设水平 C14（0.048）
			消防供水能力 C15（0.063）
		灭火救援能力（0.198）	消防装备配置水平 C16（0.052）
			专业消防人员数量 C17（0.055）
			通信指挥调度能力 C18（0.046）
			义务消防组织情况 C19（0.045）
		火灾防控水平（0.126）	万人火灾发生率 C20（0.042）
			十万人火灾死亡率 C21（0.042）
			亿元 GDP 火灾损失率 C22（0.042）
	社会防控（0.067）	消防管理（0.022）	消防安全责任落实情况 C23（0.011）
			安全隐患整治排查力度 C24（0.011）
		消防宣传（0.040）	消防宣传力度 C25（0.012）
			消防培训程度 C26（0.012）
			公众自防自救意识 C27（0.016）
		保障协作（0.049）	多警种联动 C28（0.019）
			临时避难场所 C29（0.013）
			医疗机构分布情况 C30（0.017）

注：准则层、影响因子的具体权重应根据各地情况而确定。

5.4.4 城市区域火灾风险等级划分与风险度计算

1. 城市区域火灾风险评价因素的无量纲化处理

风险评价因素集从各个方面说明了城市建设与发展过程中各项因素对城市区域火灾风险都存在着一定的影响。但是，在评价或者收集数据的过程中，这些因素都具有不同的量纲，如城市区域特征中的人口密度通常用“人口数/km^2”来表示，而区域内重点防火单位的数量则用“个”来表示。在评价过程中，首先需要对这些指标数据进行无量纲化处理，以统一反映这些因素对上层因素的影响。

为了消除由于指标的量纲不同所带来的不可比性，可将整个评价指标进行无量纲化处理。无量纲化是一种应用数学的常用技巧，是一个通过数学变换消除评价指标原始数据量纲的影响的过程，它可以简化问题并更清楚地看出问题对小参数的依赖关系。定量评价指标的无量纲化也叫数据的标准化，是评价过程中各评价因素参数预处理中最为重要的一步。

（1）指标无量纲化的基本原则

指标无量纲化既要达到可以科学综合的要求，又要保留原指标的主要信息。

一般认为，指标无量纲化方法的选择应该遵循以下原则：

1）最大限度保留差异信息原则。指标无量纲化所要消除的是原指标的计量主体和数量级的差别，而不是信息量的差异，因此，应最大限度地保留差异信息。最大限度保留差异信息的主要方法是评价方法中应该尽可能表示出不同数量级之间的差别。例如，针对两个不同城区的道路建设情况，如果仅仅划分为好、坏两个层次，并以路宽 50m 为评价依据，那么，对于大于 50m 的很多大、中城市的道路，很难反映他们之间的差异，而对于小于 50m 的中小城镇，如 30m 和 10m 之间的宽度，这种划分层次也不能区别其优劣。但是，如果划分的层次过多，尽管反映的信息较为准确，但往往增大了评价的工作量。所以需要在保留信息差异和总体评价工作要求之间寻求一个最佳平衡。

2）评价值与原指标值对应原则。无量纲化将指标值转换为指标评价值，而要保证信息转换中不致发生失真，则必须尽可能保持评价值与原指标值之间的对应关系。为了保证评价值与原指标值之间的对应，一般情况下，需要对评价体系中的每一个指标划分出相应的无量纲化标准，以免漏掉关键指标和收集的基础数据。

3）避免极端值影响过大原则。在确定原指标值的阈值标准时减小极端值的影响，不用极差作为指标无量纲化的基础，而用更能反映绝大多数主体指标分布值域。

处理极端值是评价工作或者数据处理过程中一个必须考虑的因素。例如，当以燃烧量作为评价火灾危险程度指标时，如果 A 居民区中存在一个加油站，而其他街区中都没有这种情况，那么，如果此时按照燃烧量平均的原则进行划分，那么可能除 A 区外，其他所有街区都处在低风险中，显然这不符合评估的实际情况。

因此，处理基础数据时，需要把这些极端数据单独列出进行评价，以免出现极端值对评价结果影响过大的情况。

4）简明易操作原则。在不影响无量纲化效果的情况下，采用直观、简明、易于操作的方法。

（2）指标无量纲化的处理方法

根据指标实际值与无量纲化结果数值的关系特征，无量纲处理方法可以分为直线型无量纲化方法、折线型无量纲化方法和曲线型无量纲化方法这三大类。

1）直线型无量纲化方法

直线型无量纲化方法有如下假定：评价指标实际值转化成无量纲指标值时，实际值和无量纲指标值之间成比例变化，呈线性关系，满足这一假定的无量纲化方法称为直线型无量纲化方法。直线型无量纲化方法假定指标的实际值和无量纲值之间成比例变化，呈线性关系，这事实上就是将指标实际值在不同水平上的同量变化给予同量的评价值。

2）折线型无量纲化方法

在某些情况下，直线型无量纲化方法并不完全适用于指标数据的预处理。一个简单的例子，就消防供水能力的水压来讲，只有达到在城市供水管道内规定流速的压力才能有效灭火，当水压低于此规定压力时，供水能力根本没有任何保证。此时，采用折线型的无量纲化方法是较为合理的。

折线型的无量纲化方法的基本依据是：指标值在不同水平上的同量变化所显示出来的意义是不同的，应给予不同的评价值。适用于如图 5-7 所示的情况。

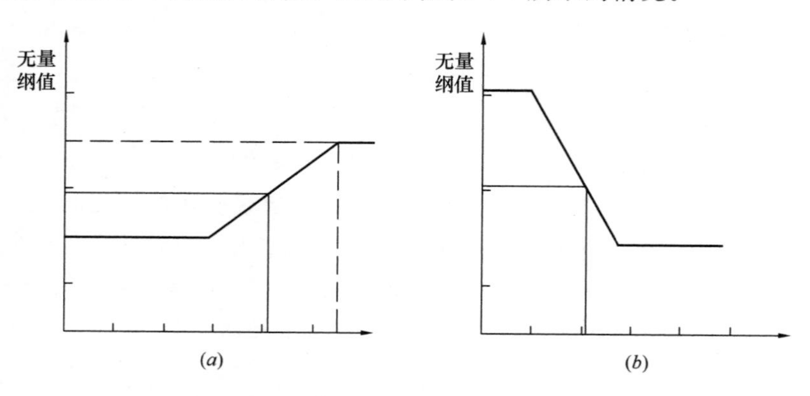

图 5-7　两类常见的折线型无量纲化

(a) 越大越好型指标的情况；(b) 越小越好型指标的情况

从效用角度来看，有些指标的实际值达到一定水平后就会效用递减或者效用递增，因而对于指标在不同水平上的同量变化应给予不同的评价值；从主体的努力程度来看，指标值达到一定水平后再提高需要付出更大的努力，因而应给予更大的评价值。

3）曲线型无量纲化方法

随着发展阶段的演进和发展水平的提高，指标实际值的等量变化，往往会引起评价值渐进式的不等变化，在指标值的变化区间内，不存在像折线型公式中那样明显的折点，在这种情况下，折线型无量纲化方法也就无能为力了，而曲线型无量纲化方法适用于指标实际值对评价值的影响呈现为非等比例变化的情况，恰恰适用于这种情况。

2. 城市区域火灾风险等级的划分

在运用层次分析法开展系统评估的过程中，针对表中的影响因子的无量纲化处理，实质上也是一个针对底层指标对城市火灾风险的贡献等级划分的过程。把每个底层指标的评价指标值无量纲化为 1～5 五个等级，实质上就是根据评估人员的经验和不同的评价标准和相关法规，确定出这些指标所对应的火灾风险等级，最后计算出该区域的火灾风险等级。

对城市火灾风险状况划分等级是各国火灾风险评价的一个普遍方法。如美国保险管理处（Insurance Services Office，ISO）把社区消防状况分为 10 个等级，10 级最差，1 级最好。英国则根据火灾造成的财产损失和人员损失，将城市的典型区域划分成 A、B、C、D 等几个风险等级。根据人们的主观感觉和普遍经验，借鉴国内外火灾风险等级的划分方法，我们把城市区域的火灾风险划分为 5、4、3、2、1 五个等级，分别表示该城市区域的火灾风险为极高、较高、一般、较低、很低。这样，火灾风险评估结果就可以利用层次分析法的基本步骤，计算该区域最后的评估分值，并和火灾风险等级之间建立相对应关系。

3. 城市区域火灾风险评估值的计算过程

根据前文对层次分析法的介绍可知，系统地开展城市区域火灾风险的评估时，几个关键步骤的工作内容包括以下几个方面：

（1）结合收集的资料，根据评分规则为每一个底层指标评分。

因为上层指标的评价结果取决于底层指标，所以我们选取一个完整的底层指标层次，即表5-5中的C层指标作为基准指标，这样能够得到每一个基准指标的得分。

（2）用这些指标的评分与该指标对应的权值相乘，并进行累加，得到最后的评估分数。其式见城市区域火灾风险评估的数学模型。

（3）划分城市区域火灾风险等级

由于表5-5中所有权值的累加结果为1，而每个底层指标的评价界于1～5之间，经过分析可知，W 值也将界于1～5之间。

以分数来衡量最终评比的结果，是各种系统评估中最常见的评价结果表现形式。对照我们前面建立的风险等级划分标准可知，如果某一个区域火灾风险评价的最终结果为 $W=4.68$，则该城市区域的火灾风险属于较高的状态。基于总权值为1的评价结果与火灾风险等级之间的对应关系如表5-6所示。

评价结果与火灾风险等级之间的对应关系 表5-6

评价结果	5～4	4～3	3～2	2～1	1～0
风险等级	极高	较高	一般	较低	很低

5.5 城市重点消防地区划定及规划指引

5.5.1 城市重点消防地区的划分依据及分类

目前国内消防工程规划编制最为常用的方法，是根据城市布局结构，将城市规划建成区分为三大类：城市重点消防地区、城市一般消防地区、防火隔离带及避难疏散场地。其中城市重点消防地区指的是对城市消防安全有较大影响、需要采取相应的重点消防措施、配置相应的消防装备和警力的连片建设发展地区，主要依据火灾危险性大、损失大、伤亡大、社会影响大等因素确定。其中城市重点消防地区按用地性质不同细分为三类：A类重点消防地区为以工业用地、仓储用地为主；B类重点消防地区为以公共设施用地、居住用地为主；C类重点消防地区为以地下空间和对外交通用地、市政公用设施用地为主[19]。

该方法所需要的基础性资料为远期的城市用地规划图，操作简单，易于实现，但是由于缺乏对导致城市火灾发生各因素内在联系的分析，所得出的结论存在较大的主观性和片面性，对下阶段消防基础设施布局指导性不强。

5.5.2 城市重点消防地区的划定

鉴于开展评估工作所需的人力、物力、财力及基础数据的收集难度，火灾风险评估一般采用简化的定性和定量结合的区域火灾风险评估方法，并引入GIS（地理信息系统）技术，通过其强大的空间数据管理与空间分析功能为城市区域火灾风险评估提供了技术支撑。

目前GIS技术在城市消防工程规划中的应用主要集中在城市消防规划管理，针对城市消防工程规划设计的GIS应用还处于起步阶段。目前有许多项目在运用GIS技术预测和评估城市火灾风险方面等做了有益的探索。

利用GIS的缓冲区分析功能，根据火灾风险因素的选取，生成重点消防单位分布、易燃易爆危化危品单位分布、人口分布、高层建筑分布、区域出警频率等现状要素的缓冲区图，将这些缓冲区进行GIS的空间叠置分析，可确定城市高、中、低火灾风险区。

5.5.3 城市重点消防地区的规划指引

在确定城市高、中、低火灾风险区后，可以通过GIS分析可知道每类风险区存在的重要风险要素。针对这些风险要素，本书提出以下火灾风险防范能力提升的规划指引。

人口密度（C1）：为外来人员提供满足消防安全需求的居住条件。

建筑物安全等级（C2）：加强公共消防基础设施建设。

经济密度（C3）：积极开展火灾公众责任保险，有效发挥现代保险业经济补偿和社会管理功能。

路网密度（C4）：加强城市道路交通建设进程，加大改造力度。

轨道交通密度（C5）：加强安监，增强消防安全设施的设置、运行和维护保养。

重点消防单位（C6）：明确消防工作管理部门，健全消防安全管理制度。

易燃易爆危险源（C7）：布局选址位置应符合工程建设消防技术标准要求。

加油加气站（C8）：在禁火区域和安全区域设立明显标志，严禁吸烟、动用明火。

燃气管网情况（C9）：对管网系统定期进行安全检测，杜绝安全隐患。

高层建筑密度（C10）：加强高层建筑消防工程审核、验收，提高建筑本身耐火等级。

城中村情况（C11）：全面开展火灾隐患综合整治。

消防时间达标率（C12）：优化路网结构，保障交通畅通。

消防站建设水平（C13）：保障消防经费充足，完善基础设施建设。

消防通道建设水平（C14）：加强对小区道路的监督管理，减少消防通道占用情况发生。

消防供水能力（片区消防栓数量）（C15）：统一规划市政消火栓建设，加大城市消防水源投资管理力度。

消防装备配置水平（C16）：逐步调整和优化消防车辆配备结构，加强特种攻坚装备配备。

专业消防人员数量（C17）：扩大消防队伍数量，提高消防人员福利待遇。

通信指挥调度能力（C18）：在消防通信指挥系统中应用现代通信技术，提高消防部队的快速反应能力、科学决策水平和信息救援能力。

义务消防组织情况（C19）：加强义务消防队伍组织建设，提高义务消防队伍的火灾处置能力。

万人火灾发生率（C20）：针对火灾事故多发地区，定期组织火灾应急演练，提高火灾防控能力。

十万人火灾死亡率（C21）：强化相关地区消防教育培训，加大对火灾报警、逃生自救、安全疏散等应急知识的宣传力度。

亿元 GDP 火灾损失率（C22）：加强公共消防基础设施建设。

消防安全责任落实情况（C23）：明确消防工作管理部门，健全消防安全管理制度，落实各级消防管理责任。

安全隐患整治排查力度（C24）：通过开展专项火灾防控整治行动，落实消防安全责任制，深入开展火灾隐患排查整改，提高防控水平

消防宣传力度（C25）：建立消防宣传教育政府协同机制和消防宣传社会协调机制。

消防培训程度（C26）：推动消防安全知识纳入义务教育、就业培训教育、领导干部和国家公务员培训教育体系。

公众自防自救意识（C27）：加强对公众的消防宣传教育，定期组织开展火灾应急疏散演练。

多警种联动（C28）：消防、安监、文广、治安等警种和公安局应针对重要节日共同做好消防安全保卫工作。

临时避难场所（C29）：合理布局并积极推进应急避难场所建设，保障应急避难场所应急避险功能及配套设施完善。

医疗机构分布情况（C30）：加强医疗机构应急救援服务能力建设，制定紧急医疗救援应急预案，保障急救基本装备配置完善。

第 6 章　城市消防安全布局

在消防安全保障方面，各类型的城市用地性质所集聚的城市形态，各有其特征。消防安全布局旨在城市总体用地结构及布局基础上，构筑消防安全总体格局，形成功能布局合理的消防安全体系，在城市总体布局上全面反映“以防为主，防消结合”的消防方针，使各类城市用地在功能布局上更加合理化、科学化。只有城市消防工程规划与有关规划相互衔接和协调，城市公共消防设施与城市基础设施、城市综合防灾体系的有关设施实现资源共享和优化配置，才能实现城市消防工程规划的科学性和合理性。

6.1　基本要求及主要任务

6.1.1　基本要求

城市消防安全布局的基本要求是：控制火灾风险、消除重大隐患、阻止火灾蔓延、提供避难场所、改善消防条件、降低火灾危害。

城市消防安全布局应按城市消防安全和综合防灾的要求，对易燃易爆危险品场所或设施及影响范围、建筑耐火等级低或灭火救援条件差的建筑密集区、历史城区、历史文化街区、城市地下空间、防火隔离带、防灾避难场地等进行综合部署和具体安排，制定消防安全措施和规划管制措施。城市消防安全布局是贯彻“以防为主、防消结合”基本方针的重要举措，是“以防为主”的关键所在，是城市消防安全的基础，也是城市总体规划和城市消防工程规划的重要内容之一。

因此，在城市规划用地布局时，应综合考虑各类用地性质，并尽量满足相关规范对消防措施的要求。在城市用地布局规划中，应遵循以下原则：

（1）在城市总体布局中，必须将生产和储存易燃易爆化学危险品的工厂和仓库布置在边缘的独立安全地区，并与人员密集的公共建筑保持规定的防火安全距离；

（2）装运易燃易爆化学危险品的专用码头、车站必须设置在城市或港区的独立安全地段，与其他物品的货场、码头及主航道的间距必须符合防火安全距离的要求，并合理安排易燃易爆危险品运输线路及通行时段；

（3）地下空间（包括地铁、地下交通隧道、地下街道、地下停车场等）的规划建设与城市建设应有机地结合起来，合理设置防火分隔、疏散通道、安全出口和报警、灭火、排烟等设施；

（4）在城市设置物流中心、集贸市场和营业摊点时，应合理确定其设置地点和范围，不可堵塞消防车通道和影响消防设施的使用。在人流集中的地点如车站、机场、公路客运站、客运码头、边检口岸等，应考虑设置方便旅客等候和快速疏散的广场和通道；

（5）对不合理的城中村、旧城区及严重影响消防安全的工厂和仓库，可进行改造，有计划、有步骤地对其采取拆除、迁移或改变生产性质、使用功能等措施，消除安全隐患；对原有耐火等级低，建筑面积过大的城中村和旧城区进行改造，采取有力措施逐步改善消防条件，满足消防要求；

（6）新建的各类建筑，要严格控制耐火等级。应建造一、二级耐火等级的建筑，控制三级建筑，严格限制四级建筑。

6.1.2 主要任务

按照城市消防安全和综合防灾要求，结合城市火灾风险评估，对各类易燃易爆危险品场所或设施（含生产、存储、装卸、运输、经营等场所或设施）及其影响范围、建筑耐火等级低或灭火救援条件差的建筑密集区（含棚户区、城中村）、人员密集区（含客运站、客运码头、民用机场等对外交通设施和高层建筑密集区、公共建筑密集区、其他的公众聚集场所）、历史城区、历史文化街区、城市地下空间（含城市地下交通设施、公共设施）、防火隔离带、防灾避难场地等进行综合部署和具体安排，制定相应的消防安全措施和规划管制措施，不符合城市规划和消防安全要求的，应当调整、完善。

6.2 工业区消防安全布局

6.2.1 工业区消防安全特点

工业是现代城市发展的主要因素。一般而言，工业化和城市化是推动区域经济发展的主要动力。区域工业化必然带来城市化，是城市化的主要动力。而另一方面，城市化又能促进工业化，工业化与城市化是一个相互影响、相互推动的发展过程。

工业分类按工业性质可以分为冶金工业、电力工业、燃料工业、机械工业、化学工业、建材工业。按照环境污染可以分为隔离工业、严重污染和干扰的工业、有一定干扰和污染的工业[20]。我国城市用地分类中，将工业用地分为一类工业用地、二类工业用地、三类工业用地[21]，具体如表6-1所示。

工业用地情况一览表　　表6-1

序号	工业用地种类	类别代码	范　围
1	一类工业用地	M1	对居住和公共环境基本无干扰、污染和安全隐患的工业用地
2	二类工业用地	M2	对居住和公共环境有一定干扰、污染和安全隐患的工业用地
3	三类工业用地	M3	对居住和公共环境有严重干扰、污染和安全隐患的工业用地（需布置绿化防护用地）

工业区内没有密集的居民区，人口密度相对较小，生产作业区内没有居民，仅有少量的生产作业人员及管理、值班人员，属于人口稀少区域（图6-1）。且工业区各生产功能明确、简单，货物在区内以储存为主，仅有少量的简单加工，易于在规划、设计及管理上

采取有效的防火及灭火措施[22]。

图 6-1　某镇街工业区航拍图

6.2.2　工业区消防安全布局原则

工业区的消防安全布局，在布置上应满足运输、水源、动力、劳动力、环境和工程地质等条件，并综合考虑风向、地形、周围环境等多方面的影响因素，同时根据工业生产火灾危险程度和卫生类别。货运量及用地规模等，合理地进行布局，以保障其消防安全。一般情况下应遵循以下原则：

（1）按照经济、消防安全、卫生的要求，应将石油化工、化学肥料、钢铁、水泥、石灰等污染较大的工业以及易燃易爆的企业远离城市布置。将协作密切、占地多、货运量大、火灾危险性大、有一定污染的工业企业，按其不同性质组成工业区，一般布置在城市的边缘，远离居住区。

（2）对易燃易爆和能散发可燃性气体、蒸汽或粉尘的工厂，要布置在当地常年主导风向的下风侧，并为人烟稀少的安全地带。

（3）工业区与居民区之间要设置一定的安全距离地带，可起到阻止火灾蔓延的分隔作用。

（4）布置工业区应注意靠近水源并能满足消防用水量的需要；应注意交通便捷，消防车沿途必须经过的公路建筑物及桥涵应能满足其通过的可能，且尽量避免公路与铁路交叉。

6.2.3　旧城工业区消防安全布局

旧城工业区曾在一个城市的产业发展过程中处于重要地位，为经济发展做出了重要贡献。但是随着社会的发展、第三产业的迅速崛起、高科技产业的不断兴起，旧城工业区面临挑战。但随着城市化进程的发展，原先处于城市边缘的工业区逐渐被城市居住区、商业区等包围，旧城工业区与新的城市生态、经济结构相互矛盾，无法匹配的问题日益突出。处于城市中心区的旧城工业区在消防安全方面的问题更是存在巨大隐患，其主要表现在以下几个方面：

(1) 旧工业区内多数工厂用地紧张，防火间距不足，生产发展受到限制。有的工厂厂址受用地限制分设几处，不便于生产和消防管理。有的工厂由于用地狭小，缺少必要的仓库和堆场，挤占城市居住和绿化用地，甚至占用道路，造成交通阻塞，没有消防通道。有的城市由于旧城工业拥挤，造成城区能源和水源供应紧张，既影响了城市生产和居民生活，也很难解决消防用水。

(2) 有些工厂的生产，火灾危险性大，严重威胁居民安全，工厂“三废”又污染环境，危害邻近居民健康，影响邻近工厂产品质量。有些工厂的厂房利用一般民房或临时建筑，不符合防火和生产要求，影响生产和安全，还有不少工厂位于人口稠密的街巷深处，建筑布置不符合防火要求。

在消防工程规划中，需要针对旧城工业区（图 6-2）存在的诸多消防安全隐患提出相应的解决对策。

(1) 对旧工业区进行城市更新改造，运用经济、社会、文化和生态的综合更新策略，

图 6-2　深圳某区旧工业区随拍

谋求旧工业区遗留的生态、社会、建设问题的解决，从而实现城市的可持续发展[23]（图6-3）。有些工厂生产规模大，设备条件好，产品价值高，但存在火灾危险性，对周围环境又有一定的污染危害，而迁出又有困难，可采取改革工艺或改变生产性质的措施。

（2）对于火灾危险性不大、生产性质相近、车间分散的工厂，可以适当合并。把那些消防条件较好，生产设备好，产品有发展前途，运输、动力、供水等市政设施条件齐备，消防布局比较合理的工业地段，组织成工业街，进一步完善消防设施。

（3）在生产过程中，火灾危险性大，对周围环境有严重污染，不易治理，或易燃、易爆、火险隐患严重的工厂，应根据不同情况，有计划地迁到远郊。

图 6-3　深圳某工业区升级改造后概念图

6.3　仓储区消防安全布局

6.3.1　仓储区消防安全特点

仓储区是指城市中专门用作储存物资的区域，主要包括仓储企业的库房、包装加工车间及其附属设施。仓储用地是城市用地组成部分之一，与其他功能如工业、对外交通、城市道路、生活居住等有非常密切的联系。按照《城市用地分类与规划建设用地标准》GB 50137，仓储用地分为 3 大类，具体如表 6-2 所示。

仓储用地分类情况表　　　　**表 6-2**

大类	中类	类别名称	范　围
W		物流仓储用地	物资储备、中转、配送等用地，包括附属道路、停车场以及货运公司车队的站场等用地
	W1	一类物流仓储用地	对居住和公共环境基本无干扰、污染和安全隐患的物流仓储用地

续表

大类	中类	类别名称	范　围
	W2	二类物流仓储用地	对居住和公共环境有一定干扰、污染和安全隐患的物流仓储用地
	W3	三类物流仓储用地	存放易燃、易爆和剧毒等危险品的专用物流仓储用地

仓储场所具有物资集中、火灾荷载大的特点，特别是储存甲、乙类物品的仓储场所，一旦发生火灾，扑救难度大，易造成重大人身伤亡和财产损失，危害公共安全。仓储场所按储存物品的火灾危险性及《建筑设计防火规范》GB 50016 的规定分为甲、乙、丙、丁、戊5类，具体如表6-3所示。

储存物品的火灾危险性分类　　表6-3

储存物品的火灾危险性类别	储存物品的火灾危险性特征
甲	闪点小于28℃的液体； 爆炸下限小于10%的气体，受到水或空气中水蒸气的作用能产生爆炸下限小于10%气体的固体物质； 常温下能自行分解或在空气中氧化能导致迅速自然或爆炸的物质； 常温下受到水或空气中水蒸气的作用，能产生可燃气体并引起燃烧或爆炸的物质； 遇酸、受热、撞击、摩擦以及遇有机物或硫黄等易燃的无机物，极易引起燃烧或爆炸的强氧化剂； 受撞击、摩擦或氧化剂、有机物接触时能引起燃烧或爆炸的物质
乙	闪点不小于28℃，但小于60℃的液体； 爆炸下限不小于10%的气体； 不属于甲类的氧化剂； 不属于甲类的易燃固体； 助燃气体； 常温下与空气接触能缓慢氧化，积热不散引起自燃的物品
丙	闪点不小于60℃的液体； 可燃固体
丁	难燃烧物品
戊	不燃烧物品

由于仓储区消防安全的特殊性，在设置各类仓储区域时，应该遵循相关国家和地方规范要求，并组织好消防安全管理（图6-4）。

图6-4　某地仓储区

图片来源：四期仓储区［Online Image］.［2019-4-28］. https://cs. house. qq. com/a/20140903/064421. htm

6.3.2 仓储区消防安全布局原则

仓储区的消防安全布局应结合工业、对外交通、生活居住等的布局，综合考虑确定。

（1）储备可燃重要物资的大型仓库、基地和其他仓储场所，应根据消防法规的规定建立专职消防队、义务消防队，开展自防自救工作。专职消防队的建设应参照《城市消防站建设标准》（建标 152），在当地公安机关消防机构的指导下进行；

（2）仓储用地应与邻近消防站，城市供水、供电、供气、灾害指挥部门，建立防灾通信联网。两条消防通道之间距离不应大于 150m，消防通道车行道宽度不应小于 4.0m，消防通道上方净高不应小于 4.0m；

（3）火灾危险性大的仓库应布置在单独的地段，与周围建、构筑物要有一定的安全距离。石油库宜布置在城市郊区的独立地段，并应布置在港口码头、船舶所、水电站、水利工程、船厂以及桥梁的下游，如果必须布置在上游时，则距离要增大；

（4）燃料及易燃材料仓库（煤炭、木材堆场）应满足防火要求，布置在独立地段，在气候干燥、风速较大的城市，还必须布置在大风季节城市主导风向的风向或侧风向；仓库应靠近水源，并能满足消防用水量的需要；

（5）严禁在大树、电力、通信架空线路下方，地下天然气、石油管线上方及防护距离内设置堆垛。

6.3.3 物流仓储消防安全布局原则

在互联网经济时代背景下，电子商务的发展，使得仓储物流行业迅速崛起，仓储行业是流通行业的重要子行业之一，物流已经成为经济发展的重要产业之一。在整个物流流程中，仓储是物流的中间环节，物流仓库是实现仓储功能的载体，是物流流程中重要的基础设施。只有各地的物流仓库用于中转，才能实现物流行业的流通。物流行业的发展，为促进国家经济发展起了积极作用，但同时也带来了物流仓储的消防安全问题。2017 年 12 月 1 日，山东青岛市即墨区蓝村镇华骏物流园，由于维修人员对该仓库进行施工作业，疑似使用电钻溅落火星引燃仓库，突发大火，过火面积超过 5000m^2[24]。2019 年 2 月 12 日，日本东京一物流仓库失火造成 3 人死亡[25]（图 6-5）。

物流仓库的规模呈现集中化、规模化、大型化，这样不但使物流行业火灾危险性提高，火灾荷载加大，而且一旦发生火灾，易造成重大人员伤亡和财产损失，同时火灾扑救的难度也明显提升，物流仓储的消防安全需要特别引起关注。在消防安全布局方面，严格遵循国家和地方相关规范要求进行总体布局，从源头预防和降低火灾风险，保障物流仓储的消防安全。

（1）保证防火间距，合理进行消防平面布置。物流仓库不应布置在有爆炸危险的甲、乙类厂房、库房附近，与其他建筑物的防火间距不应小于《建筑设计防火规范》GB 50016 的要求。

（2）消防救援窗口的净高度和净宽度均不应小于 1m，下沿距室内地面不宜大于 1.2m，且每个防火分区不应少于 2 个。在不影响建筑消防救援安全的前提下，可以尽量

图 6-5　日本东京一物流园火灾现场

图片来源：火灾现场[Online Image]. [2019-2-12]. https://www.thepaper.cn/newsDetail_forward_2976252

把该救援窗做到最小，以保证建筑的使用功能[26]。

（3）配套办公区域应采用耐火极限不低于 2.5h 的防火隔墙和 1h 的楼板与其他部位分隔，并应至少设置 1 个独立对外的安全疏散口。如隔墙上需开设与仓库连通的门时，应采用乙级防火门。

（4）物流仓库内应按照《建筑设计防火规范》GB 50016 设置室内外消火栓系统。室外消火栓给水管网应布置成环状，向环状管网输水的进水管不应少于 2 条。室外消火栓间距不应大于 120m，保护半径不应大于 150m。

6.4　老旧城区消防安全布局

6.4.1　老旧城区消防安全特点

随着城市的发展，新的城市单元逐渐形成，原城市区域逐渐变成老旧城区。由于历史原因，这些地区普遍存在布局混乱、房屋陈旧、居住拥挤、交通拥塞、环境恶劣、卫生设施欠缺等问题[27]。老旧城区不仅是城市建设的滞后区域，而且还产生了一大批的火灾隐患。旧城区由于建筑密度高，线路老化严重，缺少必要的防火隔燃材料，易引起火灾，并在火灾发生后，易蔓延，造成重大影响[28]。老旧城区发生火灾的报道时常见诸于新闻媒体，2017 年 11 月 18 日，北京大兴西红门镇由于线路老化引发火灾，造成重大影响（图 6-6）。

绝大多数城市都面临城中村改造，拆迁旧街道的难题（图 6-7、图 6-8）。旧城区消防安全存在的问题突出，通常表现在以下几个方面：

1）建筑耐火等级差，火灾危险性很大。老旧城区的许多住房系简易房屋，无法评估

图 6-6　北京 11.18 大兴火灾

图片来源：大兴火灾[Online Image]. [2019-5-5]. https://s3-redants. s3-ap-southeast-1. amazonaws. com/inline_images/20171128/2017-11-19T062344Z_1949021095_RC120D8D91D0_RTRMADP_3_CHINA－FIRE. JPG

不上耐火等级，居住水平低，低矮、狭窄、阴暗、潮湿，房屋质量很差，有的由于年久失修，已成为危险房屋，同时由于人口增加，居住十分拥挤。一旦发生火灾，后果相当严重[29]。

2）建筑密度高，缺少必要的防火间距。老旧城区房屋布置十分稠密、混乱，据统计，有些老旧城区建筑密度高达 70%以上，而人口密度在 4000 人/hm^2 以上，缺少必要的防火安全需要的间距，居住区内没有必要的绿地和居民室外活动场地供消防救援利用，还缺乏基本的采光、通风和卫生条件。老旧城区不同功能建筑常见火灾隐患如表 6-4 所示。

老旧城区不同功能建筑常见火灾隐患[30]　　**表 6-4**

建筑功能	住宅	小型商业	办公等公共建筑
分布特征	集中在街巷内部，由街巷包围	集中在沿街巷两侧	街巷外围，临城市道路
空间形式	团状	线状	点状
数量	多	多	少
常见火灾隐患	建筑耐火等级低；线路老化；私拉乱改线路；室内可燃物多；门窗堵塞；无防火分隔；缺乏消防设施	建筑耐火等级低；功能空间划分不明确；私自改建；厨房油污；煤气罐紧临炉灶；不规范作业	封闭空间；人员密集；防火分隔与消防设施未达到规范要求；高层逃生难

3）缺乏消防灭火设施，消防安全没有保障。老旧城区一般道路质量很低，道路狭窄，消防车无法通过。不少老旧城区根本没有消防道路，没有完善的消防给水设施。

4）居民防火意识薄弱。居民普遍缺少防火意识以及对火灾诱因的了解，使得老旧城区防火存在重大隐患。

图 6-7 北京某城中村建筑情况

图片来源：未命名[Online Image].[2017-11-27].http://news.k618.cn/roll/201711/t20171127_14543162_13.html

图 6-8 杭州某旧城区房屋违建

图片来源：房子上面搭违建[Online Image].[2016-5-5].http://news.hexun.com/2016-5-5/183695918.html

6.4.2 老旧城区消防安全布局原则

针对老旧城区的消防安全特点，在应对其消防安全问题时，一般可遵循以下策略和原则：

（1）对老旧城区进行拆除重建，更新改造。坚决拆除旧城区中搭建的简陋临时建筑，调整室外空间，增加防火间距，提高居民区火灾防控能力。通过严格控制开发强度，切实有效降低老城区的建设密度。

（2）对老城区内存在大量"三合一"工厂、仓库等单位作适当调整，可根据其火灾危险程度，按城市或地区用地的调整规划，采取保留、合并、迁移等办法，将人员密集、火灾隐患大的单位迁移至老城区外。老城区内的建筑普遍存在防火间距严重不足问题。对老城区内消防安全布局不合理、建筑物之间无防火间距、耐火等级低的街道，按照消防规范标准划定新的防火分区，并砌上防火墙，阻止发生火灾时大面积蔓延[31]。

（3）增设公共消防设施，逐步推进老旧城区的消防设施更新换代及改扩建。在老旧城区建设完善供水系统，调整和增设公共消火栓、消防供水管等。在缺乏水源的地区，要结合老旧城区的地形特点，建设不同类型的消防水池和消防泵房。在消防车能够到达的地方，应修建供消防车取水用的设施（图 6-9）。

（4）不同功能建筑应严格按规范要求配置消防设施，高层办公建筑、旅馆、商业建筑等除了应配备消火栓和灭火器外，还应根据要求及实际情况配备烟雾报警器及自动喷淋系统。为了避免火灾时人群因不熟悉周围环境而造成混乱，在人员密集的公共建筑内，可以考虑增设消防安全标志。

图 6-9 微型消防车

6.5 居住区消防安全布局

6.5.1 居住区消防安全特点

我国居住区（小区）的形成，始于 20 世纪 50 年代后期，居住区是指在有限的空间里，确保居民基本居住条件和生活环境，经济、合理有效地使用土地和空间。体现了社会、经济和环境三个方面的综合效益。在我国，居住区按居住户数或人口规模可以分为居住区、小区、组团三级，各级标准控制规模如表 6-5 所示。

居住区分级控制规模[32] 表 6-5

指标	居住区	小区	组团
户数（户）	10000～16000	3000～5000	300～1000
人口（人）	30000～50000	10000～15000	1000～3000

居住区属于人口聚集区域，城市化的快速发展要求原本稀疏的建筑变得紧密，原本平面的建筑变得更加立体，多层甚至高层建筑在居住区大量涌现（图 6-10）。居住区发生火灾的隐患大大增加，而一旦居住区发生火灾后会造成严重的社会财产损失。

图 6-10　深圳某居住区发生火灾

图片来源：居住区[Online Image]. [2019-5-5]. https://cn. bing. com/images/search

6.5.2　居住区消防安全布局原则

居住区消防安全布局的目的在于按照消防要求，结合城市规划，合理布置居住区和各项市政工程设施，满足居民购物、文化生活的需要，提供消防安全条件。在综合居住区及工业企业居住区，可布置市政管理机构或无污染、噪声小、占地少、运输量不大的中小型生产企业，但最好安排在居住区边缘的独立地段上。居住区消防安全布局应符合以下原则：

（1）在居住区消防安全布局中，应合理确定居住区建筑的位置、防火间距、消防车道和消防水源等，不宜将民用建筑布置在甲、乙类厂（库）房，甲、乙、丙类液体储罐，可燃气体储罐和可燃材料堆场的附近。

（2）民用建筑间的防火间距不应小于表 6-6 的规定，与其他建筑的防火间距，除应符合本表规定外，还应符合其他国家规范要求[33]。

（3）居住区住宅组之间要有适当的分隔，一般可采用绿地分隔、公共建筑分隔、道路分隔和利用自然地形分隔等。

（4）居住区内的道路应分级布置，要能保证消防车驶进区内。单元级的道路路面宽不小于 4～6m；居住区级道路，车行宽度为 9m，尽头式消防车道应设回车道或回车场，回车场的面积不应小于 12m×12m，对于高层建筑，不宜小于 15m×15m；供大型消防车使用的回车场面积不宜小于（18×18）m^2（图 6-11）。在居住区内必须设置室外消火栓。

民用建筑之间防火间距（m） 表 6-6

建筑类别		高层民用建筑	裙房和其他民用建筑		
		一、二级	一、二级	三级	四级
高层民用建筑	一、二级	13	9	11	14
裙房和其他民用建筑	一、二级	9	6	7	9
	三级	11	7	8	10
	四级	14	9	10	12

注：1. 相邻两座单、多层建筑，当相邻外墙为不燃性墙体且无外探的可燃性屋檐，每面外墙上无防火保护的门、窗、洞口不正对开设且该门、窗、洞口的面积之和不大于外墙面积的5%时，其防火间距可按本表的规定减少25%。

2. 两座建筑相邻较高一面外墙为防火墙，或高出相邻较低一座一、二级耐火等级建筑的屋面15m及以下范围内的外墙为防火墙时，其防火间距不限。

3. 相邻两座高度相同的一、二级耐火等级建筑中相邻任一侧外墙为防火墙，屋顶的耐火极限不低于1.00h时，其防火间距不限。

4. 相邻两座建筑中较低一座建筑的耐火等级不低于二级，相邻较低一面外墙为防火墙且屋顶无天窗，屋顶的耐火极限不低于1.00h时，其防火间距不应小于3.5m；对于高层建筑，不应小于4m。

5. 相邻两座建筑中较低一座建筑的耐火等级不低于二级且屋顶无天窗，相邻较高一面外墙高出较低一座建筑的屋面15m及以下范围内的开口部位设置甲级防火门、窗，或设置符合现行国家标准《自动喷水灭火系统设计规范》GB 50084规定的防火分隔水幕或本规范第6.5.3条规定的防火卷帘时，其防火间距不应小于3.5m；对于高层建筑，不应小于4m。

6. 相邻建筑通过连廊、天桥或底部的建筑物等连接时，其间距不应小于本表的规定。

7. 耐火等级低于四级的既有建筑，其耐火等级可按四级确定。

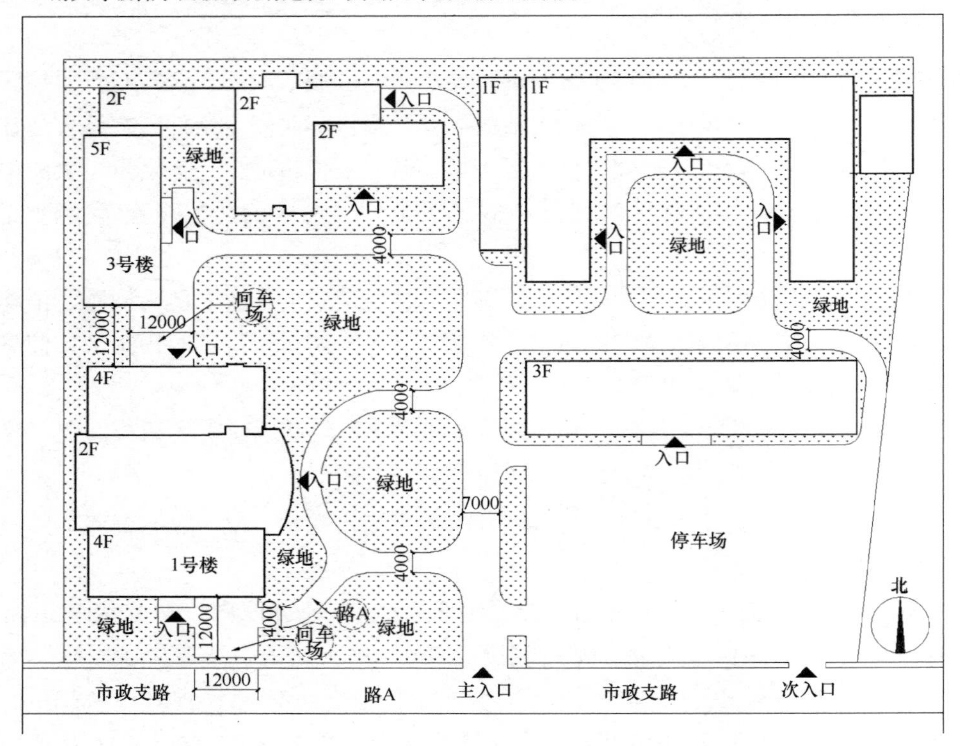

图 6-11 居住小区内回车场布局图

（5）民用建筑与燃气调压站、液化石油气气化站或混气站、城市液化石油气供应站、瓶、库等的防火间距，应符合现行国家标准《城镇燃气设计规范》GB 50028 的规定。液化石油气的储配站要设在城市边缘。液化石油气供应站可设在居民区内，每个站的供应范围一般不超过 1 万户。液化石油气供应站如未处于市政消火栓的保护半径时，应增设消火栓。

（6）民用建筑与单独建造的变电站的防火间距应符合《建筑设计防火规范》GB 50016 中有关室外变、配电站的规定，但与单独建造的终端变电站的防火间距，可根据变电站的耐火等级按《建筑设计防火规范》GB 50016 的有关民用建筑的规定确定。民用建筑与 10kV 及以下的预装式变电站的防火间距不应小于 3m。

6.6　高层建筑消防安全布局

6.6.1　高层建筑消防安全特点

高层民用建筑根据其建筑高度、使用功能和楼层的建筑面积可以分为一类和二类，具体民用建筑分类可以参考《建筑设计防火规范》GB 50016 有关规定。

发展高层建筑是节约城市用地的有效措施之一，高层建筑的不断增加不仅是世界的发展需要，也是我国城市化进程过程中的发展趋势。根据世界高层建筑与都市人居学会 2018 年统计数据，中国占新建高楼总数的 61.5%。中国已经连续第 23 年保持着 200m 以上建筑最高产的地位。随着时间的推移，世界上 100 座最高建筑的平均高度一直在稳步上升。2018 年，这一平均高度从 2001 年的 283m 上升到 381m，增幅为 34%（图 6-12）。

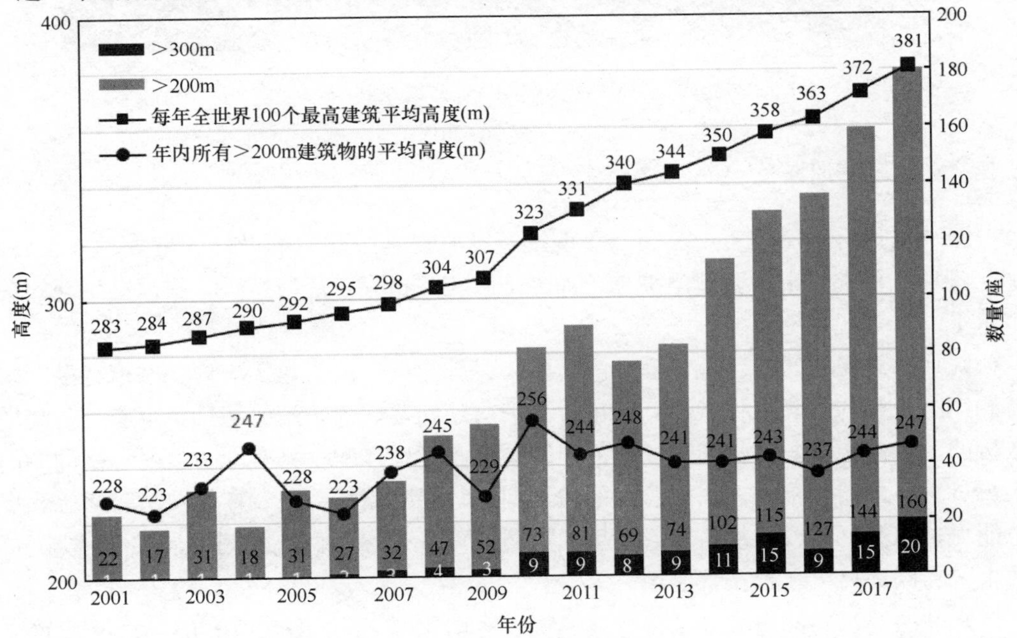

图 6-12　全球高层建筑图谱[24]

高层建筑不断发展的同时，其面临的火灾风险也越来越大，且高层建筑一旦发生火灾，往往造成群死群伤和惨重经济损失，这是高层建筑火灾的特点和规律决定的（图 6-13）。根据相关统计数据，在分建筑类别火灾情况表中，2015 年全国高层建筑火灾发生起数 5571 起，相较 2014 年及 2013 年的高层建筑火灾发生起数，呈增长态势[2]。

高层建筑人员密集，一旦发生火灾，电梯无法运行，紧急疏散通道聚集人员多，容易发生踩踏事故，其人员疏散和撤离比较困难[35]。因此，对于高层建筑消防，必须坚持“预防为主，防消结合”的消防工作方针和“立足于自防自救”的根本原则。

图 6-13　深圳罗湖中心区高层建筑

6.6.2　高层建筑消防安全布局要点

（1）严格执行高层建筑规范和消防审批制度。在高层建筑的设计、审查、施工验收、维护、管理过程中，由消防部门参与，加强消防监督指导，严格把关，提高高层建筑消防设施水平。

（2）加强高层建筑的环境治理和配套消防设施建设，高层建筑应处于城市特勤消防站或特勤消防班组的消防责任区内，城市特勤消防站和普通消防站的特勤班组应配备高层建筑救援的车辆和装备，加强高层建筑的消防监督和管理，配备具有消防上岗资格的专门管理人员负责日常消防检查，消防监督部门定期进行消防监督检查、宣传及消防演练，提高应急能力；及时更换或修复陈旧或损坏的消防设施；确保消防车通道和救援面不被占用，消防报警和联动灭火装置正常使用。

（3）高层建筑内部防火分区符合《建筑设计防火规范》GB 50016 的要求，配置完善的消防报警系统和联动控制消防设施。

(4) 高层建筑高度大，人员、物资相对集中，火灾在烟囱效应下扩展蔓延快，消防救助困难，因而具有极大的危险性，高层建筑消防应以自防自救为基础，同时加强城市消防设施建设和提高扑救高层建筑火灾事故的能力。

6.7　商业区消防安全布局

6.7.1　商业区消防安全特点

商业建筑按照建筑面积可分为特大型、大型、中型、小型四类，如表 6-7 所示。

商业建筑规模分类　　表 6-7

规模	商业建筑总建筑面积（m^2）	或任一楼层商业建筑面积（m^2）
特大型	＞30000	＞10000
大型	＞15000	＞5000
中型	＞3000	＞1000
小型	≤3000	≤1000

特大型、大型商业建筑的耐火等级应为一级耐火等级，单层的大型商业建筑可为二级耐火等级。中型、小型商业建筑的耐火等级应不低于二级，当层数不超过两层和设置在多层建筑中的一、二层时可为三级[36]。

在城市商业区中，商业综合体是其主要的建筑形态，商业综合体集商业、办公、居住、旅店、展览、餐饮、会议、文娱等功能于一体（图 6-14）。而由于商业综合体多元化的功能、复杂的建筑结构、复杂的人员构成，存在着巨大的消防安全隐患[37]。

城市商业区一旦发生火灾，就会导致大量经济财产受到损害，还会造成严重的社会影响（图 6-15）。因此，商业区的消防安全布局对于一个城市的影响巨大，应该从源头上进

图 6-14　某大型商业综合体

行预防和管控，减小商业区火灾发生风险。

图 6-15　2018 年某市商业综合体火灾现场

图片来源：火灾现场［Online Image］.［2019-4-25］. http：//www. sohu. com/a/238739778 _ 763810

6.7.2　商业区消防安全布局原则

商业区消防安全布局应该根据建筑的规模、业态及城市规划要求，合理确定其位置、防火间距、消防车道和消防水源等。一般情况下，商业建筑场地的消防布局应符合下列规定[36]：

（1）商业建筑场地需要与城市道路相邻接，否则应该设宽度不小于 4m 的场地道路联通城市道路，以满足人员疏散和消防扑救的要求。

（2）中型及以上的商业建筑至少要有两个面的出入口与城市道路相邻接；或场地应有不小于 1/6 建筑周边长度且建筑物不小于两个出入口与一侧城市道路相邻接。

（3）大型、特大型商业建筑的主要出入口前，应按相关规划要求留有适当的集散场地，且集散场地应直接邻接城市道路，避免对城市正常交通的影响。

（4）在商业建筑附近，不宜设置甲、乙类火灾危险性厂（库）房和甲、乙、丙类液体、气体储罐以及可燃材料堆场。

（5）设在商业建筑内的汽车库，应按现行国家标准《汽车库、修车库、停车场设计防火规范》GB 50067 的有关规定执行。

（6）商业建筑与相邻民用建筑间的防火建筑应满足表 6-8 规定。

商业建筑与相邻民用建筑之间的防火间距（m）　　**表 6-8**

建筑类别			其他民用建筑			高层建筑	
			耐火等级			高层建筑	裙房
			一、二级	三级	四级		
多层商业建筑	耐火等级	一、二级	6	7	9	9	6
		三级	7	8	10	11	7
高层建筑的商业裙房			6	7	9	9	6
高层商业建筑			9	11	14	13	9

注：当建筑外墙采取必要的防火措施后，其防火间距可按现行《建筑设计防火规范》GB 50016 要求适当减少或贴邻。

6.8　历史城区及历史文化街区消防安全布局

6.8.1　历史城区及历史文化街区消防安全特点

历史文化街区是从古代延续过来的生活区，这些地区在建筑物耐火等级、防火分区划分以及基本的消防设施的设置等多方面与现在的消防标准差距是相当大的。随着社会经济的快速发展，在人口迅速增长的今天，历史文化街区对建筑物使用不合理，存在很大的火灾隐患。2014 年，云南省独克宗古城发生大火，造成文物和财产的重大损失。2019 年 4 月 16 日，巴黎圣母院发生火灾，给人类文明造成重大损失（图 6-16）。

图 6-16　巴黎圣母院发生火灾

图片来源：巴黎圣母院发生火灾，浓烟滚滚 [Online Image]. [2019-4-16]. http://news.chinaxiaokang.com/dujiazhuangao/20190416/665316.html

历史文化名城、名镇、名村及文物建筑的消防安全问题成为社会关注热点。其作为延续至今的生活地区，建筑耐火等级、防火分区划分和消防基础设施与现行国家标准还存在相当的差距。随着人口的快速增长和社会经济的发展，历史街区的建筑使用和人员构成更是复杂，消防安全形势不容乐观[38]。一般情况下，历史城区和历史文化街区的消防安全特征主要体现在以下几个方面：

（1）建筑耐火等级差，火灾危险性大。历史街区的建构筑物多为传统木结构（图 6-17），木材燃烧性能和构件的构造特征决定了传统建筑耐火等级较低[39]。

（2）传统防火分区遭到破坏。传统建筑怕火，因此我们的先人在营建城市时注意保持建筑之间的安全距离，设置了封火山墙、封火檐、防火隔离墙等维护结构，形成了由街巷、庭院划分的传统防火分区，能在一定程度上遏制火灾的蔓延。但如今历史街区建筑密

图 6-17　某历史文化街区样貌图

图片来源：历史文化街区建筑物 [Online Image]. [2016-8-19].
https://www.metropolismag.com/wp-content/uploads/data-import

度增大，挤压了原本就不宽裕的建筑安全间距，传统防火分区被破坏，各个分区连成一片，防火分隔基本丧失。一旦发生火灾，极易造成火烧连营[40]。

(3) 建筑使用不合理，人员流动复杂，不可控火灾因素多。历史街区普遍进行了旅游、商业开发。由于空间有限，使用者为了某些特定用途，任意改变原建筑的格局与使用功能。以丽江古城为例（图 6-18），古城街区内部民居大多改建为商店、餐饮、旅馆、出

图 6-18　丽江古城建筑群

租屋、仓储等，其中不乏“三合一”的建筑。再加之游客激增，大大增加了火灾的发生概率及危险程度。

（4）消防通道不畅，消防基础设施缺乏，部分历史文化街区的消防基础设施配置达不到现行规范要求。历史街区小巷纵横，道路宽度一般不大，形成了独特的幽静气质和商业氛围。但在今天，这样的宽度已不能契合现代消防设施的尺度。例如，北京德内地区，2/3的胡同宽度在 5m 以下；西四片区，胡同宽度在 5m 以下的占到 70%。传统道路的承载力也达不到现代标准。使得消防车辆难以进入历史街区内部，一旦发生火灾，只能采用人工方式灭火，效率大大降低[41]。此外由于经济原因，历史街区消火栓、消防站等基础设施数量短缺问题严重，而且适配性差，防火、灭火效能低下（图 6-19）。

图 6-19　嵊州崇仁古镇古建筑群

6.8.2　历史城区及历史文化街区消防安全布局原则

历史城区及历史文化街区既是城市居住区、商业区，又是历史文化遗产保护区。因此应该在城市消防工程规划中，将其列入城市民用消防重点地区。在对其消防安全布局规划时，一般应该遵循以下原则：

（1）城市工业区、仓储区的选址应远离历史街区，布置在城市常年主导风向的下风侧。

（2）历史街区与周边区域之间应设置一定的安全距离。城市的主要交通通道、危险品运输通道应避免分割、穿越历史街区。城市的主要交通通道和危险品的运输通道不能穿越历史文化街区。

（3）历史城区不得设置生产、储存易燃易爆危险品的工厂和仓库，不得保留或新建输气、输油管线和储气、储油设施，不宜设置配气站，低压燃气调压设施宜采用小型调压装置。

（4）街区内部布局则需要进行分类整治，控制危险源，改变不合理的用地结构。与历史街区功能相抵触的工厂、企业应坚决搬迁出去，消除火灾隐患。必要的生活服务设施，如煤气站、液化气瓶、库等，可以调整至历史街区周边，设置必要的防火间距。作坊、商店、旅馆、娱乐设施等应合理布置，严格审批，加强管理。

（5）历史街区建筑的耐火等级大多为三、四级，因此其防火分区面积一般应控制在 $1200m^2$ 以下为宜，每个防火分区建筑总长度宜控制在 80m 以下[17]。

（6）历史城区的道路系统在保持或延续原有道路格局和原有空间尺度的同时，应充分考虑必要的消防通道。原有的封火墙、火巷等防火隔离构造应予以修复，并适当添建，这样既能保持历史建筑的风貌，又能起到防火目的。

（7）历史城区应建立消防安全体系，因地制宜地配置消防设施、装备和器材。历史文化街区应配置小型、适用的消防设施、装备和器材（图 6-20）；不符合消防车通道和消防给水要求的街巷，应设置水池、水缸、沙池、灭火器等消防设施和器材。

图 6-20　全地形消防车

图片来源：未命名［Online Image］.［2019-5-6］. blog. sina. com. cn/u/3708856245

6.9　城市对外交通设施消防安全布局

6.9.1　城市对外交通设施消防安全特点

城市对外交通是指以城市为基点，与城市外部空间（其他城市、乡村）进行联系的各种交通运输的总称，城市对外交通包括铁路、公路、水路、航空等多种方式。各类城市对外交通的线路和设施的规划布局直接影响城市的发展方向、城市布局、城市干道走向、城市环境以及城市景观。与此同时，对外交通设施会对城市的消防设施布局产生重大影响，因此做好城市对外交通运输消防安全布局对于保障城市安全，有着重要的现实意义。

6.9.2 城市对外交通设施消防安全布局原则

合理组织城市对外交通运输体系，满足各种运输方式的技术经济要求和发展可能性。各种运输方式都有各自的技术要求和用地要求，尽量减少对城市道路交通和环境的干扰，尽量在城市的外围安排，充分利用现有设备，节约投资和用地。

（1）对外交通设施应远离危险品工厂、仓储集中区，以防止对这些区域带来不安全因素。

（2）应保证对外交通设施周边区域道路交通系统顺畅，确保火灾发生后能得到及时救援。

（3）对外交通设施内部布局应满足相关消防规范要求。

6.9.3 铁路线路消防安全布局

应满足铁路运营技术经济条件，但必须避免铁路分割或包围城市（图 6-21）。处理好铁路与城市道路的关系，应尽可能使铁路线路不和城市主要干道相交，减少铁路线路与城市道路的交叉点。在方格形道路系统的大城市中，铁路线路宜与城市主干道平行；对于放射形道路系统的大城市，铁路线路应沿放射干道平行引入城市。

图 6-21 铁路对城市的分割

铁路正线的布置要避开城市的主要发展方向。当城市的发展不得不跨越正线时，要在被分割的城市两侧设置相对独立完善的消防设施，尽量使消防车辆赶赴火场不穿越铁路。铁路线路不要在城市与河湖海岸间平行通过。穿行城市的铁路线，最好布置在有一定宽度的绿带中。当线路引入客运站时，应使主要方向的旅客列车不改变运行方向。当线路引入编组站时，主要货车车流方向应有顺直的路径。

铁路线路两侧应至少各保留 50m 宽的绿化隔离带；城市各主、副中心区道路及各街道主要道路与铁路相交时，应尽量采用立交，以减少直接穿越造成的交通影响。

6.9.4 公路线路消防安全布局

同城市关系不大的过境交通，一般在适当远离城市中心区域布置，与中心区域的联系采用专用的支线，并采用有控制的互通式立交；穿越规划建设用地时，高速公路两侧应至少各保留 50m 宽的绿化隔离带。

为了充分发挥汽车运输的特点，规划建设高速公路。高速公路的断面组成应在中央设分隔带，使车辆分向安全行驶；与其他线路交叉时采用立体交叉，并控制出入口；有完善的安全防护措施，专供高速（一般为 80～120km/h）车辆行驶。高速公路线路的布置应远离城市，与城市的联系必须采用专用的支线，并采用有控制的互通式立体交叉。

要合理地解决公路线路的走向及其站场等运输设施的位置，避免分割、干扰城市。公路一般应与城市呈切线方式通过，离城市也要有一定距离，线路布置能满足消防安全要求。但一些旧城区，由于公路对外交通穿越城市、居住区，把居住区分割，不利于消防和交通安全，也影响居民生活安宁，必须认真注意解决。

公路线路的布置，为了减少过境交通进入市区，应在对外公路交汇的地点或城市人口处设置一些公共服务设施，为暂时停留的过境车辆的司机与旅客创造一些便利条件，既方便车辆检修停放以及旅客休息、换乘，又可避免不必要的车辆和人流进入市区。对于旧城区布置不合理的公路，应尽可能使过境公路改道，避开城市生活居住区，规划中还应尽可能使公路便捷，缩短公路里程。公路线路在城市的布置，主要有公路穿越或者绕过（切线或环线绕过）城市两种情况。

6.9.5 公路运输设施消防安全布局

公路运输设施包括客运站、货运站、加油站等场站设施。客运站是人员密集场所，一旦发生火灾，容易造成严重伤亡。客运场站的位置要远离易燃易爆的工厂、仓库、储罐区及易燃可燃材料堆场，应布置在散发易燃易爆气体、粉尘工业企业的全年最小频率风向的下风侧，以保安全。必须具有足够的疏散通道和交通集散广场，并进行合理布局、优化交通组织，以满足快速疏散及避难等消防要求。

货运场站是大量物资的集散地，也是火灾的易发地段，火灾危险性、危害性极大，应设置在避开易燃易爆的工厂、仓库、储罐区的安全地带。货运场站必须根据自身的作业量、货物品种、作业性质以及管理需要等，明确划分货物存放区和作业区。

其消防安全布局一般遵循以下原则：

（1）客运站的布置。大城市的客运站位置可适当深入市区，布置在市中心区边缘地段。并根据旅客进出方向和流量大小决定设置客运站的数量。中、小城市的客运站宜设在城市边沿或城市与过境公路相连接的支线上，不要紧靠过境公路布置。客运站周围应有足够的车辆停放场地，并应考虑有方便的车辆维修和保养条件（图 6-22）。还要避免与学校、医院、住宅区相距过近。

（2）货运站的布置。货运站（场）的位置选择与货主的位置和货物的性质有关（图

图 6-22 深圳福田客运站

6-23)。对于供应城市人民的日常生活用品，则布置在市中心区边缘，与市内仓库有直接的联系；若货物的性质对居住区有影响或系中转货物为主，则应布置在仓库区、工业区货物较为集中的地区，又要尽可能与铁路车站、水运码头有便捷的联系。中、小城市由于客货运量较小，也可将客货合并，设混合站，但要加强消防安全管理，保障安全。

图 6-23 货运站

(3) 加油站的布置。城市公路对外交通的加油站，尽量布置在道路旁凹入的专门用地上，称为港湾式加油站（图 6-24）。其特点是加油站的出入口均设置在一条道路上，对交通影响较小，加油较方便。

图 6-24　加油站

（4）港区若有大型造船厂，应划定专门的水域和陆域，安排专门的码头。港区码头合理进行岸线分配与作业区布置，处理好各作业区之间的关系，留足防火间距；处理好港区与周边用地的关系，建立必要的防火间隔；处理好港区与周边道路的交通组织，确保消防通道畅通；港区作业区内要具有完善的消防通道和消防设施，并加强港区自身消防队伍的建设。

6.9.6　机场消防安全布局

严格控制机场辖区的建筑，机场内各功能区之间应有足够的防火间距，并确保内部消防通道的畅通；机场内部要具有完善的消防设施，并加强机场自身消防队伍的建设；强化机场油库的管理。

1. 机场与城市的距离

机场的消防安全规划布局，必须从地形、地貌、工程地质和水文地质、气象条件、噪声干扰、净空限制以及城市布局等诸方面因素，加以综合分析，恰当地解决好机场与城市的距离这一矛盾。

2. 机场与城市的交通联系

根据航空运输的快速特点，要求地面交通越快越好。一般应在机场位置确定的同时，安排好机场与城市之间快捷的、高速的、通畅的道路交通系统，安排好停车场等交通设施。

3. 合理确定机场消防站的位置

按照国际民航组织的规定，机场消防站要在最适当的能见度条件和地面条件下，保证对发生在机场活动地区任何部分的飞机火灾事故的施救时间不大于 3min，最好不大于

2min（图 6-25）。

图 6-25　深圳宝安机场俯瞰图

图片来源：深圳机场航站楼[Online Image]. [2015-7-6]. http://www. szairport. com/szairport/jcfc/201507/5dd4f7184d07471ba3757c7c3895545b. shtml

6. 9. 7　铁路工业站消防安全规划布局

铁路工业站主要是为有大量装卸作业的工业企业外部运输服务的车站（图 6-26）[42]。在对其进行规划布局时，其消防安全布局应遵循以下原则：

图 6-26　深圳工业站

（1）工业站要设在有大量货流、出入便捷和对外运输顺直的地点，尽量避免车流在铁路路网上或企业内的折角和迂回运输。

（2）工业站不要设在铁路主要干线上，以减少出入企业车流和铁路干线车流的交叉干扰。对于大型企业或集中的工业区，根据需要可设置枢纽外环线，并将工业站设在主要车流必经之地或原料、燃料的入口处。对于分散的工业区，可分别设置工业站。

（3）设在枢纽内的工业站，与编组站间要有便捷的通路，并要为企业将来发展留有余地，避免由于企业扩展带来工业站的消防问题。

（4）工业站的布置，要与专用线的建设、工业区的建设结合起来，把消防安全、土地利用、防洪排洪、交通运输等方面统一规划。

6.10 地下空间消防安全布局

6.10.1 地下空间消防安全特点

地下空间是城市重要的空间资源（图 6-27）。地下空间的合理利用是解决城市日益严重的土地紧缺、环境恶化、交通拥塞、能源浪费、防灾安全等问题，实现城市可持续发展的重要战略举措。

图 6-27 地下空间开发应用概念图

地下空间的封闭性和狭小性，加速了火灾中烟气的聚集。地下空间火灾中，物质燃烧产生的热量和烟气，由于地下空间封闭影响而滞留在空间内得不到有效的排除。同时，也由于空间封闭的原因，外部的新鲜空气得不到及时补充，形成不完全燃烧，从而比完全燃烧形成更大量的烟气。由此可见，火灾中地下空间的烟气聚集要比地上建筑大得多，烟气的难以扩散对人员的疏散构成了极大的威胁，造成疏散困难。

地下空间的封闭性和狭小性，促进了地下建筑内部的温度快速提升。由于地下空间高温烟气难以排出，极易造成热量聚集，使得温度提升很快，容易进入全面燃烧阶段。火灾发生后，地下空间的温度能够迅速上升到800～900℃，而烟气的温度往往可达600～700℃，火源处温度更是高达1000℃以上。地下空间火灾的高温，是火灾扑救和人员疏散的重大困难。

地下空间火灾扑救难度大：①地下空间的屏蔽作用使得火场信息的传输变得困难；②可调用的消防技术装备难以靠近火场，作用发挥受限；③通风、排烟条件差，影响有效的火场指挥和火灾扑救。

人员疏散困难：①因为地下空间位于地下，疏散出口少，安全疏散必须通过楼梯才能到达室外，人员疏散带来困难；②地下空间发生火灾时，烟气流动性难以把握，往往与人流方向一致，而烟气的蔓延速度要比人员疏散速度快得多，致使人员无法摆脱烟气危险。

6.10.2　地下空间消防安全布局原则

（1）建筑布置上，力求简洁，平面尽可能规整划一，避免过多曲折，动线明确；内部空间应保持完整，减少不必要的变化和高低错落，使人在其中容易熟悉所处环境。

（2）安全出口的数量与位置，人员集中的地下商业空间从建筑物内任何一点到最近的安全出口距离不超过30m，每隔60m就要有一个通向地面的出口，为满足及时疏散要使出入口有足够的数量，并布置均匀，每个出入口所服务的面积大致相当，以防止在部分出入口人流过分集中，发生堵塞。出入口宽度要与所服务面积的最大人流密度相适应，以保证人流在安全允许的时间内全部通过，对于每个防火单元，安全出口不能少于两个，并直接连接到室外地面，当人口密集或规模较大时，还应增加安全出口的数量。

（3）通道系统简单，最大限度地减少人们迷路的可能性；要有与最大人流相适应的宽度，以保证快速通过能力，防止发生堵塞。安全出口、疏散通道应当保持畅通，不得任意封闭、上锁、隔断、堆物和堵塞，不得影响使用。

（4）防火分区、防烟分区，面积较大的地下公共空间应采用耐火墙、防火卷帘和防火门进行防火分区，安装自动喷淋系统使火势控制在较小范围内并加以扑灭。提高火灾探测仪器设备的自动化程度和灵敏程度，且随时处于完好状态；设置人工监视系统，在重点部位设置闭路电视摄像。

（5）严禁存放易燃易爆化学危险品，严格限制易燃品的存储和发烟量大的商品数量，确保地下通道的通畅及地下通风口的开敞。地下建筑禁止使用易燃装修材料，主体结构耐火等级为一级，装修材料应以不燃材料为主，其次对商业空间的明火使用加以限制，并禁止吸烟。

（6）此外在大型地下商业街中，加强地下设施防火的安全管理和组织建设，设立专职消防人员实施24h巡逻，保证及时发现灾情。灾害发生后，通过有线广播系统发出警报和各种救灾指令。

6.10.3 地铁消防安全布局

随着城市快速发展，越来越多的城市规划建设了地铁，地铁的发展是一个城市发展的标志。交通拥堵和汽车尾气、噪声污染日益严重，严重影响城市居民的生活工作，也严重制约了城市的平衡、健康、可持续发展。地铁作为一种高效、节约、方便、舒适的交通工具，日益受到城市管理者的青睐。根据中国轨道交通协会发布的《城市轨道交通 2018 年度统计和分析报告》，截至 2018 年，中国大陆地区（不含港澳台地区）共有 35 个城市已经开通城市轨道交通，运营线路 185 条，运营线路总长度 5761.4km。其中有 17 个城市的轨道交通总里程超过了 100km，上海、北京两座城市运营里程超过 700km[43]。

地铁作为现代城市的生命中枢，安全是地铁运输的生命。在地铁发生不同程度的事故统计中，地铁火灾事故仅次于地铁设备故障[44]。而从地铁事故导致死亡人数来看，火灾是造成死亡人数最多的事故，其次是恐怖袭击[45]。

1988～2018 年全世界地铁事故死亡人数分类统计[46] **表 6-9**

类别	火灾	恐怖袭击	设备故障	客流事故	总计
死亡人数	887	411	68	66	1432
比例	61.9%	28.7%	4.8%	4.6%	100%

当地铁发生火灾时，地铁区间段及车站内往往危险性更高，其特点主要表现在：

（1）地铁区间段隧道火灾危险性高，由于地铁地下建筑空间相对封闭，人流又集中，如果发生火灾，会伴随大量有毒烟气（图 6-28）。而相对于地铁站台火灾，地铁区间段隧道内发生火灾后，地铁空间相对较小，隧道通风排烟困难，其危险性更高[47]。

（2）火灾救援难度大。一般地铁车站的出入口较少，仅预留人员出入通道及空气流通的通道。在火灾发生时，出入口又作为人员疏散的主要通道，且火灾产生的烟气也会顺着出入口排放，使得人员逃生造成了一定的困难。再者，地铁位于地下，空间相对密闭，一旦发生火灾，火势极易扩散，消防工作人员很难靠近着火点，使灭火、救援工作不易展

图 6-28　地铁区间段

开。另外，地下的通信信号强度较弱，使得地上的救援指挥人员无法及时获得火灾信息，也无法快速传达救援灭火信息，从而给消防员灭火、救援工作增加了障碍[48]。

(3) 照明条件差，人员逃生困难。火灾发生后，火势蔓延很快，允许乘客逃生的时间短，人员逃生方向与烟气扩散方向一致，且出口数量有限，烟气速度扩散比人速度快，使得救援更为困难[49]。

在应对地铁消防安全问题上，要结合地下环境的特点，在消防安全布局上应遵循以下要点：

(1) 建筑布置上的防火要求，首先是应当力求简捷，平面尽可能规整；地下空间内部的空间组织应保持完整，减少不必要的变化和高低错落，使人在其中容易熟悉所处环境，以免发生灾害后因迷路而加重恐慌感[50]。

(2) 防火和防烟分区的设置，也是建筑布置上的一种有效防灾措施，应严格按有关设计规范的规定执行[51]。

(3) 单孔隧道宜设置直通室外的人员疏散出口或独立避难设施。

(4) 隧道内地下设备用房的每个防火分区的最大允许建筑面积不应大于1500m^2，每个防火分区的安全出口数量不应少于2个，与车道或其他防火分区相通的出口可作为第二安全出口，但必须至少设置1个直通室外的安全出口；建筑面积不大于500m^2且无人值守的设备用房可设置1个直通室外的安全出口。

6.10.4 地下综合管廊消防安全要点

综合管廊是指建于城市地下用于容纳两类及以上城市工程管线的构筑物及附属设施。综合管廊内的可燃物主要是电缆、光缆和管道。电缆主要构成是导体、绝缘层和保护层三部分。我国采用较多的是聚氯乙烯电缆、橡胶电缆等。光缆的主要构成是塑料外皮、塑料保护套和光导纤维。含有下列管线的综合管廊舱室火灾危险性分类应符合表6-10规定。

综合管廊舱室火灾危险性分类[52] **表6-10**

舱室内容纳管线种类		舱室火灾危险性类别
天然气管道		甲
阻燃电力电缆		丙
通信线缆		丙
热力管道		丙
污水管道		丁
雨水管道、给水管道、再生水管道	塑料管等难燃管材	丁
	钢管、球墨铸铁管等不燃管材	戊

按照《城市综合管廊工程技术规范》GB 50838中规定“干线综合管廊中容纳电力电缆的舱室，支线综合管廊中容纳6根及以上电力电缆的舱室应设置自动灭火系统；其他容纳电力电缆的舱室宜设置自动灭火系统”。综合管廊舱室火灾危险等级及火灾种类分类应符合表6-11规定。

综合管廊舱室火灾危险等级及火灾种类分类[53]　　表 6-11

舱室内容纳管线种类		舱室火灾危险性类别	舱室火灾种类
天然气管道	沿线	严重危险级	C
	阀室	严重危险级	C
阻燃电力电缆		中危险级	E
通信线缆		轻危险级	B
热力管道		轻危险级	A
污水管道		轻危险级	A
上述管线以外其他管道	塑料管等难燃管材	轻危险级	B
	钢管、球墨铸铁管等不燃管材	轻危险级	A

虽然综合管廊不属于人员密集场所，但由于综合管廊内敷设有大量的市政管线，发生消防安全事故后，将造成重大社会影响。所以综合管廊内应采取必要的措施降低火灾的发生概率、控制火势的蔓延。综合管廊消防安全设计重点如下：

（1）综合管廊主结构体应为耐火极限不低于 3.0h 的不燃性结构。综合管廊内不同舱室之间应采用耐火极限不低于 3.0h 的不燃性结构进行分隔。

（2）综合管廊内防火分区最大间距应不大于 200m，设置耐火极限不低于 3.0h 的防火墙。防火分区应设置防火墙、甲级防火门、阻火包等进行防火分隔。综合管廊交叉口部位应设置防火墙、甲级防火门进行防火分隔。防火墙宜采用柔性防火隔断方式以便于管道安装。

（3）应对综合管廊内的电力电缆设置电气火灾监控系统；在容纳电力电缆的舱室应设置火灾自动报警系统，并且在容纳电力电缆的重点防护区域应设置自动灭火装置，并应符合现行国家、地方其他相关要求。

需要特别指出的是，在综合管廊实际工程设计中，如何选择灭火器材？哪种自动灭火系统适用于管廊，灭火系统具体设计参数如何选取等关键技术问题并无详细规定。不同的自动灭火系统具有的特点也不一样。已经有大量研究机构针对气体、水系统和干粉等自动灭火系统在综合管廊的适用性开展了对比分析，但目前尚无形成一致性结论[54]。综合管廊中选择各种灭火系统需要从灭火原理和性能，环境安全、系统经济性、应用场所条件等指标进行综合考察。针对高压细水雾、S 型气溶胶、超细干粉三类自动灭火系统选择影响因素如表 6-12 所示。

常用自动灭火系统情况比选[55]　　表 6-12

比较项目	高压细水雾	S 型气溶胶	超细干粉
灭火原理	通过雾状水雾对燃烧体进行水冷却、窒息、稀释等作用而扑灭火灾，灭火效果好	通过极细小的固体或液体微粒进行吸热降温，气相化学抑制，固相化学反应，从而实现灭火	通过对有焰燃烧的强抑制作用、对表面燃烧的强窒息作用、对热辐射的隔绝和冷却作用进行灭火

续表

比较项目	高压细水雾	S型气溶胶	超细干粉
适用火灾类型	A、B、C、E	A、B、C、E表面火灾	A、B、C、E
保护方式	全淹没式，分区保护或局部保护	全淹没	主要用于扑救初期火灾，分为全淹没式灭火和局部应用灭火
响应时间	开式系统≤30s	≤5s	≤3s
喷射时间	30min	≤2min	≤30s（全淹没） >30s（局部应用）
系统复杂性	系统复杂，需要配备消防泵房、稳压设备、管网、喷头、控制设备等，对水质和管材要求高	一般为成品，工厂预制，系统简单	一般为成品，工厂预制，系统简单
安装空间	空间需求大，需设置水池、泵房、供水管道、水雾喷头等	空间需求小	空间需求小
运维复杂性	技术成熟可靠，运维简单，一般细水雾自动灭火系统寿命可达30～60年	需要5～6年更换一次	需要5～6年更换一次
残留物	无	无残留	灭火后的粉末在高温下形成玻璃状覆盖层，人体吸入后会导致呼吸道系统中毒
设计施工和验收规范	《细水雾灭火系统技术规范》GB 50898 《水喷雾灭火系统技术规范》GB 50219	《气体灭火系统设计规范》GB 50370 《气体灭火系统施工及验收规范》GB 50263	《干粉灭火系统设计规范》GB 50347 《非驻压式超细干粉灭火系统技术规程》DB 62/T25—3094 《超细干粉自动灭火装置设计、施工及验收规范》DB35/T 1152
优缺点	优点：灭火效果好，可实时监控和有效降低火灾现场的温度。 缺点：需设置消防管位，占用较大的综合管廊空间	优点：灭火速度快，灭火剂用量少，省空间，系统及维护简单。 缺点：需要定期检验，每5～6年需要更换一次制剂	优点：灭火速度快，灭火剂用量少，省空间，系统及维护简单。 缺点：需要定期检验，每5～6年需要更换一次制剂

2019年6月，海南省发布了《城市综合管廊消防安全技术规程》，在该规程中建议城市地下综合管廊自动灭火设施选用综合灭火效果更好、节能环保、无毒无害、具有良好的电气绝缘性的高压细水雾灭火系统，同时为综合管廊细水雾灭火系统水箱处预留供水接口。

6.11 核电站消防安全布局

6.11.1 核电站消防安全布局特点

核电作为清洁绿色能源，是发展低碳经济的必然选择，它已进入快速发展时期。在发展核电的同时，更要重视其安全性。核电站发生核泄漏事故，是指核反应堆里的放射性物质外泄，造成环境污染并使公众受到辐射危害。核泄漏事故发生后其危害主要表现在：人员伤亡、放射性核素全球扩散造成空气污染，放射性污水进入水体造成水体污染，放射性物质沉降造成土壤污染等。

从核安全的观点考虑，核电厂厂址选择的主要目的，是保护公众和环境免受放射性事故释放所引起的过量辐射影响，同时对于核电厂正常的放射性物质释放也应加以考虑。在评价一个厂址是否适于建造核电厂时，必须考虑以下几方面的因素[56]：

（1）在某个特定厂址所在区域可能发生的外部自然事件或人为事件对核电厂的影响；

（2）可能影响所释放的放射性物质向人体转移的厂址特征及其环境特征；

（3）与实施应急措施的可能性及评价个人和群体风险所需要的有关外围地带的人口密度、分布及其他特征。

6.11.2 核电站消防安全布局原则

核电站与城市之间相辅相成，既可以相互依赖又相互影响。在对核电站进行消防安全布局时，一般综合考虑影响核电厂安全的自然事件和外部人为事件及各种现象的发生频率和严重程度，对推荐的核电厂厂址的安全性进行审查（图 6-29）。在进行消防安全布局时，一般应遵循以下原则[57]：

（1）必须在厂址或厂址附近完成在适当高度和地点观测并记录主要气象要素的气象观测计划。厂址的评价必须包括至少一整年的观测资料和从其他的来源得到的任何其他现有资料。

（2）必须收集厂址区域现有的和规划的包括临时的及常住的人口分布资料，而且在核电厂的整个寿期内应继续收集新资料。收集资料区域的大小应根据有关规定确定。必须特别注意核电厂紧邻地区的人口分布、这一区域的人口稠密区和人口中心以及特殊设施如医院、监狱等。

（3）为了满足核电站运行安全及安全疏散的要求，以核岛为中心，要求与周围环境有一定安全距离。如：①半径 R＝1km 区域范围内为核电站影响范围，原来如有居民必须外迁；②半径 R＝5km 范围内为烟羽应急计划区（内区），是限制发展区，必须限制区域内人口的机械增长，不得兴建、扩建大的企业事业单位和生活居住区、大的医院或疗养院、旅游胜地、飞机场和监狱等；③半径 R＝5～10km 范围的烟羽应急计划区（外区），应合乎《核电站核事故应急管理条例》，在此范围内需依据实际情况做好实施防护措施的准备。

（4）河道主航道及站外道路与核岛站房保持一定的安全距离，是核安全对外部潜在人为事件而要求的。根据《核电站站址选择的外部人为事件》HAD101/04 及《与核电站设计有关的外部人为事件》HAD102/05，河道主航道及站外道路潜在人为事件主要有移动危险源爆炸、着火、释放腐蚀或有毒物气云等，需具体分析其影响距离。

（5）《核电站站址选择安全规定》HAF101 规定，固定爆炸源影响的筛选距离值为 5～10km。如站址 5～10km 之内存在固定危险源，则需对固定危险源影响范围进行分析。而对移动危险源，需根据运输危险品的种类、重量具体计算。一些危险品的生产、贮存和运输设施，如油港、输油管、炼油厂、液化气贮存库、毒品库、飞机场等，要尽量远离核电站厂址，必要时采取工程防护措施。

（6）《核电站站址选择安全规定》HAF101 规定，固定火源影响的筛选距离值为 1～2km。

（7）飞机坠落撞击、化学爆炸冲击波等诸多危险因素应在建筑设计中设防和对安全相关厂房或系统实施冗余串列的实体分割措施，包括拉开其间距离。新设军用训练机场以及任何军事设施的地点均不宜靠近核电站厂址。民用飞机航线也不应靠近核电站。

图 6-29　广东台山核电站及周边区域情况

6.12　危险品设施消防安全布局

6.12.1　危险品设施消防安全布局特点

危险品种类繁多，性质各异，危险性大小不一，一般情况下，无论何种危险品都具有多重危险性。根据联合国《关于危险货物运输的建议书规章范本》（2015 年第 19 修订版），危险货物具有的危险性或最主要的危险性分为如表 6-13 所示的九个大类[58]。

危险品分类　　表 6-13

类别	类别名称
第一类	爆炸品
第二类	气体
第三类	易燃液体
第四类	易燃固体、易于自燃的物质、遇水放出易燃气体的物质
第五类	氧化性物质和有机过氧化物
第六类	毒性物质和感染性物质
第七类	放射性物质
第八类	腐蚀性物质
第九类	杂项危险物质和物品

由于危险品种类的多样性，使得危险品设施也具有多样性。比如化学危险物品发生火灾的危险性大，火灾扩大蔓延速度快，火灾扑救困难等特点。在应对危险品设施的火灾风险时，除了在发生火灾之前制定的应急措施外，更多的可以从城市规划布局方面来应对危险品设施的消防隐患。

一般情况下，危险品设施布局必须按照国家有关规范、规定的要求，严格控制危险品设施的安全防护距离（图 6-30）。危险品设施宜远离城市中心区及城市人口密集区域，尽量设置在城市建设区外或边缘，尽可能利用周边有利的环境地形，并避开有严重地质灾害的区域。危险品设施布局需充分考虑对周边消防安全的影响，选择合理的布局方案，采用先进建设技术及维护设备，进一步保障建设、运行安全。为保障危险品运输的安全及减少运输过程中事故对城市消防安全的影响，危险品设施的布点必须有利于运输路线的组织，避免运输路线穿越中心区及城市人口密集区域。

图 6-30　梧州压气站鸟瞰图

6.12.2　加油（气）站消防安全布局

随着城市的快速发展、道路改造以及加油（气）站周边见缝插针式的建设，部分站点周边的建设情况有一定变化，站点周边的消防安全隐患和交通干扰等问题日益突出（图 6-31）。另一方面，随着各类设计规范标准的不断提高更新，需要对防火距离等安全要求进一步核查。

图 6-31　加油加气站

（1）加油加气站的站址选择，应符合城乡规划、环境保护和防火安全的要求，并应选在交通便利的地方。

（2）在城市建成区不宜建一级加油站、一级加气站、一级加油加气合建站、CNG 加气母站。在城市中心区不应建一级加油站、一级加气站、一级加油加气合建站、CNG 加气母站。

加油站的等级划分[59]　　**表 6-14**

级别	油罐容积（m^3）	
	总容积	单罐容积
一级	$150<V\leqslant 210$	$\leqslant 50$
二级	$90<V\leqslant 150$	$\leqslant 50$
三级	$V\leqslant 90$	汽油罐$\leqslant 30$，柴油罐$\leqslant 50$

注：柴油罐容积可折半计入油罐总容积。

（3）城市建成区内的加油加气站，宜靠近城市道路，但不宜选在城市干道的交叉路口附近。加油站、加油加气合建站的汽油设备与站外建（构）筑物的安全间距，不应小于表 6-15 的规定。

汽油设备与站外建（构）筑物的安全间距（m）[63] **表 6-15**

站外建（构）筑物		站内汽油设备											
		埋地油罐									加油机、通气管管口		
		一级站			二级站			三级站					
		无油气回收系统	有卸油油气回收系统	有卸油和加油油气回收系统	无油气回收系统	有卸油油气回收系统	有卸油和加油油气回收系统	无油气回收系统	有卸油油气回收系统	有卸油和加油油气回收系统	无油气回收系统	有卸油油气回收系统	有卸油和加油油气回收系统
重要公共建筑物		50	40	35	50	40	35	50	40	35	50	40	35
明火地点或散发火花地点		30	24	21	25	20	17.5	18	14.5	12.5	18	14.5	12.5
民用建筑物保护类别	一类保护物	25	20	17.5	20	16	14	16	13	11	16	13	11
	二类保护物	20	16	14	16	13	11	12	9.5	8.5	12	9.5	8.5
	三类保护物	16	13	11	12	9.5	8.5	10	8	7	10	8	7
甲、乙类物品生产厂房、库房和甲、乙类液体储罐		25	20	17.5	22	17.5	15.5	18	14.5	12.5	18	14.5	12.5
丙、丁、戊类物品生产厂房、库房和丙类液体储罐以及容积不大于 $50m^3$ 的埋地甲、乙类液体储罐		18	14.5	12.5	16	13	11	15	12	10.5	15	12	10.5
室外变配电站		25	20	17.5	22	18	15.5	18	14.5	12.5	18	14.5	12.5
铁路		22	17.5	15.5	22	17.5	15.5	22	17.5	15.5	22	17.5	15.5
城市道路	快速路、主干路	10	8	7	8	6.5	5.5	8	6.5	5.5	6	5	5
	次干路、支路	8	6.5	5.5	6	5	5	6	5	5	5	5	5
架空通信线和通信发射塔		1倍杆（塔）高，且不应小于5m			5			5			5		
架空电力线路	无绝缘层	1.5倍杆（塔）高，且不应小于6.5m			1倍杆（塔）高，且不应小于6.5m			6.5			6.5		
	有绝缘层	1倍杆（塔）高，且不应小于5m			0.75倍杆（塔）高，且不应小于5m			5			5		

注：1. 室外变、配电站指电力系统电压为35～500kV，且每台变压器容量在10MV·A以上的室外变、配电站，以及工业企业的变压器总油量大于5t的室外降压变电站。其他规格的室外变、配电站或变压器按丙类物品生产厂房确定。
2. 表中道路系指机动车道路。油罐、加油机和油罐通气管管口与郊区公路的安全间距按城市道路确定，高速公路、一级和二级公路按城市快速路、主干路确定；三级和四级公路按城市次干路、支路确定。
3. 与重要公共建筑物的主要出入口（包括铁路、地铁和二级及以上公路的隧道出入口）尚不应小于50m。
4. 一、二级耐火等级民用建筑物面向加油站一侧的墙为无门窗洞口的实体墙时，油罐、加油机和通气管管口与该民用建筑物的距离，不应低于本表规定的安全间距的70%，但不得小于6m。

(4) 加油站、加油加气合建站的柴油设备与站外建（构）筑物的安全间距，不应小于表6-16的规定。

柴油设备与站外建（构）筑物的安全间距（m）[63] **表6-16**

站外建（构）筑物		站内柴油设备			
		埋地油罐			加油机、通气管管口
		一级站	二级站	三级站	
重要公共建筑物		25	25	25	25
明火地点或散发火花地点		12.5	12.5	10	10
民用建筑物保护类别	一类保护物	6	6	6	6
	二类保护物	6	6	6	6
	三类保护物	6	6	6	6
甲、乙类物品生产厂房、库房和甲、乙类液体储罐		12.5	11	9	9
丙、丁、戊类物品生产厂房、库房和丙类液体储罐，以及容积不大于50m³的埋地甲、乙类液体储罐		9	9	9	9
室外变配电站		15	15	15	15
铁路		15	15	15	15
城市道路	快速路、主干路	3	3	3	3
	次干路、支路	3	3	3	3
架空通信线和通信发射塔		0.75倍杆（塔）高，且不应小于5m	5	5	5
架空电力线路	无绝缘层	0.75倍杆（塔）高，且不应小于6.5m	0.75倍杆（塔）高，且不应小于6.5m	6.5	6.5
	有绝缘层	0.5倍杆（塔）高，且不应小于5m	0.5倍杆（塔）高，且不应小于5m	5	5

注：1. 室外变、配电站指电力系统电压为35～500kV，且每台变压器容量在10MV·A以上的室外变、配电站，以及工业企业的变压器总油量大于5t的室外降压变电站。其他规格的室外变、配电站或变压器按丙类物品生产厂房确定。

2. 表中道路系指机动车道路。油罐、加油机和油罐通气管管口与郊区公路的安全间距按城市道路确定，高速公路、一级和二级公路按城市快速路、主干路确定；三级和四级公路按城市次干路、支路确定。

(5) LPG加气站、加油加气合建站的LPG储罐与站外建（构）筑物的安全间距，不应小于表6-17的规定。

LPG储罐与站外建（构）筑物的安全间距（m）[63] **表6-17**

站外建（构）筑物	地上LPG储罐			埋地LPG储罐		
	一级站	二级站	三级站	一级站	二级站	三级站
重要公共建筑物	100	100	100	100	100	100

续表

<table>
<tr><td rowspan="2" colspan="2">站外建（构）筑物</td><td colspan="3">地上 LPG 储罐</td><td colspan="3">埋地 LPG 储罐</td></tr>
<tr><td>一级站</td><td>二级站</td><td>三级站</td><td>一级站</td><td>二级站</td><td>三级站</td></tr>
<tr><td colspan="2">明火地点或散发火花地点</td><td rowspan="2">45</td><td rowspan="2">38</td><td rowspan="2">33</td><td rowspan="2">30</td><td rowspan="2">25</td><td rowspan="2">18</td></tr>
<tr><td rowspan="3">民用建筑物保护类别</td><td>一类保护物</td></tr>
<tr><td>二类保护物</td><td>35</td><td>28</td><td>22</td><td>20</td><td>16</td><td>14</td></tr>
<tr><td>三类保护物</td><td>25</td><td>22</td><td>18</td><td>15</td><td>13</td><td>11</td></tr>
<tr><td colspan="2">甲、乙类物品生产厂房、库房和甲、乙类液体储罐</td><td>45</td><td>45</td><td>40</td><td>25</td><td>22</td><td>18</td></tr>
<tr><td colspan="2">丙、丁、戊类物品生产厂房、库房和丙类液体储罐，以及容积不大于 50m³的埋地甲、乙类液体储罐</td><td>32</td><td>32</td><td>28</td><td>18</td><td>16</td><td>15</td></tr>
<tr><td colspan="2">室外变配电站</td><td>45</td><td>45</td><td>40</td><td>25</td><td>22</td><td>18</td></tr>
<tr><td colspan="2">铁路</td><td>45</td><td>45</td><td>45</td><td>22</td><td>22</td><td>22</td></tr>
<tr><td rowspan="2">城市道路</td><td>快速路、主干路</td><td>15</td><td>13</td><td>11</td><td>10</td><td>8</td><td>8</td></tr>
<tr><td>次干路、支路</td><td>12</td><td>11</td><td>10</td><td>8</td><td>6</td><td>6</td></tr>
<tr><td colspan="2">架空通信线和通信发射塔</td><td>1.5 倍杆（塔）高</td><td colspan="3">1 倍杆（塔）高</td><td colspan="2">0.75 倍杆（塔）高</td></tr>
<tr><td rowspan="2">架空电力线路</td><td>无绝缘层</td><td rowspan="2">1.5 倍杆（塔）高</td><td colspan="3">1.5 倍杆（塔）高</td><td colspan="2">1 倍杆（塔）高</td></tr>
<tr><td>有绝缘层</td><td colspan="3">1 倍杆（塔）高</td><td colspan="2">0.75 倍杆（塔）高</td></tr>
</table>

注：1. 室外变、配电站指电力系统电压为 35～500kV，且每台变压器容量在 10MV·A 以上的室外变、配电站，以及工业企业的变压器总油量大于 5t 的室外降压变电站。其他规格的室外变、配电站或变压器按丙类物品生产厂房确定。

2. 表中道路系指机动车道路。油罐、加油机和油罐通气管管口与郊区公路的安全间距按城市道路确定，高速公路、一级和二级公路按城市快速路、主干路确定；三级和四级公路按城市次干路、支路确定。

3. 液化石油气罐与站外一、二、三类保护物地下室的出入口、门窗的距离，应按本表一、二、三类保护物的安全间距增加 50%。

4. 一、二级耐火等级民用建筑物面向加气站一侧的墙为无门窗洞口实体墙时，LPG 储罐与该民用建筑物的距离不应低于本表规定的安全间距的 70%。

5. 容量小于或等于 10m³的地上 LPG 储罐整体装配式的加气站，其罐与站外建（构）筑物的距离，不应低于本表三级站的地上罐安全间距的 80%。

（6）LPG 储罐与站外建筑面积不超过 200m²的独立民用建筑物的距离，不应低于本表 6-18 三类保护物安全间距的 80%，并不应小于三级站的安全间距。

LPG卸车点、加气机、放散管管口与站外建（构）筑物的安全间距（m）[63]　表6-18

<table>
<tr><th colspan="2" rowspan="2">站外建（构）筑物</th><th colspan="3">站内LPG设备</th></tr>
<tr><th>LPG卸车点</th><th>放散管管口</th><th>加气机</th></tr>
<tr><td colspan="2">重要公共建筑物</td><td>100</td><td>100</td><td>100</td></tr>
<tr><td colspan="2">明火地点或散发火花地点</td><td rowspan="2">25</td><td rowspan="2">18</td><td rowspan="2">18</td></tr>
<tr><td rowspan="3">民用建筑物保护类别</td><td>一类保护物</td></tr>
<tr><td>二类保护物</td><td>16</td><td>14</td><td>14</td></tr>
<tr><td>三类保护物</td><td>13</td><td>11</td><td>11</td></tr>
<tr><td colspan="2">甲、乙类物品生产厂房、库房和甲、乙类液体储罐</td><td>22</td><td>20</td><td>20</td></tr>
<tr><td colspan="2">丙、丁、戊类物品生产厂房、库房和丙类液体储罐以及容积不大于50m^{3}的埋地甲、乙类液体储罐</td><td>16</td><td>14</td><td>14</td></tr>
<tr><td colspan="2">室外变配电站</td><td>22</td><td>20</td><td>20</td></tr>
<tr><td colspan="2">铁路</td><td>22</td><td>22</td><td>22</td></tr>
<tr><td rowspan="2">城市道路</td><td>快速路、主干路</td><td>8</td><td>8</td><td>6</td></tr>
<tr><td>次干路、支路</td><td>6</td><td>6</td><td>5</td></tr>
<tr><td colspan="2">架空通信线和通信发射塔</td><td colspan="3">0.75倍杆（塔）高</td></tr>
<tr><td rowspan="2">架空电力线路</td><td>无绝缘层</td><td colspan="3">1倍杆（塔）高</td></tr>
<tr><td>有绝缘层</td><td colspan="3">0.75倍杆（塔）高</td></tr>
</table>

注：1. 室外变、配电站指电力系统电压为35～500kV，且每台变压器容量在10MV·A以上的室外变、配电站，以及工业企业的变压器总油量大于5t的室外降压变电站。其他规格的室外变、配电站或变压器按丙类物品生产厂房确定。

2. 表中道路系指机动车道路。油罐、加油机和油罐通气管管口与郊区公路的安全间距按城市道路确定，高速公路、一级和二级公路按城市快速路、主干路确定；三级和四级公路按城市次干路、支路确定。

3. LPG卸车点、加气机、放散管管口与站外一、二、三类保护物地下室的出入口、门窗的距离，应按本表一、二、三类保护物的安全间距增加50%。

4. 一、二级耐火等级民用建筑物面向加气站一侧的墙为无门窗洞口实体墙时，站内LPG设备与该民用建筑物的距离不应低于本表规定的安全间距的70%。

5. LPG卸车点、加气机、放散管管口与站外建筑面积不超过200m^{2}独立的民用建筑物的距离，不应低于本表的三类保护物的安全间距的80%，但不应小于11m。

（7）CNG加气站和加油加气合建站的压缩天然气工艺设备与站外建（构）筑物的安全间距，不应小于表6-19的规定。

CNG工艺设备与站外建（构）筑物的安全间距（m）[63]　表6-19

<table>
<tr><th rowspan="2">站外建（构）筑物</th><th colspan="3">站内CNG工艺设备</th></tr>
<tr><th>储气瓶</th><th>集中放散管管口</th><th>储气井、加（卸）气设备、脱硫脱水设备、压缩机（间）</th></tr>
<tr><td>重要公共建筑物</td><td>50</td><td>30</td><td>30</td></tr>
</table>

续表

站外建（构）筑物		站内CNG工艺设备		
		储气瓶	集中放散管管口	储气井、加（卸）气设备、脱硫脱水设备、压缩机（间）
明火地点或散发火花地点		30	25	20
民用建筑物保护类别	一类保护物			
	二类保护物	20	20	14
	三类保护物	18	15	12
甲、乙类物品生产厂房、库房和甲、乙类液体储罐		25	25	18
丙、丁、戊类物品生产厂房、库房和丙类液体储罐以及容积不大于50m³的埋地甲、乙类液体储罐		18	18	13
室外变配电站		25	25	18
铁路		30	30	22
城市道路	快速路、主干路	12	10	6
	次干路、支路	10	8	5
架空通信线和通信发射塔		1倍杆（塔）高	1倍杆（塔）高	1倍杆（塔）高
架空电力线路	无绝缘层	1.5倍杆（塔）高	1.5倍杆（塔）高	1倍杆（塔）高
	有绝缘层	1倍杆（塔）高	1倍杆（塔）高	

注：1. 室外变、配电站指电力系统电压为35～500kV，且每台变压器容量在10MV·A以上的室外变、配电站，以及工业企业的变压器总油量大于5t的室外降压变电站。其他规格的室外变、配电站或变压器按丙类物品生产厂房确定。

2. 表中道路系指机动车道路。油罐、加油机和油罐通气管管口与郊区公路的安全间距按城市道路确定，高速公路、一级和二级公路按城市快速路、主干路确定；三级和四级公路按城市次干路、支路确定。

3. 与重要公共建筑物的主要出入口（包括铁路、地铁和二级及以上公路的隧道出入口）尚不应小于50m。

4. 储气瓶拖车固定停车位与站外建（构）筑物的防火间距，应按本表储气瓶的安全间距确定。

5. 一、二级耐火等级民用建筑物面向加气站一侧的墙为无门窗洞口实体墙时，站内CNG工艺设备与该民用建筑物的距离，不应低于本表规定的安全间距的70%。

（8）加气站、加油加气合建站的LNG储罐、放散管管口、LNG卸车点与站外建（构）筑物的安全间距，不应小于表6-20的规定。

LNG设备与站外建（构）筑物的安全间距（m）[63]　　表6-20

站外建（构）筑物		站内LNG设备				
		地上LNG储罐			放散管管口、加气机	LNG卸车点
		一级站	二级站	三级站		
重要公共建筑物		80	80	80	50	50
明火地点或散发火花地点		35	30	25	25	25
民用建筑保护物类别	一类保护物					
	二类保护物	25	20	16	16	16
	三类保护物	18	16	14	14	14

续表

<table>
<tr><th colspan="2" rowspan="3">站外建（构）筑物</th><th colspan="5">站内 LNG 设备</th></tr>
<tr><th colspan="3">地上 LNG 储罐</th><th rowspan="2">放散管管口、加气机</th><th rowspan="2">LNG 卸车点</th></tr>
<tr><th>一级站</th><th>二级站</th><th>三级站</th></tr>
<tr><td colspan="2">甲、乙类生产厂房、库房和甲、乙类液体储罐</td><td>35</td><td>30</td><td>25</td><td>25</td><td>25</td></tr>
<tr><td colspan="2">丙、丁、戊类物品生产厂房、库房和丙类液体储罐，以及容积不大于 50m³的埋地甲、乙类液体储罐</td><td>25</td><td>22</td><td>20</td><td>20</td><td>20</td></tr>
<tr><td colspan="2">室外变配电站</td><td>40</td><td>35</td><td>30</td><td>30</td><td>30</td></tr>
<tr><td colspan="2">铁路</td><td>80</td><td>60</td><td>50</td><td>50</td><td>50</td></tr>
<tr><td rowspan="2">城市道路</td><td>快速路、主干路</td><td>12</td><td>10</td><td>8</td><td>8</td><td>8</td></tr>
<tr><td>次干路、支路</td><td>10</td><td>8</td><td>8</td><td>6</td><td>6</td></tr>
<tr><td colspan="2">架空通信线和通信发射塔</td><td>1 倍杆（塔）高</td><td colspan="2">0.75 倍杆（塔）高</td><td colspan="2">0.75 倍杆（塔）高</td></tr>
<tr><td rowspan="2">架空电力线</td><td>无绝缘层</td><td rowspan="2">1.5 倍杆（塔）高</td><td colspan="2">1.5 傍杆（塔）高</td><td colspan="2">1 倍杆（塔）高</td></tr>
<tr><td>有绝缘层</td><td colspan="2">1 倍杆（塔）高</td><td colspan="2">0.75 倍杆（塔）高</td></tr>
</table>

注：1. 室外变、配电站指电力系统电压为 35～500kV，且每台变压器容量在 10MV·A 以上的室外变、配电站，以及工业企业的变压器总油量大于 5t 的室外降压变电站。其他规格的室外变、配电站或变压器按丙类物品生产厂房确定。

2. 表中道路系指机动车道路。油罐、加油机和油罐通气管管口与郊区公路的安全间距按城市道路确定，高速公路、一级和二级公路按城市快速路、主干路确定；三级和四级公路按城市次干路、支路确定。

3. 埋地 LNG 储罐、地下 LNG 储罐和半地下 LNG 储罐与站外建（构）筑物的距离，分别不应低于本表地上 LNG 储罐安全间距的 50%、70%和 80%，但最小不应小于 6m。

4. 一、二级耐火等级民用建筑物面向加气站一侧的墙为无门窗洞口实体墙时，站内 LNG 设备与该民用建筑物的距离，不应低于本表规定的安全间距的 70%。

5. LNG 储罐、放散管管口、加气机、LNG 卸车点与站外建筑面积不超过 200m² 的独立民用建筑物的距离，不应低于本表的三类保护物的安全间距的 80%。

6.12.3 城市燃气工程系统消防安全布局

城市燃气系统应统筹规划，区域性输油管道和压力大于 1.6MPa 的高压燃气管道不得穿越军事设施、国家重点文物保护单位、其他易燃易爆危险品场所和设施用地、国家重点文物保护单位、其他易燃易爆危险品场所或设施用地、机场（机场专用输油管除外）、非危险品车站和港口码头；城市输油、输气管线与周围建筑和设施之间的安全距离应符合国家现行有关标准的规定。

（1）输气管道通过的地区，应按沿线居民户数和（或）建筑物的密集程度，划分为四个地区等级，并依据地区等级做出相应的管道设计。

（2）线路应避开城镇规划区、飞机场、铁路车站、海（河）港码头、国家级自然保护区等区域。当受条件限制管道需要在上述区域内通过时，必须征得主管部门同意，并采取安全保护措施。

（3）除管道专用公路的隧道、桥梁外，线路严禁通过铁路或公路的隧道、桥梁、铁路编组站、大型客运站和变电所。

（4）燃气场站及燃气管道的建设必须满足《城镇燃气设计规范》GB 50028 及《建筑设计防火规范》GB 50016 中的有关规定。

（5）燃气场站必须加强消防安全措施，保证与周边建筑的安全间距，四周消防通道畅通及消防供水双水源，对存在安全隐患的瓶装供应站须按照规范要求进行整改。

（6）瓶装供应站内不设灌装功能。各站内过夜实瓶数不得超过规范允许之范围。

（7）积极发展管道供气，以减少瓶装气运输所带来的安全隐患。

（8）积极推广燃气安全智能监控系统并与消防应急指挥系统有专线联系，加大燃气消防设施的投资力度，尽快实现计算机实时调度，提高管理水平。

6.12.4 电动汽车充电基础设施消防安全布局

电动汽车充电基础设施是一种专为电动汽车的车用电池充电的设备，是对电池充电时用到的有特定功能的电力转换装置（图 6-32）。根据中国电动汽车充电基础设施促进联盟数据统计情况，截至 2018 年 12 月底，公共充电桩保有数量 33.1 万个，私人充电桩数量 47.7 万个，规模持续保持世界首位[60]。目前常规的充电基础设施有充电站、充电桩两大类。其中充电站分为公交车充换电站、物流环卫等专用车充电站、城市公共充电站。充电桩分为私人乘用车充电桩、公共充电桩、专用充电桩[61]。

图 6-32　常规充电桩

充电基础设施的布局应该考虑其消防安全要求，充电停车位上的电动汽车为重点消防对象，但国内尚无电动车火灾危险性定论，也没有全尺寸电动汽车火灾实验的相关文献记录。电动汽车动力电池的安全性一定程度上决定了电动汽车的安全性[62]。因此，充电站

（桩）合理的消防安全布局可以有利于充电汽车发生火灾时的扑救及降低其危害性。一般情况下，充电站（桩）的消防安全布局应满足以下要求。

（1）充电站应满足环境保护和消防安全的要求，与其他建筑物、构筑物之间的防火间距应满足《火力发电厂与变电站设计防火标准》GB 50229、《建筑设计防火规范》GB 50016 的有关要求。

（2）充电站不应设在有爆炸危险环境场所的正上方或正下方，当与有爆炸危险的建筑物毗邻时，应满足《爆炸危险环境电力装置设计规范》GB 50058 的要求。

（3）电动汽车充电站内的建筑物满足耐火等级低于二级、体积大于 3000m^3 且火灾危险性为非戊类的，充电站应设置消防给水系统，消防水源应有可靠的保证[63]。

（4）电动汽车充电站内的建筑物满足下列条件可不设置室内消火栓：

1）耐火等级为一、二级且可燃物较少的丁、戊类建筑物。

2）耐火等级为三、四级且建筑物体积不超过 3000m^3 的丁类建筑物和建筑物体积不超过 3000m^3 的戊类建筑物。

3）室内没有生产、生活给水管道，室外消防用水取自贮水池且建筑物体积不超过 5000m^3 的建筑物。

第7章　城市消防站布局规划

7.1　城市消防站分类

城市消防站的正确分类关系到消防站的建设规模、装备水平以及灭火与应急救援的能力。合理确定城市消防站分类既要考虑城市消防站发展的需要，也要考虑消防队伍完成各项消防保卫任务和履行抢险救援职责的要求。

《城市消防规划规范》GB 51080、《城市消防站建设标准》（建标 152）中都有关于城市消防站的分类内容。按照服务范围，可将城市消防站分为陆上消防站、水上消防站和航空消防站。按照业务类型，又可将陆上消防站分为普通消防站、特勤消防站和战勤保障消防站。根据服务对象、辖区大小、功能定位等因素，又可将普通消防站划分为一级普通消防站、二级普通消防站和小型普通消防站。除此之外部分城市结合实际情况和需求，还设置有社区小型消防站，作为弥补专业消防场站不足的有效途径。针对达到一定规模的工矿企业和乡镇社区，还需设置具有专项职能的消防站，如大型发电厂消防站、核电厂消防站、港口消防站等。

7.2　陆上消防站布局规划

7.2.1　陆上消防站布局原则

普通消防站是城市扑救火灾和处置灾害事故的主体，在消防保卫实践中发挥着决定性的作用，各地在城市总体规划中，都围绕一级普通消防站的建设进行规划布局。为满足灭火救援的需要，所有城市必须设立一级普通消防站。部分城市为解决原有消防站布局过疏、辖区面积过大的问题，在建成区内繁华商业区、重点保卫目标等特殊区域设立一级普通消防站确有困难的情况下，结合总体规划布局，经过认真的调查论证，可设立二级普通消防站。对于设置二级普通消防站条件也不具备的商业密集区、耐火等级低的建筑密集区或老城区、历史地段，在专项论证的基础上才可设置小型站。为避免以小型普通消防站来取代一级普通消防站、二级普通消防站，或在大范围区域内全部设置小型站，将小型站的建设范围限定在城市建成区中的一些特定区域。考虑到小型站的车辆装备少，灭火力量有限，灭火时还需要周围其他消防站增援，因此，对于区域内是否可以设置小型普通消防站，还需要对区域火灾风险，应急响应时间，周边是否驻有一级普通消防站、二级普通消防站或特勤消防站等多方面进行研究论证，以确保小型普通消防站的规划建设符合灭火救援的实际需要。

因此，陆上消防站设置应符合下列规定：

（1）城市建设用地范围内应设置一级普通消防站；

（2）城市建成区内设置一级普通消防站确有困难的区域，经论证可设二级普通消防站；

（3）城市建成区内因土地资源紧缺设置二级站确有困难的商业密集区，耐火等级低的建筑密集区、老城区、历史地段和经消防安全风险评估确有必要设置的区域，经论证可设小型站，但小型普通消防站的辖区至少应与一个一级普通消防站、二级普通消防站或特勤消防站辖区相邻；

（4）地级及以上城市、经济较发达的县级城市应设置特勤消防站和战勤保障消防站，经济发达且有特勤任务需要的城镇可设置特勤消防站；

（5）有任务需要的城市可设水上消防站、航空消防站等专业消防站；

（6）消防站应独立设置。特殊情况下，设在综合性建筑物中的消防站应有独立的功能分区，并应与其他使用功能区域完全隔离，其交通组织应便于消防车应急出入。

影响陆上消防站布局的主要因素包括：时间因素（消防反应时间）、经济因素、用地因素、道路交通因素、自然环境因素（地形地貌、河流水系、风向等）。

此外，陆上消防站布局应符合下列规定：

（1）城市建设用地范围内普通消防站布局，应以消防队接到出动指令后5min内可以到达其辖区边缘为原则确定。5min消防出动时间是由15min消防时间得来的。具体分配为：发现起火4min、报警和指挥中心处警2.5min、接到指令出动1min、行车到场4min、开始出水扑救3.5min。5min消防出动时间包括接到指令出动1min、行车到场4min；

（2）普通消防站辖区面积不宜大于7km^2（指城市建成区面积）；设在城市建设用地边缘地区、新区且道路系统较为畅通的普通消防站，应以消防队接到出动指令后5min内可以到达其辖区边缘为原则确定辖区面积，其辖区面积不应大于15km^2；也可通过城市或区域火灾风险评估确定消防站辖区面积；

（3）特勤消防站应根据其特勤任务服务的主要对象，设在靠近其辖区中心且交通便捷的位置。特勤消防站同时兼有其辖区灭火救援任务的，其辖区面积宜与普通消防站辖区面积相同；

（4）消防站辖区划定应结合地域特点、地形条件和火灾风险等，并应现状兼顾消防站辖区，不宜跨越高速公路、城市快速路、铁路干线和较大的河流。当受地形条件限制，被高速公路、城市快速路、铁路干线和较大的河流分隔，年平均风力在3级以上或相对湿度在50％以下的地区，应适当缩小消防站辖区面积；

（5）结合城市总体规划确定的用地布局结构、城市或区域的火灾风险评估、城市重点消防地区的分布状况，普通消防站和特勤消防站应采取“均衡布局”与“重点保护”相结合的布局结构，对于火灾风险高的区域应加强消防装备的配置。

7.2.2　陆上消防站选址要求

消防站的位置关乎消防救援力量出动效率和消防站自身安全，消防站的选址应符合下列规定：

（1）应设在辖区内适中位置和便于车辆迅速出动的临街地段，并应尽量靠近城市应急救援通道；

（2）消防站执勤车辆主出入口两侧宜设置交通信号灯、标志、标线等设施，距医院、学校、幼儿园、托儿所、影剧院、商场、体育场馆、展览馆等公共建筑的主要疏散出口不应小于50m；

（3）辖区内有生产、贮存危险化学品单位的，消防站应设置在其常年主导风向的上风或侧风处，其边界距上述危险部位一般不宜小于300m；

（4）消防站车库门应朝向城市道路，后退红线不宜小于15m，合建的小型站除外；

（5）消防站不宜设在综合性建筑物中。特殊情况下，设在综合性建筑物中的消防站应有独立的功能分区，并有专用出入口。

首先，消防站设在辖区内适中位置是为了当辖区最远点发生火灾时，消防队能够迅速赶到现场，及早进行扑救。其次，消防站设在临街地段，是为了保证消防队在接到出动指令后，能够迅速安全地出动。最后，消防站尽量布置在城市应急救援通道上，有利于其出警发挥作用。消防站执勤车辆主出入口两侧应设置可控交通信号灯、标志、标线等，提前警示其他车辆驾驶员，保障快速、安全出警。消防站执勤车辆主出入口距人员密集的公共场所不应小于50m，主要是为在接警出动和训练时不致影响医院、学校、幼儿园、托儿所等单位的正常活动，避免因发出警报引起惊慌造成事故。同时，也是为了防止人流集中时影响消防车迅速安全地出动，贻误灭火救援时机。消防站应处于生产、贮存危险化学品单位上风向或侧风向，且距离危险部位不宜小于300m，主要是为了保障消防站的安全和消防员的健康。将消防站后退红线距离定为不宜小于15m，是为保证出车时视线良好，便于消防车迅速出动和回车时有一定的倒车场地，不致影响行人和车辆的交通安全。

7.2.3 陆上消防站建筑标准

消防站内设置的功能性用房一般包括业务用房、业务附属用房、辅助用房等三类，具体包括消防车库、通信室、体能训练室、训练塔、执勤器材库、图书阅览室、餐厅、厨房等。确定消防站建筑面积和各类用房的使用面积的重点，首先是确保消防站的消防车辆装备、灭火抢险器材、个人防护装备等所需建筑面积，以及战勤保障消防站应急装备物资储备用房面积，确保消防人员业务技能、体能训练等必需的用房、设施面积；其次是确保消防人员执勤备战所需的居住、生活等用房面积。消防站的建筑面积指标应符合下列规定：

（1）一级普通消防站2700～4000m^2；

（2）二级普通消防站1800～2700m^2；

（3）小型普通消防站650～1000m^2；

（4）特勤消防站4000～5600m^2；

（5）战勤保障消防站4600～6800m^2。

消防站使用面积系数按0.65计算。普通消防站和特勤消防站的各种用房的使用面积指标可参照表7-1确定。战勤保障消防站的各种用房的使用面积指标可参照表7-2确定。在条件许可的情况下，建筑用房面积宜优先取上限值。

普通站和特勤站各种用房的使用面积指标（m^2）　　表 7-1

类别	名称	消防站类别			
		普通消防站			特勤消防站
		一级站	二级站	小型站	
业务用房	消防车库	540～720	270～450	120～180	810～1080
	通信室	30	30	30	40
	体能训练室	50～100	40～80	20～40	80～120
	训练塔	120	120	—	210
	执勤器材库	50～120	40～80	20～40	100～180
	训练器材库	20～40	20	—	30～60
	被装营具库	40～60	30～40	—	40～60
	清洗室、烘干室、呼吸器充气室	40～80	30～50	—	60～100
	器材修理间	20	10	—	20
	灭火救援研讨、电脑室	40～60	30～50	15～30	40～80
业务附属用房	图书阅览室	20～60	20	—	40～60
	会议室	40～90	30～60	—	70～140
	俱乐部	50～110	40～70	—	90～140
	公众消防宣传教育用房	60～120	40～80	—	70～140
	干部备勤室	50～100	40～80	12	80～160
	消防员备勤室	150～240	70～120	70	240～340
	财务室	18	18	—	18
辅助用房	餐厅、厨房	90～100	60～80	40	140～160
	家属探亲用房	60	40	—	80
	浴室	80～110	70～110	30～70	130～150
	医务室	18	18	—	23
	心理辅导室	18	18	—	23
	晾衣室（场）	30	20	20	30
	贮藏室	40	30	15～30	40～60
	盥洗室	40～55	20～30	20	40～70
	理发室	10	10	—	20
	设备用房（配电室、锅炉房、空调机房）	20	20	20	20
	油料库	20	10	—	20
	其他	20	10	10～30	30～50
合计		1784～2589	1204～1774	442～632	2634～3654

注：小型站选建用房面积指标可参照二级站同类用房指标确定。

战勤保障站各种用房的使用面积指标（m^2） 表 7-2

类别	名称	使用面积指标
业务用房	消防车库	810～1080
	通信室	40
	体能训练室	60～110
	器材储备库	300～550
	灭火药剂储备库	50～100
	军需物资储备库	120～180
	医疗器械储备库	50～100
	车辆检修车间	300～400
	器材检修车间	200～300
	呼吸器检修充气室	90～150
	灭火救援研讨、电脑室	40～60
	卫勤保障室	30～50
业务附属用房	图书阅览室	30～60
	会议室	50～100
	俱乐部	60～120
	干部备勤室	60～110
	消防员备勤室	180～280
	财务室	18
辅助用房	餐厅、厨房	110～130
	家属探亲用房	70
	浴室	100～120
	晾衣室（场）	30
	贮藏室	40～50
	盥洗室	40～60
	理发室	20
	设备用房（配电室、锅炉房、空调机房）	20
	其他	30～40
合计		2998～4448

消防站的建筑、设施和场地的设计应符合现行国家标准《城市消防站设计规范》GB 51054 的规定。消防站建筑物的耐火等级不应低于二级。消防站建筑物位于抗震设防烈度为 6～9 度地区的，应按乙类建筑进行抗震设计，并按本地区设防烈度提高 1 度采取抗震构造措施。其中 8～9 度地区的消防站建筑应对消防车库的框架、门框、大门等影响消防车出动的重点部位，按有关设计规范要求进行验算，限制其地震位移。

7.3 陆上消防站辖区划分

7.3.1 划分原则

消防站的辖区面积按下列原则确定：

（1）设在城市的消防站，一级站不宜大于7km²，二级站不宜大于4km²，小型站不宜大于2km²，设在近郊区的普通消防站不应大于15km²。也可针对城市的火灾风险，通过评估方法确定消防站辖区面积；特勤消防站兼有辖区灭火救援任务的，其辖区面积同一级站；战勤保障消防站不宜单独划分辖区面积。

（2）陆上消防站辖区的划分，应结合地域特点、地形条件、河流、城市道路网结构等不便穿越的自然和人工设施为划分依据，具体包括：各区、各街道的行政管理界线；铁路、全立交的高速公路、城市一、二类主干道及较大的河流。当受地形条件限制，被高速公路、城市快速路、铁路干线和较大的河流分隔，年平均风力在3级以上或相对湿度在50%以下的地区，应适当缩小消防站辖区面积。

（3）结合区域建筑密集程度，通过预测其出警平均速度，确定消防站到辖区最远点距离，任何消防站到其辖区范围最远点不应大于此距离。

7.3.2　划分方法

各类消防站的辖区面积是根据消防车到达辖区最远点的距离、消防车时速和道路情况综合确定的。消防站辖区面积计算可采用公式（7-1）计算。

$$A = 2P^2 = 2 \times (S/\lambda)^2 \tag{7-1}$$

式中：A——消防站辖区面积（km²）；

P——消防站到辖区最远点的直线距离，即消防站保护半径（km）；

S——消防站到辖区边缘最远点的实际距离，即消防车4min的最远行驶路程（km）；

λ——道路曲度系数，即两点间实际交通距离与直线距离之比，通常取1.3～1.5。

具体计算时，应结合区域建筑密集程度，通过预测其出警平均速度，确定消防站至辖区最远点距离，任何消防站到其辖区范围最远点不应大于此距离。在城市建筑和人员密集区，按行驶时间不超过4min计算，取道路平均非直线系数为1.2～1.5，预测其消防出警平均行驶速度为40～50km/h，则消防站到辖区最远点距离为2.4km；在城市建筑和人员非密集区，按行驶时间不超过4min计算，取道路平均非直线系数为1.2～1.3，预测其消防出警平均行驶速度为75～85km/h，则消防站到辖区最远点距离为4.4km。

同时，针对城市的火灾风险，通过风险评估确定消防站的辖区范围是当今国内外消防站规划布局的一种新方法。英、美、德等发达国家，针对火灾风险的不同，确定不同的消防车行车到场时间，结合规划区内交通道路、行车速度、地形地貌、消防站布局现状以及当地经济发展等因素，通过风险评估提供优化方案，为确定消防站的数量、位置和辖区范围提供依据。

随着GIS技术的快速发展，利用ArcGIS软件内嵌技术模块开展消防站选址优化研究得到广泛应用。GIS技术分析城市消防站布局主要包括消防基本单元划分、消防路网模型构建和消防站选址及优化等三大步骤。在消防站GIS选址优化中一般先利用最小化设施数量模型确定最低的消防站数量，再利用最大化覆盖需求点模型对设施的空间布局进行优化，以求达到较高的技术经济合理性[64,65]。

1）消防基本单元划分

消防基本单元是GIS城市消防站布局的基本要素，是模型模拟的主要部分。理论上每栋建筑都有发生火灾的可能性，都应为潜在的火灾发生点，但在实际应用中可将若干相邻建筑物合并到一个消防基本单元中，然后使用各单元的中心点代表火灾发生位置[66]。火灾风险性和防护等级较高的区域，消防基本单元面积较小；火灾风险性和防护等级较低的区域，反之。基于已设定的城市消防基本单元，进一步设定消防站候选地址，消防站候选地址需满足前述章节中要求。

2）消防路网模型构建

城市路网建设和交通畅通情况是影响城市消防站布局和优化的重要因素。消防路网模型一般以快速路、主干路为骨架，以次干路、支路为补充。综合考虑道路等级划分、地区交通管控政策、主要道路交通运行现状及饱和度、道路规划设计条件等因素，合理确定不同道路的设计时速。

3）消防站选址及优化

消防站选址及优化中借助GIS的“位置分配”功能，给定已有消防站（消防中队）位置和消防站候选设施地址。首先使用最小化设施点模型计算满足消防需求的最少消防站个数，而后使用最大化覆盖范围模型进行消防站布局，使得在该最少消防站数量下，消防站服务范围内火灾需求点最多，且在规定时间内消防车未能到达的区域最少。

最小化设施点模型目标是在所有候选的设施选址中选出数目尽量少的设施，使得位于设备最大服务半径之内的设施需求点最多。该模型自动在设施数量和最大化覆盖范围中计算平衡点，自动求出合适的设施数量和位置，而不需要用户设定设施数量。最大化覆盖范围模型的目标是在所有候选设施选址中挑选出一定数量消防站的空间位置，使位于消防站最大服务半径之内的消防需求点最多。此模型关注的是消防站最大覆盖问题，消防需求点到消防站的距离只要在服务半径之内，不论距离的长短，即可认为点位享受到了足够的服务。模型中设置的选择阻抗为车行时间，根据规范一般按消防车行驶时间不超过4min计算。

综合分析最小设施点布设和最大范围设施点布设两种方案，并结合城市近远期用地规划、火灾风险评估和火灾防护等级分析情况，对现状和规划预留消防站的辖区进行多方案分析，优化调整重叠的消防站辖区和消防覆盖盲区，从而达到用最少的消防站实现消防辖区的最大化或者全部覆盖。

7.4 社区小型消防站规划

长期以来，我国大中城市面临消防站、市政消火栓、多种形式消防队伍等公共消防基础设施建设跟不上城市发展的“快节奏”，历史欠账较多。同时，随着我市汽车保有量日渐增多，城市交通道路拥堵，消防车到达火灾现场的时间大幅增加，严重影响了灭火应急救援的效率。在目前消防站建设周期长、用地困难、兵源不足的情况下，社区小型消防站占地少、成本低、建设周期短，可以在短时间内迅速铺开，是弥补专业消防场站不足的有效途径，有利于尽快形成立体的网格化快速灭火救援体系，达到火灾“灭小、灭早、灭初期”的目标。

社区小型消防站以灭小、灭早和“五分钟到场”扑救初起火灾为目标，划定网格化快速灭火单元。一个城市社区应建设一个小型消防站。当满足以下条件之一的社区，可不另行设置小型消防站：社区内建设有公安消防中队、社区消防分队（加强型消防分队）、街道专职消防队的；社区面积较小，可由相邻的社区小型消防站覆盖，5min 到达社区任意位置的。

社区小型消防站各功能用房标准参照《乡镇消防队标准》GA/T 998 设置，应当满足消防员基本的值班、备勤、办公、生活功能需求，30m 范围内应当有停放消防车的区域或空间，各种用房的使用面积指标不应低于表 7-3 规定。

社区小型消防站应设正、副队长各 1 名，每班设班长 1 名，并明确 1 名通信员、1 名火场安全员，驾驶员可兼任通信员。社区小型消防站一个班次执勤人员配备，可按所配消防车每台平均定员 6 人确定，每班次执勤人数不得少于 12 人。

社区小型消防站的消防车辆配备，配备不少于 1 辆水罐或泡沫消防车，水罐或泡沫消防车的载水量不应小于 1.5t，配备不应少于 1 辆消防摩托车。

社区小型消防站的正、副队长、战斗员个人防护和灭火、抢险救援器材装备配备，应满足扑救本辖区内火灾和应急救援的需要，可根据实际情况选配其他特种装备，所有器材装备应符合相关国家标准或行业标准的要求（图 7-1）。具体内容详见 8.6 节。

社区小型消防站各功能用房面积标准　　表 7-3

名称	消防站类别（m^2）
	小型消防站
办公室、会议室	35
备勤室	35～70
餐厅、厨房	25～60
器材库	25～50
副食品库	10～20
洗漱间	15～30
合计（m^2）	145～280

图 7-1　深圳某社区小型消防站

7.5　微型消防站规划

为积极引导和规范志愿消防队伍建设，推动落实单位主体责任，着力提高重点单位自查自纠、自防自救的能力，建设“有人员、有器材、有战斗力”的重点单位微型消防站，实现有效处置初起火灾的目标，2015 年 11 月 11 日，公安部消防局印发了《消防安全重点单位微型消防站建设标准（试行）》《社区微型消防站建设标准（试行）》。

微型消防站是以救早、灭小和“3 分钟到场”扑救初起火灾为目标，依托单位志愿消防队伍和社区群防群治队伍，在消防安全重点单位和社区建设的最小消防组织单元。根据其服务对象，可分为消防安全重点单位微型消防站和社区微型消防站。

消防安全重点单位可按区域联防机制联合建立微型消防站，火灾高危单位单独建立微型消防站。厂（场、园、院）区占地面积超过 80000m^2 的单位，应建立微型消防站。城乡居民社区应建立微型消防站。

图 7-2　微型消防站

微型消防站可参考普通消防站选址要求进行选址（图 7-2)。微型消防站应具备值班备勤室、器材库等业务用房，可与消防控制室合用。微型消防站的场地和用房，可在满足使用功能需要的前提下，以附建形式设置在单位建筑内恰当位置。区域联防单位的微型消防站的场地和用房宜设置在较大规模单位建筑的首层。具备条件的单位，也可单独设置。社区微型消防站应充分利用社区服务中心等现有的场地、设施，设置在便于人员出动、器材取用的位置，房间和场地应满足日常值守、放置消防器材的基本要求。

微型消防站应纳入当地灭火救援联勤联动体系，参与周边区域灭火处置工作。

7.6　水上消防站规划布局

7.6.1　水上消防站布局原则

海滨、沿江、沿河城市一般建有各类港口，各种船舶活动频繁，水上火灾风险和抢险救援任务越来越重。根据《城市消防规划规范》GB 51080、《城市消防站建设标准》（建标 152）等，有水上消防任务的水域应设置水上消防站。水上消防站设置和布局应符合下列规定：

（1）水上消防站应设置供消防艇靠泊的岸线，岸线长度不应小于消防艇靠泊所需长度，河流、湖泊的消防艇靠泊岸线长度不应小于 100m；

（2）水上消防站应设置陆上基地，陆上基地用地面积应与陆上二级普通消防站的用地面积相同；

（3）水上消防站布局，应以消防队接到出动指令后 30min 内可到达其辖区边缘为原则确定，消防队至其辖区边缘的距离不大于 30km。

水上消防站应设置供消防艇靠泊的岸线，以满足消防艇靠泊、维修、补给等功能的需要。河流、湖泊的消防艇靠泊岸线长度不应小于 100m，是根据停靠常规的 1～2 艘消防艇和 1 艘指挥艇的需要确定的。在城市边缘地区、沿岸用地功能不复杂、港口码头较少、行驶船只较少的水域，水上消防站到辖区边缘的距离可适当增加。

7.6.2　水上消防站选址要求

水上消防站选址应符合下列规定：

（1）水上消防站应靠近港区、码头，避开港区、码头的作业区，避开水电站、大坝和水流不稳定水域。内河水上消防站宜设置在主要港区、码头的上游位置。

（2）当水上消防站辖区内有危险品码头或沿岸有危险品场所或设施时，水上消防站及其陆上基地边界距危险品部位不应小于200m。

（3）水上消防站趸船与陆上基地之间的距离不应大于500m，且不得跨越高速公路、城市快速路、铁路干线。

辖区内有危险品码头或沿岸有危险品场所或设施的，水上消防站及其陆上基地选址应考虑自身安全问题。

水上消防站设置在相应的陆上基地，一般具有水陆两用功能。陆上基地用地面积及选址条件与陆上一级普通消防站相同。水上消防站建设用地面积暂无具体规定，具体可根据消防职能参考陆上消防站用地面积规定，并考虑水上码头设置需求进行综合确定。

图7-3　深圳盐田水上消防站

目前，上海、深圳、大连、三亚等城市，结合港口开发建设，已建设海陆两用消防站（图7-3）。重庆、绍兴等河道水系资源丰富的城市，也建设有水陆两用消防站。如海南洋浦港海陆消防站是集灭火、救援和实战训练为一体的大型综合性海陆消防站，位于洋浦石化功能区内占地面积43亩，总建筑面积10596m^2，总投资2.48亿元，由海上和陆地两部分组成，主要包括海陆消防站、物资仓库、海上消防指挥调度、消防装备库、官兵营房、综合训练楼、培训中心、消防车车库等。配备16辆大功率、高性能消防车和排水量为1200t级的海上消防船。

7.7　航空消防站规划布局

7.7.1　航空消防站设置规定

随着城市发展，高层建筑不断建成，城市消防呈现综合性、立体化的发展方向，现有地面消防体系服务能力的局限性不断显现。同时，由于森林火灾发生多位于地势险峻、交通不便的区域，灭火人员很难及时赶到现场，造成火势和灾害的扩大。航空消防站的重要性不断提高。根据相关规范，航空消防站设置应符合下列规定：

（1）人口规模100万人及以上的城市和确有航空消防任务的城市，宜独立设置航空消防站，并应符合当地空管部门的要求；

（2）除消防直升机站场外，航空消防站的陆上基地用地面积应与陆上一级普通消防站用地面积相同；

图 7-4　消防直升机

图片来源：中国政府网[Online Image]. [2019-5-7]. http://big5.gov.cn/gate/big5/www.gov.cn/xinwen/2014-05/10/content_2676967.htm

（3）结合其他机场设置消防直升机站场的航空消防站，其陆上基地建筑应独立设置；当独立设置确有困难时，消防用房可与机场建筑合建，但应有独立的功能分区；

（4）航空消防站飞行员、空勤人员训练基地宜结合城市现有资源设置。

航空消防站的功能宜多样化，并应综合考虑消防人员执勤备战、迅速出动、技能和体能训练、学习、生活等多方面的需要（图 7-4）。

7.7.2　消防直升机临时起降点设置规定

消防直升机起降点设置应符合下列规定：

（1）结合城市综合防灾体系、避难场地规划，在高层建筑密集区、城市广场、运动场、公园、绿地等处设置消防直升机的固定或临时的地面起降点；

（2）消防直升机地面起降点场地应开阔、平整，场地的短边长度不应小于 22m；场地的周边 20m 范围内不得栽种高大树木，不得设置架空线路。

灾害事故状态下，为了便于消防直升机实施救援作业、提高效能，要求城市的高层建筑密集区和广场、运动场、公园、绿地等防灾避难场地均应设置消防直升机临时或固定起降点，地面起降点场地及环境应符合相关要求（图 7-5）。

图 7-5　直升机临时起降点（停车场、学校操场）

7.8　消防站用地管理

7.8.1　消防站用地要求

各类消防站的建设用地应根据建筑要求和节约用地的原则确定。消防站的建设用地面积指标是消防站规划建设的重要指标，各地在确定消防站建设用地面积时，可采用容积率进行折算。消防站建设用地包括消防站的房屋建筑用地面积和室外训练场地、消防车回车场地、消防车出入消防站和训练场地的道路、自装卸模块堆放场等满足消防站使用功能需要的基本功能建设用地面积，以及绿化和车道等非基本功能建设用地。

在确定消防站建设用地总面积时，可按容积率进行测算。由于各地绿地率的规定不尽相同，各地在确定消防站建设用地时，可根据当地的有关规定执行，但必须要保证基本功能建设用地面积。建筑宜为低层或多层，容积率宜为0.5～0.6，绿地率应符合当地城市规划行政部门的相关规定，机动车停车应符合当地城市行政管理部门的相关规定。小型消防站容积率可取0.8～0.9，如绿化用地难以保证时，容积率宜控制在1.0～1.1。在条件许可的情况下，容积率宜优先选取下限值。

消防站用地面积指标（m^2）　　**表7-4**

消防站类型	建筑面积（m^2）	容积率	基本功能建设用地面积（m^2）
一级普通消防站	2700～4000	0.5～0.6	3900～5600
二级普通消防站	1800～2700		2300～3800
小型普通消防站	650～1000	0.8～0.9，当绿化用地难以保证时，宜控制在1.0～1.1	600～1000
特勤消防站	4000～5600	0.5～0.6	5600～7200
战勤保障消防站	4600～6800		6200～7900

注：上述指标未包含站内消防车道、绿化用地面积。

表7-4中建设用地面积为满足消防站使用功能需要的基本功能建设用地面积指标，该指标不包括绿化和车道等非基本功能建设用地。其中，考虑到建设小型站的主要原因是大城市用地紧张。因此，在测定小型站用地面积时，仅考虑执勤备战所需的最基本用房的占地面积和基本室外场地面积，其中，基本用房的占地面积主要考虑了车库、通信室、配电室、锅炉房等用房及楼梯间等需要设置在首层的建筑。室外场地主要考虑了小型消防站必需的回车场地，以及日常消防车辆与装备器材在室外场地上进行清点检查、维护保养等的需求。消防站建设用地还应能满足业务训练的需要。对建设用地紧张且难以达到标准的城市，可结合本地实际，集中建设训练场地或训练基地，以保障消防员开展正常的业务训练。

水上和航空消防站建设用地面积应结合码头岸线、直升机起降等要求，参照陆上消防站确定。

在建设用地有限但又需设置消防站的情况下，可将消防站附建在综合性建筑内。在这种情况下，设在综合性建筑物中的消防站应自成一区，并有专用出入口，确保消防站人员、车辆出动的安全、迅速。这种建设形式存在室外训练场地缺乏、消防员执勤环境易干扰、消防车出入对建筑物其他使用功能影响大等缺点。

深圳市罗湖区某中队为一级普通消防站，辖区面积7.2km^2，采用附建形式，建筑面积3760m^2，见图7-6（*a*）。同时，也可在地块内进行合建，各成一区。如上海市浦东新区某消防站为一级消防站，占地面积 6511m²，与商务办公楼合建。在地块内建造消防综合楼、门卫、训练塔及一栋 13048m² 的商务办公楼，见图 7-6（*b*）。

(*a*)

(*b*)

图 7-6　附建式与合建式消防站

（*a*）深圳罗湖某消防站（附建式）；（*b*）上海浦东某消防站（合建式）

此外，有学者提出“消防站综合体”的概念，即基于消防站功能和公寓、宿舍、办公等其他使用空间合建的综合体建筑，可分为“单体式”及“群组式”[67]。如深圳福景消防站，位于人口密度相对较高的中心城区，为二级普通消防站，建设用地面积 2386.1m²，总建筑面积 16965.4m²；项目地块较为方正，人才公寓与消防站水平并置，互不干扰，且具有各自独立人行出入及车辆出入；项目设计中，消防站主体需与地铁风亭合建，形成消防站、地铁风亭、人才公寓三功能合一的消防站综合体。如深圳五和消防站，位于人口密度相对不高的非中心城区，为特勤消防站，建设用地面积约 6362.0m²，建筑面积 27507.3m²，呈梯形，由于用地宽敞，可将人才公寓与消防站完全脱离设置，使两者间的场地布置更合理，且能各自独立，人行出入及车辆出入互不干扰。

7.8.2　消防站用地管控

消防站用地管理应重点对消防站等级、规模、用地界线、用地面积、建筑限高、建筑面积、容积率、绿地率、交通组织、建筑退让、消防车位及人员配备等要素进行管理和控制。各城市应将消防站及各类设施用地纳入城市黄线规划，通过明确黄线规划的法定地位来保障消防基础设施用地。在城市黄线内新建、改建、扩建各类建筑物、构筑物、道路、管线和其他工程设施，应当依法向规划主管部门申请办理城市规划许可，并依据有关法律、法规办理相关手续。迁移、拆除市政设施保护范围内城市基础设施的，应当依据有关法律、法规办理相关手续。

针对控制性详细规划已覆盖的区域，将消防站用地落实到城市法定规划用地中，进行刚性控制，控制指标包括消防站辖区范围、用地红线、用地面积、容积率、建筑密度、建筑限高、出入口方位、绿化率等。针对控制性详细规划尚未覆盖的区域，主要进行建设条件的弹性控制，内容包括建设规模、建设标准等。

城市规划、土地、建设、消防监督等行政主管部门，应严格按照城市法定规划进行消防站用地和建设管理。任何单位和个人不得占用消防站用地进行其他建设活动，不得将消防站用地与其他用地进行商业、开发性质的土地置换，对于城市重大市政工程、公益事业建设项目确需调整置换消防站用地的，应另行选择新的、合理的消防站用地后，才能调整置换消防站用地。

7.9 相关消防基地

7.9.1 消防训练培训基地

1. 设置要求

消防训练基地的建设规模，应根据公安机关消防机构的级别和所属公安消防部队编制人数确定。训练基地可分为总队级和支队级两级，其设置应符合下列规定：

（1）省、自治区、直辖市的公安机关消防机构应设置总队级训练基地；

（2）副省级市和地级市的公安机关消防机构应设置支队级训练基地；

（3）直辖市的区级公安机关消防机构可根据编制及业务需求情况设置支队级训练基地。

消防训练基地根据建设规模分为6类，宜符合表7-5的规定。

训练基地建设规模分类　　表7-5

建设规模分类	总队级训练基地			支队级训练基地		
	一类	二类	三类	一类	二类	三类
所属公安消防部队编制人数（人）	＞5500	5500～3000	＜3000	＞400	400～200	＜200

消防训练基地的建设项目由场地、房屋建筑、训练设施及配套设备和训练装备等部分构成。训练基地的场地包括训练场、道路、绿地、停车场等。训练基地的房屋建筑包括教学用房、训练及辅助用房、生活及附属用房等。训练基地的训练设施包括体技能训练设施、灾害事故处置训练设施和战勤保障训练设施等。训练基地的训练设施配套设备包括供排水设备、污水处理设备、电气设备和燃料供给设备等。训练基地的训练装备主要包括用于训练的各种消防车辆、灭火器材、灭火剂、抢险救援器材、消防员防护装备、通信器材等。

2. 选址与布局

总队级训练基地宜设置在省会（首府）城市。训练基地的选址应符合下列条件：

（1）应选择工程地质和水文地质条件较好的区域，避免选在可能发生严重自然灾害的区域。

（2）应选择交通便利，以及供电、给水排水、供气和通信等基础设施条件比较完善的区域。

（3）训练基地与重大工程、危险源和污染源的距离，应符合国家有关防护距离的规定。

（4）应充分考虑消防训练的特殊性，统筹协调与周边环境的关系。

消防训练基地的规划布局应符合下列规定：

（1）训练基地的场地、房屋建筑、训练设施应布局合理，节约用地。

（2）训练基地应有面向城市道路的专用出入口，并满足消防车辆的通行要求。

（3）训练基地的平面布置应根据基地化训练的需求，进行合理的功能分区，分为训练区、教学区和生活区等，各区之间应联系方便、互不干扰。

（4）训练区与教学区、生活区应有合理的间隔。训练区由训练设施、配套训练场、配套设备用房组成，各类训练设施应保持合理的间距，配套充足的训练场地，以保证训练的顺利开展和安全。

（5）教学区和生活区应布置在训练基地相对安静的区域，并应根据当地气象条件，优化建筑物的朝向、间距、通风和绿化，为受训人员和基地工作人员提供良好的工作和生活环境。

3. 用地要求

消防训练基地的建设用地应满足本地区公安机关消防机构基地化训练的需要，并为今后发展留有余地。训练基地教学区和生活区的绿地率宜为30%，建筑密度不宜超过40%，容积率宜为0.6～1.5。消防训练基地的建筑面积指标应符合表7-6的规定。

训练基地建筑面积指标 **表7-6**

建设规模分类 / 面积指标	总队级训练基地			支队级训练基地		
	一类	二类	一类	二类	一类	二类
建筑面积（m^2）	41000～36600	36600～27900	<27900	16000～13800	13800～8800	<8800

消防训练基地各类用房的建筑面积占总建筑面积的比例，可参照表7-7的规定。使用面积系数平均按0.65计算。

训练基地各类用房建筑面积占总建筑面积的比例（%） **表7-7**

建设规模分类 / 房屋类别	总队级训练基地			支队级训练基地		
	一类	二类	一类	二类	一类	二类
教学用房	31	30	27	26	23	14
训练及辅助用房	19	21	28	30	36	55
生活及辅助用房	50	49	45	44	41	31

注：各类用房建筑面积占总建筑面积的比例可根据消防训练的实际需求进行适当调整。

广西南宁消防训练基地位于南宁市五象新区，占地面积32.4hm^2，总建筑面积31万m^2。训练基地分三期建设，第一期总投资2.88亿元。训练基地由综合训练区、行政教学区、生活保障区三大区域组成，集战勤保障大队、消防搜救犬大队、战备仓库、防护装备仓库、陆航大队、烧伤医院、市民应对自然灾害突发性事故模拟培训中心等功能为一体。

其主要任务是为消防部队培养输送专业技术人才，面向社会开放消防安全教育和消防技能培训。其中，综合训练区由高层综合训练塔、各类灾害事故综合模拟训练场、战备燃料供给站、教学楼、观礼台、运动场等组成，设有可供各类消防技能训练的训练设施，能够模拟各类灾害现场，供学员开展高层建筑、地下设施、化工、油罐及交通事故等灾害处置的实战演练，还能开展各类高空拓展心理训练、极限体能综合训练和各项应急救援训练；行政教学区由培训中心大楼、特勤二大队、战勤保障大队、陆航大队、搜救犬大队营房组成；生活保障区由烧伤医院、各类灾害模拟训练楼等组成，设置有休闲广场，配置有停车场。通过一系列项目建设的实施，广西南宁消防训练基地有望成为集现代化多功能指挥、训练备勤、战勤保障、社会化消防安全培训、消防医疗为一体，全国最先进、规模最大、设施最集中的消防训练基地（图 7-7）。

图 7-7　广西南宁消防训练基地

图片来源：南宁消防网[Online image]. [2019-5-7]. http://www.nn119.com/news/show-658.aspx

香港消防及救护学院位于新界将军澳，占地 15.8hm²，能够提供 526 个培训宿位（图 7-8）。学院内特设多项模拟训练设施，包括灭火救援综合训练楼、室内烟火特性训练室、交通事故（含轨道交通）救援训练区、水上事故救援训练区、飞机事故处置训练区、坍塌事故救援搜救综合训练区、高空拯救训练区、客运索道事故救援训练区和石油化工训练区等 10 余种实用性强、功能齐全的训练设施。

图 7-8　香港消防及救护学院

图片来源：中国新闻网[Online Image]. [2019-5-7]. https://baijiahao.baidu.com/s?id=1607959311571902525&wfr=spider&for=pc

英国消防学院建立于 1938 年，位于格洛斯特郡，占地 223hm²。有教官 260 名，学院一次可容纳学员 600 名，是目前世界上最大的消防学校。英国消防学校的教学设备比较完善。有电化教室 8 个、计算机教室 2 个，有各类实验室、体验室、设备演示教学室，有消防产品介绍及演示系统等。学院不仅采用高科技的电化教学手段，还特别突出实战性。结合理论教学，设置了对几乎所有火灾，如飞机、汽车、船舶、高层、地下、化工、气体、生物、放射、百货、酒吧等火灾扑救的模拟训练现场。针对飞机灾难事故和火灾事故的训练场所就有 5 个，船体式建筑也充分体现了逼真性和实用性。

7.9.2 消防战勤保障中心

2015年公安部消防局发布《关于深入推进消防战勤保障体系建设的意见》，要求各地总队确保消防战勤保障体系建设工作稳步推进。消防战勤保障体系是消防部门为满足现代大规模灭火救援实战和队伍日常保障需要，以提高物资、装备、技术和生活保障能力为核心，充分发挥后勤工作对消防队伍全面保障作用所构建的新型保障模式。其主要职能为技术保障、物资保障、生活保障及社会联勤保障。

消防战勤保障中心，即战勤保障消防站，是消防战勤保障体系建设的核心，主要承担辖区范围内灭火救援的应急保障任务，消防车辆配备和物资储备与保障任务相匹配。消防战勤保障中心一般为区域级战勤保障中心，保障范围不仅包括所在城市，还应兼顾周边城市。同时，为强化消防战勤保障中心的保障功能，消防战勤保障中心不宜单独划分辖区面积。

消防战勤保障中心一般可下设技术、物资、生活保障分队，编配器材补充、快速供气、装备抢修、油料供应、药剂补给、防护装具、被装供应、饮食供应、医疗救护、社会联动等保障小组。消防战勤保障中心辖区含有文物古建筑的，应设立相应的保障小组，协助文物古建筑单位做好灭火救援保障工作。

消防战勤保障中心建设规划力求科学、合理，充分考虑总体布局和用地功能，应符合城镇规划和《城市消防站建设标准》（建标152）的有关要求，合理安排各类营房设施项目的建设，且留有发展用地，确保战勤保障发展的需要。消防战勤保障中心建设用地，要按照节约集约用地原则，充分利用现有建设用地，提高土地利用效率。合理利用汽车修理所、物资储备库、空气呼吸器充气站等现有条件，设置装备器材修理间、车库、仓储区、办公生活区等，具体指标可参考表7-1。同时，消防战勤保障中心可单独设置，也可与普通消防站、消防训练培训基地、消防车辆维修基地等消防设施合并建设。

7.9.3 消防车辆及装备维修基地

随着消防建设要求的不断提高，消防车辆和装备无论在数量还是在技术含量上都有了显著提升。但是，随着消防车辆、器材装备的更新换代，消防车辆、装备维护水平跟不上的问题逐步凸显，给消防车辆、装备的效能发挥和战斗力的提升带来了不同程度的影响。建设具有专项职能的消防车辆及装备维修基地显得尤为必要。

消防车辆及装备维修基地主要承担消防车辆及装备的日常维修、保养任务。可单独设置，也可与普通消防站、消防训练培训基地、消防战勤保障中心等消防设施合并建设。消防车辆及装备维修基地建设有助于进一步优化消防战勤保障整体布局，整体提升消防战勤保障硬件实力，为区域内重特大灾害事故救援和大型活动消防安保提供快速、高效的战勤服务保障。

目前，国内的北京、上海、深圳等城市已建设消防车辆及装备维修基地。上海消防特种车辆装备维修中心用地面积30755m^2，总建筑面积17815m^2，于2016年10月建成投入使用。该中心是全国6个进口消防车辆装备区域性维修中心之一，主要承担进口消防车辆、常用进口消防装备、国产消防车辆和装备检测、维护、校验、维修及技术培训功能。

深圳市消防车辆维修基地与深圳市消防战勤保障中心合并修建，总用地面积 26799m²，主要承担深圳市内消防车辆、消防装备的检测、维护、校验、维修及技术培训功能。

7.10 专职消防队

专职消防队包括政府专职消防队和企业专职消防队。政府专职消防队是指除公安消防队以外，由地方人民政府、街道办事处和各类园区管理委员会组建的专职从事火灾扑救、应急救援等消防工作的队伍。企业事业单位专职消防队是指由企业事业单位组建的专职从事火灾扑救、应急救援等消防工作的队伍。专职消防队在城市消防体系中是一支重要的消防力量。

专职消防队主要履行以下职责：

（1）承担本地区或者本单位的灭火救援、防火巡查和消防宣传培训工作；

（2）参加危险化学品事故、建筑物倒塌事故、交通事故等突发事故和自然灾害的应急救援工作；

（3）接受当地县级以上公安机关消防机构的调度指挥，参与其他地区、单位的灭火救援。

7.10.1 企业专职消防队

1. 设置条件

根据《关于规范和加强企业专职消防队伍建设的指导意见》（公通字〔2016〕25 号）要求，下列企业应当按照规定建立专职消防队，配置相应的人员、装备、训练设施和站舍等设施：

（1）核电厂等大型核设施营运单位按照《核电厂消防安全监督管理规定》（科工法〔2006〕1191 号）、《核电厂防火准则》EJ/T 1082 等规定，建立专职消防队。

（2）大型火力、水力、新能源发电厂按照《电力安全生产监督管理办法》（发展改革委令第 21 号）、《火力发电厂与变电站设计防火标准》GB 50229、《水利水电工程设计防火规范》SDJ 278 等规定，建立专职消防队。

（3）民用机场按照《民用航空运输机场飞行区消防设施》MH/T 7015、《民用航空运输机场消防站消防装备配备》MH/T 7002 等规定，建立专职消防队。

（4）主要港口内符合建队条件的大型港口企业按照《港口消防站布局与建设标准（试行）》[（1988）交公安字 170 号]、《海港总体设计规范》JTS 165、《港口消防监督实施办法》（交通部令〔1998〕2 号）、《装卸油品码头防火设计规范》JTJ 237 等规定，建立专职消防队。

（5）生产、储存易燃易爆化学危险品的大型企业分别按照《石油化工企业设计防火标准》GB 50160、《油气田消防站建设规范》SY/T 6670、《石油天然气工程设计防火规范》GB 50183、《石油库设计规范》GB 50074、《石油储备库设计规范》GB 50737 等规定，建立专职消防队。

（6）储备易燃、可燃重要物资的大型仓库、基地按照《国家物资储备仓库安全保卫办法》（发展改革委、公安部令第 12 号）、《仓库防火安全管理规则》（公安部令第 6 号）、《棉麻仓库建设标准》（建标〔2002〕178 号）等规定，建立专职消防队。

（7）酒类、钢铁冶金、烟草等企业分别按照《酒厂设计防火规范》GB 50694、《钢铁冶金企业设计防火规范》GB 50414、《烟草行业消防安全管理规定》（国家烟草专卖局、公安部令第 1 号）、《卷烟厂设计规范》YC/T 9 等规定，建立专职消防队。

（8）上述企业以外火灾危险性较大、距离公安消防队或政府专职消防队较远的其他大型企业，应当按照国家和地方有关规定及行业、系统有关标准，建立专职消防队（图 7-9）。

图 7-9　企业专职消防队

图片来源：中国政府网 [Online Image].[2019-5-7]. http://news.china.com.cn/txt/2018-11/07/content_70804090.htm

大型企业是指超过《中小企业划型标准规定》（工信部联企业〔2011〕300 号）中型企业上限的企业；距离公安消防队或政府专职消防队较远是指按照《城市消防站建设标准》（建标 152），公安消防队、政府专职消防队接到出动指令后到达该企业的时间超过 5min。

2. 建队标准

已出台企业专职消防队建设标准相关规定的部分地区，应按照规定执行。未出台相关规定的地区，企业专职消防队的建设标准可参考以下规定：大型石化企业建立的专职消防队，建设标准应按照《城市消防站建设标准》（建标 152）中特勤消防站的标准执行，并结合行业需求配备消防车辆和器材装备，配齐配足专职消防队员。其他生产、储存易燃易爆化学危险品的大型企业建立的专职消防队，建设标准应按照不低于《城市消防站建设标准》（建标 152）中一级普通消防站的标准执行。其余大型企业建立的专职消防队，建设标准应按照不低于《城市消防站建设标准》（建标 152）中二级普通消防站的标准执行。企业按照建设规模可以分为支队、大队、中队。

3. 运行管理

企业专职消防队实行队长负责制，队长应当为企业正式职工，并具备一定的灭火、防火知识和组织指挥能力。

企业专职消防队实行 24h 战备值班制度，专职消防支队、大队、中队设值班领导、值班员，中队设值班队长和各类执勤人员。支（大）队值班领导由支（大）队领导轮流担任；中队值班队长由专职队长轮流担任。专职消防队应开展经常性战备教育，严格执勤战斗装备管理，保证随时处于完好状态。专职消防队当班率应根据本单位的火灾危险性和灾害等级规模预警情况，满足当日执勤战斗匹配需要。

企业专职消防队应参照《公安消防部队灭火救援业务训练与考核大纲》的规定，根据本单位实际拟定教育训练计划并组织实施，编制灭火救援预案并开展不同时段、不同天气情况下的针对性熟悉演练。加强与公安消防部门的联勤联训，每年分批组织专职消防队员到当地公安消防中队或政府专职消防队进行不少于15d的驻队轮训，提高协同作战能力。新入职的专职消防队员应进行不少于30d的岗前培训，经考核合格后上岗执勤。

企业专职消防队应当纳入公安消防灭火救援指挥调度体系，并明确联勤联动通信方式，在灭火救援时接受公安消防部门的统一调动和组织指挥。企业专职消防队之间应当建立区域联勤联动机制。

4. 核电消防站

按照《关于规范和加强企业专职消防队伍建设的指导意见》（公通字〔2016〕25号），核电厂等大型核设施营运单位按照《核电厂消防安全监督管理规定》（科工法〔2006〕1191号）、《核电厂防火准则》EJ/T 1082等规定，建立专职消防队，必要时可设置核电厂消防站。

核电厂专职消防队或消防站的选址、布局等，应参考《城市消防规划规范》GB 51080，《城市消防站建设标准》（建标152）执行。建设标准应按照《城市消防站建设标准》（建标152）中特勤消防站的标准执行，并结合行业需求配备消防车辆和器材装备，配齐配足专职消防队员。

核电厂专职消防队实行24h值勤，战备人数应满足全厂消防需要（图7-11）。针对核电厂火灾风险特点，专职消防队的队员培训、装备建设应满足应急处置的特殊需要。核电厂专职消防队每年必须进行消防演习。核电厂专职消防队灭火演练每月不应少于2次。

目前，我国大陆地区的秦山核电厂为公安消防部队，其余核电厂主要为企业专职消防队，对于核电厂专职消防队的规范化、标准化管理，目前还处在初期探索阶段。如浙江三门核电站位于浙江省台州市三门县，总占地面积740万 m^2，可分别安装6台125万kW核电机组(AP1000)，装机总容量将达到750万kW。浙江三门核电专职消防队组建于2007年，消防队共有36人，4辆消防车和1辆抢险救援车，消防队实行准军事化管理(图7-10)。海南昌江核电站位于海南省昌江县，1号机组于2015年12月25日投入商业运行；2号机组于2016年8月12日投入商业运行。昌江核电厂专职消防队于2012年4月5日正式成立，依据《城市消防站建设标准》(建标152)和昌江核电厂实际消防需要，同时参考其他核电站专职消防队建设经验，以二级普通

图7-10 三门核电专职消防队

图片来源：浙江三门核电站公众号［Online Image］.［2019-5-7］

消防站标准实施组建工作。消防队满编 30 人，共配置 5 辆消防车(一辆抢险救援车、一辆干粉泡沫联用消防车、一辆举高喷射消防车、两辆泡沫水罐车）以及完备的灭火、个人防护、抢险救援器材装备[68]。

7.10.2 政府专职消防队

1. 设置条件

根据相关规定，以及行政区域重要程度、建设面积、人口数量、生产特点等因素，设置政府专职消防队。

（1）消防站数量未达到《城市消防站建设标准》（建标 152）规定的城市和县人民政府所在地的镇；

（2）全国重点镇、中国历史文化名镇；

（3）省级重点镇、中心镇；

（4）建成区面积超过 $2km^2$ 或建成区常住人口超过 2 万人的乡（镇)、街道；

（5）易燃易爆危险品生产、经营企业或劳动密集型企业集聚的其他乡（镇)、街道和园区；

（6）其他火灾危险性较大的乡镇、街道和园区；

（7）省级以上需要建立政府专职消防队的经济技术开发区（园区)、高新技术产业开发区、旅游度假区和国家级风景名胜区等区域。

同时，对由于城市消防站建设时序过后，无法保障消防安全的地区，应设立专职消防队，直至该片区消防站建成。不满足上述建立政府专职消防队条件的乡（镇)、街道，应建立政府志愿消防队。

2. 建设标准

已出台政府专职消防队建设标准相关规定的部分地区，应按照规定执行。未有规定的地区，城市政府专职消防队的建设，包括规划选址、建筑标准、装备标准和人员配置等可参照《城市消防站建设标准》(建标 152）执行，原则上专职消防队应有独立消防站用地，其规模和配备不应低于城市二级普通消防站；其他乡镇、街道和园区政府专职消防队的建设可参照《乡镇消防队》GB/T 35547 执行。

3. 运行管理

县级以上人民政府建立的政府专职消防队由当地公安机关消防机构负责管理；乡镇、街道、园区的政府专职消防队由当地人民政府、街道办事处或者园区管理委员会负责管理，亦可委托当地县级以上公安机关消防机构或者公安派出所管理。

政府专职消防队实行 24h 值班制度，可采取“三班两运转”“两班倒”等模式，确保每天不少于 12 人在队执勤，并确保 2 名队领导在岗在位，在重点时期和重点时段，与公安消防机构实施同步等级战备。

政府专职消防队使用事业编制的人员，应当从具有消防工作知识、技能和经历的人员中公开招聘，公开招聘人员的岗位设置、程序、聘用管理和工资福利等，按照国家规定执行。

第8章　消防装备规划

8.1　消防装备规划原则

消防装备规划作为消防工程规划的重要组成部分，规划时一般应遵循如下原则：

1. 灾害处置的针对性原则

消防装备应根据各地消防站辖区内火灾及其他灾害事故的发生频率，针对不同灾害事故的处置任务，提出相应的消防装备需求。一般而言，普通消防站的消防装备配备应适应扑救本辖区内一般火灾和抢险救援的需要，特勤消防站的消防装备配备应适应扑救与处置特种火灾和灾害事故的需要，公安部消防监督部门的消防装备配备应适合消防监督工作的需要。

2. 满足大规模灾害处置能力的原则

应在灾害处置针对性原则的基础上，通过分析城市重大事故的发生概率，测算必须具有的规模灾害处置能力，提出相应的消防装备需求。

3. 合理匹配、优化组合的原则

合理匹配是指形成预期的处置能力，提出相关消防装备的品种、类型、数量及功能要求，使之性能匹配、功能配套，能够发挥组合装备的应有功效。

优化组合是指从实际灭火救援需要出发，综合考虑作战需求和技术推动两方面因素，科学确定各类消防装备的组合方式及其规模结构，形成相对完备、结构合理的城市消防装备体系。

4. 近远期结合、实施的原则

在综合制定消防装备规划的基础上，从本地区经济发展水平出发，切合实际地制定近期、中期、远期消防装备购置计划，提出消防装备经费预算，推动消防装备规划分步实施、逐步落实。

8.2　消防站装备标准

8.2.1　陆上消防站装备标准

依据《城市消防站建设标准》（建标 152），陆上消防站装备标准包括车辆配备标准和消防器材配备标准。

1. 车辆配备

普通消防站装备的配备应满足扑救本辖区内的一般火灾和抢险救援的需要，特勤消防站的装备配备应满足扑救和处置特种火灾和灾害事故的需要战勤保障站的装备配备应适应本地区灭火救援战勤保障任务的需要。

（1）消防站的消防车辆配备数量和品种应符合表 8-1 及表 8-2 的规定。

（2）消防站主要消防车辆的技术性能应符合表 8-3 及表 8-4 的规定。

陆上消防站配备车辆数量标准（单位：辆）　　**表 8-1**

消防站类别	普通站			特勤站、战勤保障站
	一级站	二级站	小型站	
消防车辆数	5～7	2～4	2	8～11

注：在条件许可的情况下，本标准中的车辆宜优先取上限值。

陆上消防站常用消防车辆品种配备标准（单位：辆）　　**表 8-2**

品种	消防站类别	普通站			特勤站	战勤保障站
		一级站	二级站	小型站		
灭火消防车	水罐或泡沫消防车	2	1	1	3	—
	压缩空气泡沫消防车	△	△	△		
	泡沫干粉联动消防车	—	—	—	△	—
	干粉消防车	△	△	—		
举高消防车	登高平台消防车	1	△	△	1	—
	云梯消防车					
	举高喷射消防车	△			△	
专勤消防车	抢险救援消防车	1	△	△	1	—
	排烟消防车	△	△	△	△	—
	照明消防车	△	△	△	△	—
	化学事故抢险救援消防车	△	—	—	△	—
	防化洗消消防车	△	—	—	△	—
	核生化侦检消防车	—	—	—	△	—
	通信指挥消防车	—	—	—	△	—
战勤保障消防车	供气消防车	—	—	—	△	1
	器材消防车	△	△	—	△	1
	供液消防车	△	—	—	△	1
	供水消防车	△	△	—	△	△
	自卸式消防车（含器材保障、生活保障、供气供液等模块）	△	△	—	△	△
	装备抢修车	—	—	—	—	1
	饮食保障车	—	—	—	—	1
	加油车	—	—	—	—	1
	运兵车	—	—	—	—	1
	宿营车	—	—	—	—	△
	卫勤保障车	—	—	—	—	△
	发电车	—	—	—	—	△
	淋浴车	—	—	—	—	△
	工程机械车辆（挖掘机、铲车等）	—	—	—	—	△
消防摩托车		△	△	△	△	—

注：1. 表中带“△”车种由各地区根据实际需要选配。
2. 各地区在配备规定数量消防车的基础上，可根据需要选配消防摩托车。

普通消防站和特勤消防站主要消防车辆的技术性能　　表 8-3

技术性能＼消防站类别		普通消防站				特勤消防站	
		一级站		二级站 小型站			
比功率（kW/t）		应符合国家标准《消防车　第1部分：通用技术条件》GB 7956.1的规定					
水罐消防车出水性能	出口压力（MPa）	1	1.8	1	1.8	1	1.8
	流量（L/s）	40	20	40	20	60	30
登高平台、云梯消防车定额工作高度（m）		≥18		≥18		≥30	
举高喷射消防车额定工作高度（m）		≥16		≥16		≥20	
抢险救援消防车	起吊质量（kg）	≥3000		≥3000		≥5000	
	牵引质量（kg）	≥5000		≥5000		≥7000	

战勤保障站主要消防车辆的技术性能　　表 8-4

车辆名称	主要技术性能
供气消防车	可同时充气气瓶数量≥4只，灌充充气时间<2min
供液消防车	灭火药剂总载量≥4000kg
装备抢修车	额定载员≥5人，车厢距地面<50cm，箱内净高度≥180cm，车载供气、充电等设备及各类维修工具
饮食保障车	可同时保障150人以上热食、热水供应
加油车	汽、柴油双仓双枪，总载量≥3000kg
运兵车	额定载员≥30人
宿营车	额定载员≥15人

2. 消防器材配备

（1）灭火器材

普通消防站、特勤消防站的灭火器材配备不应低于表8-5规定。

普通消防站、特勤消防站灭火器材配备标准　　表 8-5

名称＼消防站类别	普通消防站			特勤消防站
	一级站	二级站	小型站	
机动消防泵（含手抬泵、浮艇泵）	2台	2台	2台	3台
移动式水带卷盘或水带槽	2个	2个	2个	3个
移动式消防炮（手动炮、遥控炮、自摆炮等）	3门	2门	2门	3门
泡沫比例混合器、泡沫液桶、泡沫枪	2套	2套	2套	2套
二节拉梯	3架	2架	2架	3架
三节拉梯	2架	1架	1架	2架
挂钩梯	3架	2架	2架	3架
低压水带	2000m	1200m	1200m	2800m
中压水带	500m	500m	500m	1000m
消火栓扳手、水枪、分水器以及接口、包布、护桥、挂钩、墙角保护器等常规器材工具	按所配车辆技术标准要求配备，并按不小于2∶1的备份比备份			

注：分水器和接口等相关附件的公称压力应与水带相匹配。

（2）抢险救援器材

抢险救援器材标准详见附录 6。

（3）防护装备

防护装备标准详见附录 7。

8.2.2 水上消防站装备标准

1. 水上消防站装备的配置要求

水上消防站所配置的消防艇数量是确定其规模的主要因素。随着经济社会发展，水上消防站服务职能也不断拓展，其抢险救援功能和作用不断提升。通过对部分城市调研，普遍认为水上消防站配置 2 艘消防艇能够符合需求。同时，建议如辖区内设有 5 万 t 以上危险化学品装卸泊位的货运码头和大型客运码头，应配置 2 艘大型消防艇或拖消两用艇；对于 5 万 t 以下危险化学品装卸泊位的货运码头，至少配置 1 艘中型或大型消防艇、拖消两用艇。其他的水上消防站可根据实际需要，配置大、中、小型消防艇或拖消两用艇。

2. 水上消防站装备配置

依据《城市消防规划规范》GB 51080，水上消防站消防船只类型及数量配置应符合表 8-6 规定要求。

水上消防站（队）消防船只配备标准　　表 8-6

装备类型	装备数量
趸船	1 艘
消防艇	1～2 艘
指挥艇	1 艘

8.2.3 航空消防站装备标准

航空消防站的装备配备可参照国内外有关标准，应有供直升机起降的停机坪，满足高空、陆（山）地等灭火救援任务的需要，重点考虑救人、侦查、摄像以及特定条件下的灭火行动，其他辅助设备和器材的配备可根据需要确定。

参考国内外相关城市规划经验，每座航空消防站配备的消防飞机数量不应少于 1 架。

8.3 消防站人员配备标准

目前除陆上消防站和战勤保障站外，水上消防站、航空消防站、车辆维修基地均没有相关标准或制度规定，本节根据国内外相关城市经验及消防规划实践，提供人员配备建议仅供参考。

8.3.1 陆上消防站人员配备标准

消防站人员由执勤人员和其他人员组成，执勤人员按各站所配车辆平均每车 6 人计算。实践证明，这种人员配备能够满足整车的灭火救援能力，有效增加了灭火救援出动车辆数，延长了执勤轮班周期，符合实际灭火救援的需要，起到了减员增效的作用。考虑到执勤人员要有一定量的机动和事、病假人员，所以，一个班次执勤人员以所配车辆平均每车 6 人进行计算。这里所指的一个班次人员编配标准，不仅指现役编制的公安消防队，还包括多种形式的消防队伍。如果是三班制、四班制的消防站，其人员配备可扩大 3～4 倍。消防站执勤人员之外的其他人员按照公安消防部队编制序列和其他有关规定执行。

依据《城市消防站建设标准》(建标 152)，消防站同时执勤人数应符合表 8-7 规定。

陆上消防站同时执勤人数（单位：人）　　**表 8-7**

消防站类别	普通消防站			特勤消防站
	一级站	二级站	小型站	
同时执勤人数	30～45	15～25	15	45～60

注：在此基础上，各地可根据实际情况适当调整，但不得减少执勤人数。

8.3.2　战勤保障站人员配备标准

战勤保障站的人员配备，根据《关于颁发（公安消防部队总队以下单位编制方案）的命令》（公政治〔2010〕239 号）和执行战勤保障任务的需要确定。战勤保障站一般下设技术保障、生活保障、卫勤保障、物资保障和社会联勤保障 5 个分队。具体人员配备见表 8-8。

战勤保障站人员配备（单位：人）　　**表 8-8**

	战勤保障站				
分队类别	技术保障	生活保障	卫勤保障	物资保障	社会联动保障
分队人员配备	8～11	8～11	8～11	8～11	8～11
合计	40～55				

8.3.3　水上消防站人员配备建议

参考国内外相关城市经验，按两艘消防船配置人员计，每艘消防船需要船长 1 人、操舵手 1 人、轮机长 1 人、轮机员 1 人、水手长 1 人、水手 3 人、消防员 4 人，则每艘船定员 12 人。计入 5%的休假探亲人员，则总共需定员 26 人。具体人员配备根据实际情况调整。

8.3.4　航空消防站人员配备建议

参考国内外相关城市经验，按两架直升机配置人员计，每架机配正副机师 2 人，外加 1 人机动，两架机配 5 人。另每架机配 3 名抢险救援人员，共计定员 11 人。具体人员配备根据实际情况调整。

8.3.5 车辆维修基地人员配备建议

参考国内外相关城市经验，考虑维修基地数量较少，每个基地均应满足各类消防车辆的维修需求，建议车辆维修基地管理人员及各类修理工人定员 39 人。具体人员配备根据实际情况调整。

8.4 消防训练基地人员及装备配备标准

8.4.1 消防训练基地人员和受训人员标准

依据《消防训练基地建设标准》(建标 190)，全国已建成总队级、支队级训练基地人员数量最大值分别见表 8-9 和表 8-10。

全国已建成总队级训练基地人员和受训人员数量最大值 表 8-9

人员种类 \ 总队级		一类	二类	三类
新兵训练日最高人数		1400 人	1200 人	800 人
干部及工作人员	师级领导干部数	2 人	2 人	2 人
	其他干部数	34 人	24 人	12 人
	机关战士数	12 人	12 人	12 人
	其他外聘人员数	74 人	67 人	47 人
	总数	1522 人	1305 人	873 人

全国已建成支队级训练基地人员和受训人员数量最大值 表 8-10

人员种类 \ 支队级		一类	二类	三类
新兵训练日最高人数		400 人	300 人	100 人
干部及工作人员	团级单位主官数	2 人	2 人	2 人
	其他干部数	4 人	2 人	2 人
	机关战士数	8 人	6 人	6 人
	其他外聘人员数	26 人	22 人	5 人
	总数	440 人	332 人	115 人

8.4.2 消防训练基地设施设备和装备标准

依据《消防训练基地建设标准》(建标 190)，总队级训练基地训练设施的建设应遵循规模适度、功能齐全、设施完善的原则；支队级训练基地训练设施的建设应结合本地实际，并应遵循统筹规划、特点突出、实用高效的原则。训练基地训练设施的设置应符合表 8-11 规定。

训练基地训练设施的设置要求　　表 8-11

训练设施类别		训练设施名称	训练基地级别	
			总队级训练基地	支队级训练基地
体技能	体能	田径场	★	★
		球类训练场	★	★
		器械训练设施	★	★
	基础技能	心理训练设施	★	★
		烟热训练设施	★	★
		燃烧训练设施	★	★
		火幕墙训练设施	★	★
		建筑构件破拆和支撑训练设施	★	☆
灾害事故处置	火灾扑救	综合训练楼	★	★
		化工装置火灾事故处置训练设施	★	☆
		油罐火灾事故处置训练设施	★	☆
		地下工程火灾事故处置训练设施	☆	☆
		船舶火灾事故处置训练设施	☆	☆
		气体储罐火灾事故处置训练设施	★	☆
		飞机火灾事故处置训练设施	☆	☆
		电气火灾事故处置训练设施	★	★
		地下建筑火灾事故处置训练设施	★	☆
		危险化学品槽罐车火灾泄漏事故处置训练设施	★	☆
	应急救援	危险化学品泄漏事故处置训练设施	★	★
		建筑倒塌事故处置训练设施	★	☆
		公路交通事故处置训练设施	★	★
		水域救助训练设施	★	☆
		山岳救助训练设施	☆	☆
		高空救助训练设施	★	★
		沟渠救助训练设施	★	☆
		受限空间救助训练设施	★	★
战勤保障		消防车辆装备维修训练设施	★	★
		驾驶员教学训练设施	★	☆
		工程机械训练设施	★	☆
		灭火剂保障训练设施	★	★

注：表中“★”为应建训练设施，“☆”为选建训练设施。

依据《消防训练基地建设标准》（建标 190），训练设施应配套相应的训练场地，训练设施和配套训练场的建设要求和用地面积指标应符合表 8-12 的规定，建设特殊训练设施可报请各级政府部门另行审批。

训练设施和配套训练场的建设要求和用地面积指标 **表 8-12**

训练设施类别		训练设施名称	主要用途	性能要求	训练设施用地面积（m²）	配套训练场用地面积（m²）
体技能	体能	田径场	开展体能训练	跑道长度应不小于400m	20500	0
		球类训练场	开展体能和身体协调性训练	含篮球场、排球场、网球场、羽毛球场等	4000	0
		器械训练设施	开展体能和身体协调性、平衡性训练	含单杠、双杠、吊环、跳箱等	800	0
	基础技能	心理训练设施	模拟各种危险工作环境，开展心理适应能力训练和主观感受以及反应能力等心理训练	性能符合《消防员高空心理训练设施技术要求》GA 943规定	1600	0
		烟热训练设施	模拟高温和浓烟环境，开展体能承受能力、心理适应能力、通过障碍能力等的训练	性能符合《网栅隔断式烟热训练室技术要求》GA 942规定	140	0
		燃烧训练设施	模拟轰燃、浓烟等环境，开展火灾扑救训练	性能符合《消防培训基地训练设施建设标准》GA/T 623规定	680	0
		火幕墙训练设施	模拟燃烧、高温等效果，开展火灾扑救训练	性能符合《火幕墙训练设施技术要求》GA/T 969规定	500	0
		建筑构件破拆和支撑训练设施	模拟建筑毁坏产生的构件单体或各种组合形式，开展各类建筑构件及其组合的破拆和支撑训练	用于破拆和支撑的墙体、围栏、门等宜建成可更换的结构，性能符合《消防应急救援 训练设施》GB/T 29177规定	300	600
灾害事故处置	火灾扑救	综合训练楼	模拟不同建筑火灾特点，开展灭火救援训练	性能符合《消防培训基地训练设施建设标准》GA/T 623规定	900	1800
		化工装置火灾事故处置训练设施	模拟化工装置的泄漏和燃烧，开展火灾扑救训练	性能符合《化工装置火灾事故处置训练设施技术要求》GA 941规定	1150	2300
		油罐火灾事故处置训练设施	模拟各种油罐中油品的沸溢、喷溅和燃烧，开展火灾扑救训练	性能符合《消防培训基地训练设施建设标准》GA/T 623规定	1500	3000

续表

训练设施类别		训练设施名称	主要用途	性能要求	训练设施用地面积（m^2）	配套训练场用地面积（m^2）
灾害事故处置	火灾扑救	地下工程火灾事故处置训练设施	模拟地铁、隧道火灾事故，开展火灾扑救训练	性能符合《消防培训基地训练设施建设标准》GA/T 623规定	700	1400
		船舶火灾事故处置训练设施	模拟船舶机舱或乘员舱等部位火灾，开展火灾扑救训练	性能符合《消防培训基地训练设施建设标准》GA/T 623规定	670	1340
		气体储罐火灾事故处置训练设施	模拟各种气体储罐的泄漏和燃烧，开展火灾扑救训练	性能符合《消防培训基地训练设施建设标准》GA/T 623规定	800	1600
		飞机火灾事故处置训练设施	模拟各种客机驾驶室、客舱、油箱等部位火灾，开展火灾扑救训练	性能符合《消防培训基地训练设施建设标准》GA/T 623规定	580	1160
		电气火灾事故处置训练设施	模拟变电室、室外油浸式变压器、架空电线电缆、开关控制柜等的带电或断电火灾，开展火灾扑救训练	性能符合《消防培训基地训练设施建设标准》GA/T 623规定	100	200
		地下建筑火灾事故处置训练设施	模拟地下仓库、地下商场、地下车库等火灾，开展火灾扑救训练	性能符合《消防培训基地训练设施建设标准》GA/T 623规定	1100	2200
		危险化学品槽罐车火灾泄漏事故处置训练设施	模拟各种危化品槽罐车发生泄漏或燃烧，开展灭火救援训练	性能符合《消防培训基地训练设施建设标准》GA/T 623规定	400	800
	应急救援	危险化学品泄漏事故处置训练设施	模拟危险化学品生产、储存或运输设备发生泄漏，开展应急救援训练	性能符合《消防应急救援 训练设施》GB/T 29177规定	600	1200
		建筑倒塌事故处置训练设施	模拟多层建筑倒塌、房梁断裂、墙体开裂和因建筑倒塌造成人员被困的现场，开展应急救援训练	性能符合《消防应急救援 训练设施》GB/T 29177规定	800	1600
		公路交通事故处置训练设施	模拟公路上发生的车辆交通事故现场，开展应急救援训练	性能符合《消防应急救援 训练设施》GB/T 29177规定	1500	0

续表

训练设施类别		训练设施名称	主要用途	性能要求	训练设施用地面积（m²）	配套训练场用地面积（m²）
灾害事故处置	应急救援	水域救助训练设施	模拟各种水域环境，开展水域救助训练	性能符合《消防应急救援 训练设施》GB/T 29177 规定	480	960
		山岳救助训练设施	模拟悬崖峭壁等，开展山岳救助训练	性能符合《消防应急救援 训练设施》GB/T 29177 规定	160	320
		高空救助训练设施	模拟高空遇险事故现场，开展应急救援训练	性能符合《消防应急救援 训练设施》GB/T 29177 规定	1600	0
		沟渠救助训练设施	模拟工程或公路坍塌事故现场，开展应急救援训练	性能符合《消防应急救援 训练设施》GB/T 29177 规定	100	200
		受限空间救助训练设施	模拟受限空间内人员被困等现场，开展应急救援训练	性能符合《消防应急救援 训练设施》GB/T 29177 规定	300	600
战勤保障		消防车辆装备维修训练设施	设有各种消防车和消防装备器材的维修训练平台，开展消防车和消防装备器材抢修、维护、保养技术训练	消防车维修训练平台至少能同时容纳 4 辆大型消防车辆开展训练	300	600
		驾驶员教学训练设施	开展消防车驾驶员的驾驶技能训练	可开展窄路驾驶、坡道驾驶、停车入位、平衡训练等	1500	0
		工程机械训练设施	开展工程机械的驾驶和操作训练	设有瓦砾堆、土堆或建（构）筑物	800	1600
		灭火剂保障训练设施	开展大流量供液训练	—	480	960

8.5 专职消防队人员及装备配备标准

地方人民政府、街道办事处、园区管理委员会、企业事业单位根据消防法律法规，结合本地区、本单位的实际需要和财力水平，可组建设立专职消防队。

8.5.1 专职消防队装备标准

城市政府专职消防队装备标准参照《城市消防站建设标准》（建标 152）执行；其他

乡镇、街道和园区政府专职消防队装备标准参照《乡镇消防队》GB/T 35547 执行。

8.5.2 专职消防队机构设置和人员配置标准

城市政府专职消防队人员配置参照《城市消防站建设标准》（建标 152）执行；其他乡镇、街道和园区政府专职消防队人员配置参照《乡镇消防队》GB/T 35547 执行。

单位专职消防队的建设应当与本单位防火灭火、应急救援的实际需要和能力相适应，按照建设规模可以分为支队、大队、中队三级。设置 2 个以上专职消防中队或者人数在 50 人以上 100 人以下的，可以成立专职消防大队；设置 5 个以上专职消防中队或者人数在 100 人以上的，可以成立专职消防支队。专职消防支队、大队下属的专职消防队称为专职消防中队。

8.6 乡镇消防队人员及装备标准

乡镇消防队在乡镇、农村承担火灾扑救、应急救援和其他消防安全工作，是覆盖城乡的灭火救援力量体系的重要组成部分。

乡镇消防队分为乡镇专职消防队和乡镇志愿消防队两类。乡镇专职消防队分为一级乡镇专职消防队和二级乡镇专职消防队。

8.6.1 人员配备

1. 人员数量

乡镇专职消防员和乡镇志愿消防员的数量不应低于表 8-13 的规定。

乡镇消防员数量[69] 表 8-13

项目	一级乡镇专职消防队	二级乡镇专职消防队	乡镇志愿消防队
乡镇消防员	≥15	≥10	≥8
其中乡镇专职消防员	≥8	≥5	≥2

2. 人员构成

乡镇消防队应设正、副队长各 1 名。乡镇消防队每班次的执勤人员配备，可按执勤消防车每台平均定员 4 名确定，其中包括 1 名班（组）长和 1 名驾驶员，其他人员配备应按有关规定执行。乡镇消防队应明确 1 名通信员、1 名安全员；乡镇志愿消防队的通信员可兼任安全员。

8.6.2 装备配备

乡镇消防队的装备，包括灭火救援装备、通信装备和通用装备等。

（1）乡镇专职消防队车辆配备，应符合表 8-14 的规定。水罐消防车的载水量不应小于 1.5t。

乡镇消防队配备车辆[69] 表 8-14

消防车种类	一级乡镇专职消防队	二级乡镇专职消防队	乡镇志愿消防队
水罐消防车	≥1	≥1	≥1*
其他灭火消防车或专勤消防车	1	1*	1*
消防摩托车	2*	1*	1

注：* 该项要求可根据当地实际情况自行确定。

（2）乡镇消防队水罐消防车的随车器材配备标准不应低于表 8-15 的规定，可根据实际情况选配其他装备。消防摩托车应根据需要配备相应随车器材。

水罐消防车随车器材配备标准[69] 表 8-15

序号	器材名称	数量	序号	器材名称	数量
1	直流水枪	4 支	12	吸水管	8 米
2	多功能消防水枪	2 支	13	吸水管扳手	2 把
3	水带	240～400m	14	消火栓扳手	2 把
4	水带挂钩	6 个	15	多功能挠钩	1 套
5	水带包布	4 个	16	强光照明灯	4 具
6	水带护桥	4 个	17	消防斧	2 把
7	分水器	2 个	18	单杠梯	1 架
8	异型接口	4 个	19	两节拉梯	1 架
9	异径接口	4 个	20	手动破拆工具组	1 套
10	机动消防泵（手抬泵或浮艇泵）	1 台	21	干粉灭火器	3 具
11	集水器	1 个			

（3）乡镇消防队可结合实际配备抢险救援器材和其他装备，配备标准不宜低于表 8-16 的规定。

抢险救援器材配备标准[69] 表 8-16

序号	器材名称	数量	序号	器材名称	数量
1	手持扩音器	1 个	9	救生缓降器	2 个
2	各类警示牌	1 套	10	消防过滤式自救呼吸器	10 具
3	闪光警示灯	2 个	11	救援支架	1 组
4	隔离警示带	5 盘	12	医药急救箱	1 个
5	液压破拆工具	1 套	13	两节拉梯	1 架
6	机动链锯	1 具	14	消防专用救生衣	6 件
7	无齿锯	1 具	15	外壳内充式救生圈	6 个
8	绝缘剪断钳	2 把	16	气动起重气垫	1 套

（4）乡镇消防员防护装备的配备不应低于表 8-17 的规定。

乡镇消防员防护装备配备标准[69]　　表 8-17

序号	器材名称	配备标准	
		数量	备份比例
1	消防头盔	1顶/人	4∶1
2	消防员灭火防护服	1套/人	2∶1
3	消防手套	2副/人	2∶1
4	消防安全腰带	1根/人	4∶1
5	消防员灭火防护靴	1双/人	4∶1
6	消防通用安全绳	4根/人	1∶1
7	正压式消防空气呼吸器	1具/人	5∶1
8	佩戴式防爆照明灯	1个/人	6∶1
9	消防员呼救器	1个/人	4∶1
10	方位灯	1个/人	4∶1
11	消防轻型安全绳	1根/人	4∶1
12	消防腰斧	1把/人	5∶1
13	抢险救援头盔	1顶/人	4∶1
14	抢险救援手套	1副/人	2∶1
15	抢险救援服	1套/人	4∶1
16	抢险救援靴	1双/人	4∶1
17	消防员灭火防护头套	1个/人	2∶1
18	消防坐式半身安全吊带或消防全身式吊带	2根/人	2∶1
19	手提式强光照明灯	4具/队	1∶1
20	消防护目镜	1个/人	5∶1
21	消防员防蜂服	2套/队	1∶1

（5）乡镇消防队应结合实际选择配备通信摄影器材，并不宜低于表 8-18 的规定。

乡镇消防队通信摄像器材配备标准[69]　　表 8-18

类别	器材名称	配备标准
通信器材	基地台*	1台/队
	车载台	1台/车
	对讲机	2台/班
		1台/人
摄影摄像器材	数码相机	1台/队
	摄像机*	1台/队

注：* 该项要求可根据当地实际情况自行确定。

（6）乡镇消防队的消防水带、灭火剂等易损耗装备，应按照不低于投入执勤配备量 1∶1的比例保持库存备用量。

8.7 社区小型消防站人员及装备配备标准

小型消防站是指由地方人民政府建立，在各街道、社区承担火灾扑救工作，并按照国家规定承担重大灾害事故和其他以抢救人员生命为主的应急救援工作的专职消防队伍。

8.7.1 建设原则

（1）一个社区应建设不少于1个小型消防站，5min无法到达任意位置的社区，应适当增建小型消防站；

（2）满足以下条件之一的社区，可不另行设置小型消防站：社区内建设有公安消防中队、社区消防分队（加强型消防分队）、街道专职消防队的；社区面积较小，可由相邻的社区小型消防站覆盖，5min到达社区任意位置的。

8.7.2 人员及车辆配备标准

社区小型消防站应设正、副队长各1名，每班设班长1名，并明确1名通信员、1名火场安全员，驾驶员可兼任通信员。社区小型消防站一个班次执勤人员配备，可按所配消防车每台平均定员6人确定，每班次执勤人数不应少于12人。

社区小型消防站的消防车辆配备（表8-19），配备不少于1辆水罐泡沫消防车，水罐泡沫消防车的载水量不应小于1.5t；配备不应少于1辆消防摩托车。

社区小型消防站人员及车辆配备标准　表8-19

类型	消防车辆	消防摩托车	队长、副队长	班组/战斗员	驾驶员	保障人员	人员合计
社区小型消防站	1	1	2	1/6	2	2	12

8.7.3 装备配置标准

社区小型消防站的正、副队长、战斗员个人防护和灭火、抢险救援器材装备配备，应满足扑救本辖区内火灾和应急救援的需要，可根据实际情况选配其他特种装备，所有器材装备应符合相关国家标准或行业标准的要求（表8-20）。

社区小型消防站个人防护装备配备标准　表8-20

序号	名称	配备	备份比	序号	名称	配备	备份比
1	消防头盔	1顶/人	2∶1	6	正压式消防空气呼吸器	1具/人	5∶1
2	消防员灭火防护服	1套/人	2∶1	7	佩戴式防爆照明灯	1个/人	2∶1
3	消防手套	1副/人	2∶1	8	消防员呼救器	1个/人	2∶1
4	消防安全腰带	1根/人	2∶1	9	方位灯	1个/人	2∶1
5	消防员灭火防护靴	1双/人	2∶1	10	消防轻型安全绳	1根/人	2∶1

续表

序号	名称	配备	备份比	序号	名称	配备	备份比
11	消防腰斧	1把/人	2∶1	18	移动供气源	可选配	—
12	消防员灭火防护头套	1个/人	2∶1	19	消防专用救生衣	可选配	
13	防静电内衣	1套/人	—	20	手提式强光照明灯	1具/站	2∶1
14	消防护目镜	1个/人	4∶1	21	防爆手持电台	4台/站	—
15	消防通用安全绳	2根	2∶1	22	气瓶（9L）	3	
16	消防Ⅲ类安全吊带	2根	2∶1	23	安全钩	5把/人	
17	消防防坠落辅助部件	2套	3∶1				

社区小型消防站器材配备标准　　　　表 8-21

序号	名称	配备	备份比	序号	名称	配备	备份比
1	手抬机动消防泵	1台		17	各类警示牌	1套	1套
2	移动炮	可选配		18	闪光警示灯	2个	1个
3	泡沫比例混合器、泡沫液桶、泡沫枪	可选配		19	隔离警示带	5盘	4盘
				20	液压破拆工具组	可选配	
4	二节拉梯	2架		21	机动链锯	1具	1具
5	三节拉梯	1架		22	无齿锯	1具	1具
6	中压水带	1500m		23	手动破拆工具组	1套	—
7	多功能消防水枪	6支	3支	24	多功能挠钩	1套	1套
8	直流水枪	10支	5支	25	绝缘剪断钳	2把	—
9	万能铁铤	2	1	26	便携式防盗门破拆工具组	1套	—
10	大斧	2	1	27	救生照明线	1盘	
11	救生缓降器	可选配		28	移动式排烟机	可选配	—
12	消防过滤式自救呼吸器	20具	10具	29	移动照明灯组	可选配	—
13	救生抛投器	可选配		30	消火栓扳手、分水器以及接口、包布、护桥、挂钩等常规器材工具	1套	
14	多功能担架	1副					
15	漏电探测仪	2					
16	消防用红外热像仪	可选配					

8.8 微型消防站人员及装备配备标准

为积极引导和规范志愿消防队伍建设，公安部消防局研究制定了《消防安全重点单位微型消防站建设标准（试行）》《社区微型消防站建设标准（试行）》，以上标准已于2015年11月11日印发。

8.8.1 消防重点单位微型消防站

为积极引导和规范消防安全重点单位（简称“重点单位”）志愿消防队伍建设，推动落实单位主体责任，着力提高重点单位自查自纠、自防自救的能力，建设“有人员、有器材、有战斗力”的重点单位微型消防站，实现有效处置初起火灾的目标，特制定《消防安全重点单位微型消防站建设标准（试行）》。

1. 建设原则

除按照消防法规须建立专职消防队的重点单位外，其他设有消防控制室的重点单位，以救早、灭小和“3 分钟到场”扑救初起火灾为目标，依托单位志愿消防队伍，配备必要的消防器材，建立重点单位微型消防站，积极开展防火巡查和初起火灾扑救等火灾防控工作。合用消防控制室的重点单位，可联合建立微型消防站。

2. 人员配备

消防重点单位微型消防站人员配备不少于 6 人，应设站长、副站长、消防员、控制室值班员等岗位，配有消防车辆的微型消防站应设驾驶员岗位。站长应由单位消防安全管理人员兼任，消防员负责防火巡查和初起火灾扑救工作。微型消防站人员应当接受岗前培训，培训内容包括扑救初起火灾业务技能、防火巡查基本知识等。

3. 站房器材

消防重点单位微型消防站应设置人员值守、器材存放等用房，可与消防控制室合用；有条件的，可单独设置。消防重点单位微型消防站应根据扑救初起火灾需要，配备一定数量的灭火器、水枪、水带等灭火器材；配置外线电话、手持对讲机等通信器材；有条件的站点可选配消防头盔、灭火防护服、防护靴、破拆工具等器材。消防重点单位微型消防站应在建筑物内部和避难层设置消防器材存放点，可根据需要在建筑之间分区域设置消防器材存放点。有条件的微型消防站可根据实际选配消防车辆。

4. 值守联动

消防重点单位微型消防站应建立值守制度，确保值守人员 24h 在岗在位，做好应急准备。接到火警信息后，控制室值班员应迅速核实火情，启动灭火处置程序。消防员应按照“3 分钟到场”要求赶赴现场处置。消防重点单位微型消防站应纳入当地灭火救援联勤联动体系，参与周边区域火灾处置工作。

8.8.2 社区微型消防站

为积极引导和规范城乡居民社区志愿消防队伍发展，建设“有人员、有器材、有战斗力”的社区微型消防站，实现有效处置初起火灾的目标，特制定《社区微型消防站建设标准（试行）》。

1. 建设原则

以救早、灭小和“3 分钟到场”扑救初起火灾为目标，划定最小灭火单元，依托消防安全网格化管理平台和体系，发挥治安联防、保安巡防等群防群治队伍作用，建立社区微型消防站，积极开展初起火灾扑救等火灾防控工作。

2. 人员配备

社区微型消防站应确定 1 名人员担任站长，确定 5 名以上接受基本灭火技能培训的保安员、治安联防队员、社区工作人员等兼职或志愿人员担任队员。

3. 站房器材

社区微型消防站应充分利用社区服务中心等现有场地、设施，设置在便于人员出动、器材取用的位置，房间和场地应满足日常值守、放置消防器材的基本要求，设置外线电话。社区微型消防站应根据扑救本社区初起火灾的需求，配备消防摩托车和灭火器、水枪、水带等基本的灭火器材和个人防护装备。具备条件的，可选配小型消防车。

4. 值守联动

社区微型消防站应24h值守制度，分班编组值守，每班不少于3人。乡镇（街道）辖区内建有多个社区微型消防站的，应实行统一调度，并纳入当地灭火救援联勤联动体系。

8.9　城市特殊建设区消防装备

8.9.1　超高层建筑消防装备

随着我国经济建设的发展，作为城市现代化象征并具有地标特征的高层建筑在我国发展极为迅速。高层建筑既有节约用地、丰富空间造型等优点，也存在造价高、火灾危害性大等多方面问题[70]。尤其是超高层建筑，一旦发生火灾，逃生和灭火救援都十分困难，必须先立足于自防自救，消防部队装备做外部支援。国内针对超高层建筑的消防扑救装备主要包括消防车、消防直升机、灭火导弹、消防无人机等。

1. 消防车

在超高层建筑中常用的消防车主要包括举高消防车、大功率水罐消防车、压缩空气泡沫消防车。举高消防车又包括登高平台消防车、云梯消防车、举高喷射消防车。

登高平台消防车主要装备曲臂或直、曲臂和登高平台，可向高空输送消防员和灭火救援器材、救援被困人员和喷射灭火剂的举高消防车（图8-1）。根据臂架结构不同，登高平台消防车可分为曲臂式和组合臂式两种。曲臂式登高平台消防车额定举升高度较小，其臂架只能做俯仰变幅运动，不能作伸缩运动。组合臂式登高平台消防车举升高度较大，其臂架的若干节除了能做俯仰变幅运动外，还可以做伸缩运动。

图8-1　登高平台消防车

图片来源：中国消防装备网［Online Image］.［2018-10-19］. http：//www.cnxfzbw.com/xiaofangche/xiaofangche/2018-10-19/282.html.

云梯消防车是指主要装备桁架结构的伸缩云梯，可向高空输送消防员和灭火救援物资、救援被困人员、喷射灭火剂的举高消防车（图8-2）。云梯消防车一般采用直臂结构，直臂结构梯架重量较轻，伸展速度较登高平台消防车快。目前，部分云梯消防车在最上面一节梯架上增设了折叠梯，可以实现跨越障碍物的功能。举升高度较高的云梯消防车的工作斗与滑车可同时使用，以提高救援速度。

举高喷射消防车是指在折叠臂或伸缩臂与折叠臂上设有供液管路，顶端安装消防炮，可高空喷射灭火剂的举高消防车（图 8-3）。举高喷射消防车一般安装有水罐、泡沫液罐，还可选择装备破拆装置。除在某些特殊场合单独使用外，举高喷射消防车一般与大型供水消防车或泡沫消防车配套使用，用于扑救石油化工、大型油罐、高架仓库以及高层建筑等火灾。

图 8-2　云梯消防车

图片来源：中国消防装备网［Online Image］.［2018-10-19］. http：//www.cnxfzbw.com/xiaofangche/xiaofangche/2018-10-19/286.html

图 8-3　举高喷射消防车

图片来源：中国消防装备网［Online Image］.［2018-10-19］. http：//www.cnxfzbw.com/xiaofangche/xiaofangche/2018-10-19/283.html

大功率水罐消防车是以消防水泵、水罐、消防水枪、消防水炮等消防器材为主要消防装备，以水为主要灭火剂的消防车（图 8-4）。水罐消防车主要用来扑救房屋建筑和一般固体物质（A 类）火灾。如与泡沫枪、泡沫炮、泡沫比例混合器、泡沫液桶等泡沫灭火设备联用，可扑灭油类火灾；当采用高压喷雾射水时，还可扑救电气设备火灾。此外，还可用于火灾现场供水等。

压缩空气泡沫消防车是指装配有水泵、泡沫液罐、水罐及成套的泡沫混合和产生系统，可喷射泡沫扑救易燃、可燃液体火灾的灭火作业车辆，以泡沫灭火为主，以水灭火为辅（图 8-5）。泡沫消防车是在水罐消防车的基础上改进而成的，设置有泡沫灭火系统，

图 8-4　水罐消防车

图片来源：警用装备网［Online Image］.［2018-1-17］. http：//www.cpspew.com/news/983297.html

图 8-5　泡沫消防车

图片来源：中国消防装备网［Online Image］.［2018-10-19］. http：//www.cnxfzbw.com/xiaofangche/xiaofangche/2018-10-19/285.html

具有水罐消防车的水力系统及主要设备。根据泡沫混合的不同类型分别设置泡沫液罐、空气泡沫比例混合器、压力平衡阀、泡沫液泵及泡沫枪炮等。

2. 消防直升机

消防直升机是指在发生火灾时进行空中灭火救援、空中指挥、消防人员和装备输送等工作的载人旋翼飞行器（图 8-6）。消防直升机可以进行森林火灾、高层建筑火灾、船舶和机场的火灾扑救与救援，空中交通指挥和警务执法，处理突发事件，通信联络，搜索与救援等多种任务[71]。

3. 灭火导弹

灭火导弹（图 8-7）是针对现代城市环境条件下高层和超高层建筑物或其他危险场所应急救援而研制的一种灭火弹，该灭火弹利用火箭发射原理，其发射的灭火弹可携带高效灭火剂，在人员撤离的情况下，精确投入高层楼宇起火现场，进而扑灭火灾，适合城市复杂环境下的消防救援，但是该装备对操作人员的要求极高，而且是否会对建筑物及内部人员造成二次伤害还在论证之中，其可靠性和安全性尚需进一步论证，因此，目前还没有全面推广应用。

图 8-6　消防直升机

图片来源：掌上青岛[Online Image]. [2018-2-8]. http://zsqd.app.qing5.com/mobile/content/159561? app=powerqd

图 8-7　灭火导弹车

图片来源：中国消防装备网[Online Image]. [2017-4-1]. http://www.bx169.com/news/local/4808022.html

4. 消防无人机

消防无人机（图 8-8）是利用无线电遥控设备和自备的程序控制装置操纵的具备侦查、运输或火灾扑救功能的不载人飞行器。消防无人机具有无人特性、机动灵巧、视野全面、可搭载设备等优势，可滞留在高湿、高温的火场上空或抵达消防员难以深入的区域，持续监视灾情，传输火场信息，提供通信保障，投送救援物资等，对消防部队调度指挥、灭火作战、应急救援具有重要的支撑作用。现有厂商生产消防无人机可携带灭火弹、辅助破窗等功能实现高楼灭火。

图 8-8　消防无人机

图片来源：飞机 e 族[Online Image]. [2019-3-8]. http://www.feijizu.com/news/20190308/60670.html

8.9.2 地下空间消防装备

随着城市的快速发展，现代城市越来越拥挤，土地资源越来越紧缺，导致人类不得不考虑在垂直方向上拓展生存空间。一方面不断地往高层空间延伸，建起了高层，甚至是超高层建筑；另一方面努力往地下空间延伸，建起了各种用途的地下建筑。相对于地上建筑，民用建筑地下空间的火灾危险性和危害性都更大，一旦发生火灾，很容易酿成大火，给人们的生命财产带来巨大的伤害和损失[69]。国内外现有地下空间消防装备尚不常见，主要为特种消防车、消防机器人，包括排烟消防车、路轨两用消防车、双头消防车、消防排烟机器人、消防灭火机器人等。

1. 特种消防车

在地下空间消防扑救中常用的特种消防车主要包括排烟消防车、路轨两用消防车、双头消防车。

排烟消防车就是一种专门用来对付浓烟的利器（图 8-9）。排烟消防车上装备有风机、导风管，用于火场排烟或强制通风，以便消防队员进入着火建筑物内进行灭火和营救工作，特别适宜于扑救地下建筑和仓库等场所火灾时使用。

路轨两用消防车也叫地铁消防车，这种消防车可以在公路和轨道上使用，主要用于地铁、隧道的灭火和抢险救援（图 8-10）。当火灾发生时，消防车可以直接开到地铁隧道，车底的四个轨道轮也开始起用，轮胎也能随车自动升起，可以自如地在轨道上行驶。路轨两用消防车按照用途又可细分为：水罐路轨消防车，泡沫路轨消防车，水罐—泡沫联用路轨消防车等。消防车配备了先进的破拆、灭火、侦检、救援等四大类消防装备，为地铁事故的处理提供了强有力的保障。其中在侦检方面，车上配备军事毒气侦检仪，能检测到地铁里糜烂、神经和血液等三大类上千种毒气，并及时向指挥中心传播毒气的含量、种类等，为指挥员提供准确数据。在救援方面，路轨两用消防车一般都会在车内配备一定数量的大容量气瓶、逃生面罩等，在紧急时刻可以供地铁救援人员和被困人员使用。

图 8-9 排烟消防车

图片来源：千奇百怪的消防车［J］. 消防界（电子版），2015（1）：27-30

图 8-10 路轨两用消防车

图片来源：千奇百怪的消防车［J］. 消防界（电子版），2015（1）：27-30

双头消防车最大的优势也正是在于可以双向驾驶，无须掉头倒车转弯，特别是在道路狭窄，人流量集中，影响到车辆在道路上自如通行的情况下，消防队员可以在该消防车前后两个驾驶室内驾驶，而不需要调头，可以为消防救援争取时间（图 8-11)。此外，双头消防车的另外一个潜在优势在于，消防车分主驾驶室和副驾驶室，除了消防驾驶员以外，还可核载一定数额的消防员，为灭火救灾提供了人员方面的保障。双头消防车特别适合于狭窄街巷和城市交通隧道事故救援[72]。

图 8-11　双头消防车

图片来源：千奇百怪的消防车［J］．消防界（电子版），2015（1）：27-30

2. 消防机器人

消防机器人是指由移动载体、控制装置、自保护装置和机载设备等系统组建成的具有人工遥控、半自主或自主控制功能，可替代消防员从事特定消防作业的移动机器人。

移动载体是用于实现消防机器人行走和承载功能的组件。控制装置用于消防人员在灾害现场对消防机器人进行可靠控制。自保护装置是用于实现消防机器人在进行消防作业时耐高温、防倾斜、防碰撞功能的装置。机载设备是安装在移动载体上的用于执行灭火、排烟、侦查、洗消、照明、救援等特定任务的装置，如消防炮、排烟机、气体探测仪、照明灯具、机械手等[70]。

8.9.3　城中村消防装备要求

城中村是现代化城市高速发展的产物，城中村其特有的特征引发了一系列社会问题，如整个建设规划相对滞后，存在违法建筑问题，存在消防隐患问题等。城中村既有建筑存在的消防问题主要包括：消防车道不畅、建筑之间的防火间距不足、使用功能混杂、疏散楼梯数量不足、疏散楼梯形式及宽度不能满足规范要求、公共消防设施缺乏、消防水源不足、消防自救力量薄弱、消防意识淡薄、消防管理混乱等。

参考深圳市公安局消防局 2009 年制定的《城中村消防安全治理“七个一”整治要求》，对城中村消防安全治理提出消防队伍、消防装备、消防供水、消防通道、逃生口、房屋隔墙材料、防火手下七个方面的要求。其中，对消防队伍及装备要求如下：

1. 每个村建立一支专（兼）职消防队

专（兼）职消防队由 1 名主管及 8～10 名队员组成，消防人员的基本情况应上报各辖区消防大队备案，由各辖区消防大队统一培训。

2. 每个专（兼）职消防队配备一套消防装备

如表 8-22 所示。

城中村专（兼）职消防队装备配备标准　表 8-22

装备名称	配备数量	装备名称	配备数量
消防摩托车（图 8-13）	2 辆	破拆工具	1 套
公用个人防护装备	4 套	直拨值班电话	1 台
便携式细水雾灭火设备	4 具	手电筒	若干支
ABC 类灭火器	若干具		

注：有条件的消防队可配置空气呼吸器、简易小型液压破门器、沙盘或图示等指示系统以及其他装备器材。

图 8-12　消防摩托车

8.10　森林消防装备

8.10.1　森林消防专业队伍装备标准

森林消防专业队伍的基本设备配置，应按照建设规模及队伍类别配置防火必需的设备，满足辖区内扑救森林火灾的需要。在交通条件好、水源方便的地区应采取以水灭火为主，其他灭火方式为辅的方针。在山高林密，交通不便的地区要因地制宜，选择最佳的灭火手段，有条件地区可以通过空中、地面、立体等高科技手段进行灭火。

森林消防专业队伍的基本设备包括队伍设备和队员基本装备。

1. 队伍设备

由消防车辆、通信指挥器材、野外生存用品和基本灭火机具设备等组成。不同类别的森林消防专业队伍主要设备的品种及数量，按照表 8-23 确定。

森林消防专业队队伍基本设备配备标准[73]　　表 8-23

类别	序号	名称	单位	一类森林消防专业队	二类森林消防专业队	三类森林消防专业队	四类森林消防专业队	备注
防火车辆	1	通信指挥车	辆	1	1～2	2～3	1	—
	2	运兵车	辆	2	3	5	1	—
	3	炊事车	辆	1	1～2	2～3	1	—
	4	巡护摩托车	辆	*	*	*	*	—
	5	消防水车	辆	*	*	*	*	—
	6	皮划艇	艘	*	*	*	*	—
通信指挥器材	7	车载台	部	1	1～2	2～3	1	—
	8	移动中继台	个	1	1～2	2～3	1	—
	9	卫星定位仪	部	6～10	10～20	20～40	6～10	—
	10	卫星电话	部	1	1～2	2～3	1	—
	11	手持对讲机	部	10～15	15～30	30～50	10～15	—
	12	望远镜	台	3～5	5～10	10～20	3～5	—
	13	地形图和林相图	张	*	*	*	*	—
野外生存用品	14	指挥帐篷	个	1	1～2	2～3	1	—
	15	野外炊具	套	1	1～2	2～3	1	包括行军锅、野外炉灶、炊具、烧水壶、餐具、保温饭盒、饮水进化器等
	16	便携帐篷	个	3～5	5～10	10～20	3～5	—
	17	羽绒睡袋	条	30	50	100	20	—
	18	防潮褥垫	个	6	10	20	4	—
	19	气垫床	个	30	50	100	20	—
	20	急救包	套	1～2	2～3	3～6	1	—
	21	药品盒	套	1～2	2～3	3～6	1	—
	22	野战食品	套	*	*	*	*	—
基本灭火机具装备	23	灭火机	台	10	20	40	8	—
	24	灭火水枪	支	10	20	40	8	—
	25	二号工具	把	30	50	100	20	—
	26	移动水泵灭火系统	台	3	5	10	2	—
	27	油锯	台	3	5	10	2	—
	28	割灌机	台	3	5	10	2	—
	29	清火组合工具	套	3	5	10	2	七件组套
	30	油桶	个	10	20	40	8	—
	31	点火器	个	10	20	40	8	—
	32	小型发电机	台	1	1～2	2～3	1	—
	33	砍刀	把	10	20	40	8	—
	34	大斧	把	10	20	40	8	—
	35	消防铲	把	10	20	40	8	—

续表

类别	序号	名称	单位	一类森林消防专业队	二类森林消防专业队	三类森林消防专业队	四类森林消防专业队	备注
办公用品	36	台式计算机	台	*	*	*	*	
	37	笔记本	个	*	*	*	*	
	38	电话机	部	*	*	*	*	
	39	传真机	个	*	*	*	*	
	40	打印机	个	*	*	*	*	
	41	复印机	个	*	*	*	*	
	42	投影仪	个	*	*	*	*	
	43	扫描仪	个	*	*	*	*	
	44	办公桌椅	套	*	*	*	*	
	45	网络设备	套	*	*	*	*	
其他	46	其他	—	*	*	*	*	根据实际情况确定

注：表中所有“*”表示由各地根据实际需要进行配备，本标准不作强行规定。

2. 队员基本装备

由基本防护装备和基本生活用品等组成。森林消防专业队伍基本装备的主要用途和配备标准，按照表 8-24 确定。

森林消防队员基本装备配备标准[73]　　表 8-24

序号	名称	单位	主要用途	配备	备注
1	消防头盔	顶	头部、面部及颈部的安全防护	1 顶/人	—
2	阻燃服装	套	灭火时身体防护	1 套/人	指挥员可选配指挥服
3	逃生面罩	个	安全自救时防烟雾中毒或灼伤	1 个/人	—
4	防扎鞋	双	足部防护	1 双/人	—
5	阻燃手套	副	手部及腕部防护	2 副/人	—
6	防烟眼镜	副	眼部防护	1 副/人	—
7	作训服	套	日常训练穿用	2 套/人	
8	生活备品	套	野外生存配备	1 套/人	包括水壶、饭盒、茶缸、手电、手纸、洗漱袋、食品包等
9	大小背包	个	野外生存配备	各 1 个/人	
10	蚊帐	个	日常生活用品	1 个/人	
11	雨衣	件	日常生活用品	1 件/人	
12	水靴	双	日常生活用品	1 双/人	
13	棉大衣	件	日常生活用品	1 件/人	
14	其他	—	—	—	—

3. 森林消防专业队伍其他基本设备要求

各类森林消防专业队应配备宣传教育设备。各级森林消防专业队应配备单双杆以及室内综合训练器等技能、体能训练器材。森林消防专业队的设备配备应满足所承担任务的需要。

8.10.2 森林航空消防工程装备标准

1. 分类分级

森林航空消防工程按航站建设内容和使用功能，分为全功能航站和依托航站两类。全功能航站，是指机场由林业部门独立建设和经营的航站。依托航站，是指机场依托民航、军队或其他部门建设的航站。

森防机场根据建设规模和建设内容，可分为五个等级，按照表 8-25 的规定确定。

森防机场分级[74] 表 8-25

机场级别	飞行区等级	停机架次（架）	
		固定翼	直升机
林一Ⅰ	3D	2～3	≥7
林一Ⅱ	3C	2	≥5
林一Ⅲ	1B	2	≥3
林一直Ⅰ			≥4
林一直Ⅱ（起降场）			2

注：表中不含化灭机群数量，化灭机群可按 5～7 架配备固定翼飞机。

全功能航站和依托航站工程建设项目内容按照表 8-26 的规定确定。

航站工程建设项目[74] 表 8-26

航站类别	机场类别	项目内容			
		场区工程	机场主体工程	工作和生活设施	公用设施
全功能航站	林一Ⅰ	✓	✓	✓	✓
	林一Ⅱ	✓	✓	✓	✓
	林一Ⅲ	✓	✓	✓	✓
	林一直Ⅰ、Ⅱ	✓	✓	✓	✓
依托航站		✓		✓	✓

2. 航站工作人员配置

航站工作人员由航护、航管、场务、保卫及行政后勤人员组成。航站工作人员配备指标应符合表 8-27 规定。

航站人员配备指标[74] 表 8-27

航站类别		合计	管理	航护	航管及场务	保卫	行政后勤
全功能航站	林一Ⅰ	59	4	20	17	6	12
	林一Ⅱ	52	4	15	15	6	12
	林一Ⅲ	43	2	10	15	4	12
	林一直Ⅰ	31	2	10	9	3	7
依托航站		22	2	10	1	3	6

注：林一Ⅱ停机架数 2 架，组织机构由所属航站负责派出，人员编制根据工作实际需要增加 8～10 人。

3. 主要设施设备建设指标

根据森林航空消防工程分类和分级，按航站使用功能确定建设内容和建设规模，森林航空消防主要设施设备指标应符合表 8-28 规定。

森林航空消防主要设施设备指标[74] 表 8-28

序号	分类 建设项目	单位	全功能航站					依托航站	备注
			林—Ⅰ	林—Ⅱ	林—Ⅲ	林—直Ⅰ	林—直Ⅱ		
1	指挥系统装备								
1.1	指挥中心								
1.1.1	飞行数字化调度指挥系统	套	1	1	1	1		1	由行业主管部门统一开发、配备
1.1.2	中央指挥控制系统	套	1	1	1	1		1	含中央控制器、交互式书写屏、等离子体彩色电视机、手写屏等软件系统
1.1.3	火场视频 LED 显示屏	部	1	1	1	1		1	
1.1.4	航行指挥台	个	1	1	1	1		1	
1.1.5	数字(电子)地形图	套	1	1	1	1		1	
1.1.6	视频传输系统	套	1	1	1	1		1	
1.1.7	火场图像数字	套	1	1	1	1		1	含软件
1.2	调度设备								
1.2.1	航行调度工作台	个	1	1	1	1		1	
1.2.2	地形图台	套	1	1	1	1		1	
1.2.3	飞行指挥挂图	套	1	1	1	1		1	
1.2.4	对讲机	对	5	5	4	4	3	4	含台式
2	航管系统装备								
2.1	通信导航设备								
2.1.1	甚高频电台	部	2	2	2	2	1	X*	台式 130
2.1.2	短波电台	部	2	2	2	2	1	X	
2.1.3	手持式 130	部	2	2	2	2	1	2	台式便携 1 台
2.1.4	航管自动录音系统	套	1	1	1	1	1	X	
2.1.5	广播系统	套	1	1	1			X	
2.1.6	飞行管制工作台	座	1	1	1	1		X	
2.1.7	飞行管制指挥图	个	1	1	1	1		X	
2.1.8	UPS 电源	台	2	2	2	1	1	X	
2.1.9	导航设备	套	1	1	1	1	1	X	
2.2	气象设备							X	
2.2.1	小型气象观测站	座	1	1	1	1			
2.2.2	常规观测设备	套					1		

续表

序号	分类 建设项目	单位	全功能航站					依托航站	备注
			林—Ⅰ	林—Ⅱ	林—Ⅲ	林—直Ⅰ	林—直Ⅱ		
2.2.3	气象资料收集处理系统	套	1	1	1	1	1		
3	护航设备								
3.1	智能扑火指挥仪	台	7	5	3	4	2	2	含地理信息标绘系统
3.2	手持超短波电台	部	7	5	3	4		2	
3.3	大容量储存设备	套	1	1	1	1	1	1	
3.4	卫星电话	部	2	2	2	2	1	2	
3.5	GPS定位仪	部	15	10	8	8	2	8	
3.6	机舱降噪耳机	套	18	12	8	8	2	8	
3.7	数码照相机	部	7	5	3	2	1	2	
3.8	摄像机	部	2	1	1	1	1	1	高清
3.9	望远镜	个	2	2	2	2	1	2	
3.10	地形图	套	7	5	3	4	2	2	
4	油库区设备							X	
4.1	油罐	个	8～10	6～8	4～5	2～3	1		$50m^3$、含基础
4.2	油泵	套	2	2	2	2			含航油过滤系统、计量设备
4.3	油库避雷系统	套	1	1	1	1	1		
4.4	灭火器	个	8～10	6～8	4～5	2～3	1		手推式
5	航空灭火配套设备								
5.1	搅拌机	套	1	1	1				
5.2	搅拌罐	个	1	1	1				
5.3	加药泵	套	1	1	1				
5.4	灭化罐	个	1	1	1				
5.5	电器设备	套	1	1	1				
5.6	吊桶	个	7	5	3	4	2		按直升机配备
5.7	吊囊	个	7	5	3	4	2		
6	办公设备								
6.1	电脑	台	38	33	26	21	5	15	按岗位配备
6.2	打印机	台	4	4	3	3		3	
6.3	扫描仪	台	1～2	1	1	1		1	
6.4	传真机	台	1～2	1	1	1		1	
6.5	复印机	台	1	1	1	1		1	
6.6	投影仪	台	1	1	1	1		1	
6.7	视频会议系统	套	1	1	1	1		1	含麦克、音箱、服务器、摄像机、采集卡、显示屏等

续表

序号	分类 建设项目	单位	全功能航站					依托航站	备注
			林—Ⅰ	林—Ⅱ	林—Ⅲ	林—直Ⅰ	林—直Ⅱ		
6.8	办公家具								按建设规模和人员数量配备
7	生活设备								按建设规模、人员数量和建设地气候条件配备
8	给水排水设备								
8.1	潜水泵	个	1	1	1	1	1	1	
8.2	水处理设备	套	1	1	1	1	1	1	根据水质和水处理工艺选择
8.3	消防给水设备	套	2	2	2	2	2	2	消防泵、气压罐等
9	暖通及制冷设备								
9.1	锅炉及附属设备	台(套)	1	1	1	1		1	根据建设地气候条件选建
9.2	空调	台(套)							按建设规模和建设地气候条件配备
10	电力设备								
10.1	变压器	台	1	1	1	1	1	1	
10.2	高压配电设备	组	1	1	1	1	1	1	含进线柜、计量、3 馈出柜
10.3	低压配电设备	组	1	1	1	1	1	1	含进线柜、切换柜、电容补偿柜、1-2 馈出柜
10.4	柴油发电机组	组	1	1	1	1	1	X	
11	弱电设备								
11.1	有线电视接收系统	套	1	1	1	1	1	1	
11.2	网络系统	套	1	1	1	1	1	1	根据建设地实际情况建设
12	车辆		12	12	11	9	5	4	
12.1	加油车	台	2	2	2	1	1	X	
12.2	压力加油车	台	1	1				X	
12.3	电源车	台	1	1	1	1	1	X	
12.4	运油车	台	2	2	2	1	1	X	8-16T
12.5	消防车	台	1	1	1	1		X	
12.6	气源车	台						X	高原机场或飞机需要用气源车发动的情况可配置 1 台
12.7	污水车	台						X	根据机型的要求可配置 1 台
12.8	充氧车	台						X	高原机场，可配置 1 台
12.9	公务用车	台	1	1	1	1	1	1	
12.10	职工通勤车	台	1	1	1	1		1	
12.11	机组人员用车	台	1	1	1	1	1	1	

续表

序号	分类 / 建设项目	单位	全功能航站					依托航站	备注
			林—Ⅰ	林—Ⅱ	林—Ⅲ	林—直Ⅰ	林—直Ⅱ		
12.12	场务用车	台	1	1	1	1		X	
12.13	后勤保障用车	台	1	1	1	1	1	1	
13	其他设备								
13.1	体育器材	套	1	1	1	1		1	含乒乓球台、篮球架、跑步机、单双杠、转体机等
13.2	炊事机具	套	1	1	1	1	1	1	含消毒柜、电冰柜、电烤箱、燃气灶等
13.3	机场安全监控系统	套	1	1	1	1		X	
13.4	驱鸟设备	套	1	1	1	1		X	
13.5	割灌机	台	2	2	2	1		X	

注：表中所有“X”表示由各地根据实际需要进行配备，此处不作强行规定。

第9章 城市消防供水规划

9.1 规划原则

1. 就近原则

就近原则是指最靠近灾害事故现场的消防水源优先使用，距离事故较远的水源应后使用。为保障迅速到达事故现场扑灭火灾，消防救援应坚持就近原则。

2. 重点原则

消防供水中需保证灭火救援中消防重点区域的不间断供水，兼顾消防一般区域的消防用水，消防供水必须着重于灭火救援，确保灭火救援主攻方向的用水不间断供应，有效控制事故，阻止事故蔓延扩大。

3. 经济合理性原则

城市消防供水应从本地经济发展水平和居民生活的实际情况出发，充分考虑水源、资金、技术等条件，使规划具有经济合理性。消防供水采用以市政供水为主，人工水体、自然水体为辅的多种水源互补的供水体系。如配置必要的城市消防水池、充分利用天然和其他人工水源作为消防水源。

9.2 消防用水量及水质

9.2.1 水量要求

市政消防给水设计流量，应根据当地火灾统计资料、火灾扑救用水量统计资料、灭火用水量保证率、建筑的组成和市政供水管网运行合理性等因素综合分析，计算确定。

根据《消防给水及消火栓系统技术规范》GB 50974 规定，城镇、居住区室外消防用水量，应按同一时间内的火灾次数和一次灭火用水量确定。同一时间内的火灾次数和一次灭火用水量不应小于表 9-1 的规定。

同一时间内火灾次数和一次灭火用水量 **表 9-1**

N 人数（万人）	同一时间内火灾次数（次）	一次灭火用水量（L/S）
$N \leqslant 1.0$	1	15
$1.0 < N \leqslant 2.5$	1	20
$2.5 < N \leqslant 5.0$	2	25
$5.0 < N \leqslant 10.0$	2	35
$10.0 < N \leqslant 20.0$	2	45

续表

N人数（万人）	同一时间内火灾次数（次）	一次灭火用水量（L/S）
20.0<N≤30.0	2	60
30.0<N≤40.0	2	75
40.0<N≤50.0	3	75
50.0<N≤70.0	3	90
N>70.0	3	100

工厂、仓库和民用建筑的室外消防用水量，应按同一时间内的火灾次数和一次灭火用水量确定。建筑物的室外消火栓用水量，不应小于《消防给水及消火栓系统技术规范》GB 50974有关规定。消防用水与生产、生活用水合用的给水系统，当生产、生活用水达到最大小时用水量时（淋浴用水量可按15%计算，浇洒及洗刷用水量可不计算在内），仍应保证消防用水量（包括室内消防用水量）。

9.2.2　水质要求

目前，相关规范未对消防用水水质提出明确的要求，消防用水水质没有特殊要求，基本要求是消防水源中不含有易燃或可燃液体，不含有可能对水泵等设备造成损伤的物质，如悬浮物、泥沙等。除了城市水厂或者工业企业经过水处理后的给水可作为消防给水之外，天然水源（江河湖海）均可[75]。《消防给水及消火栓系统技术规范》GB 50974规定："市政给水、消防水池、天然水源等可以作为消防水源，雨水清水池、中水清水池、水景及游泳池也可作为备用水源。"

再生水回用中，用于消防用水水质标准按照《城市污水再生利用　城市杂用水水质》GB/T 18920中规定要求，具体指标见表9-2。

杂用水水质要求　　表9-2

项　目	消防用水
pH	6.5～9.0
色度（度）	≤30
嗅	无不快感
浊度（度）	≤10
溶解性总固体	≤1500
五日生化需氧量 BOD_5（mg/L）	≤15
氨氮（mg/L）	≤10
阴离子表面活性剂（mg/L）	≤1
铁（mg/L）	≤0.3
锰（mg/L）	—
氯离子（mg/L）	—
溶解氧（mg/L）	≥1
总余氯（mg/L）	接触30min后≥1.0，管网末端≥0.2
总大肠菌群（个/L）	≤3

9.3　城市消防水源规划

消防水源是指开展消防工作时所需要的水源，一般有人工水源和天然水源两种。人工水源分为市政给水（消火栓、消防水鹤）及消防水池。天然水源由地理条件自然形成的，包含江河、湖、水库、海水等。再生水为污水厂处理达标后的尾水也可作为消防水源，井水、泳池、景观水体、池塘等其他符合消防取水要求的水源均可作为突发供水事故情况下的消防供水需求。规划应充分利用各种天然和人工水源，在有条件的地区增设地表水取水口和取水通道，多方位保证消防供水。

在事故现场相同距离范围内，有多重消防水源，如市政消火栓、消防水池、天然水源等，优先选用市政消火栓；若水源至事故现场道路情况不同，优先选用道路宽敞的消防水源，若水源的供水能力不同，应优先使用供水能力大、供水持续时间长的消防水源（图9-1）。市政水源不足情况下就近使用消防水池、天然水源及其他可以利用的水源，要根据具体情况，从实际出发，综合权衡，合理确定使用消防水源的顺序。

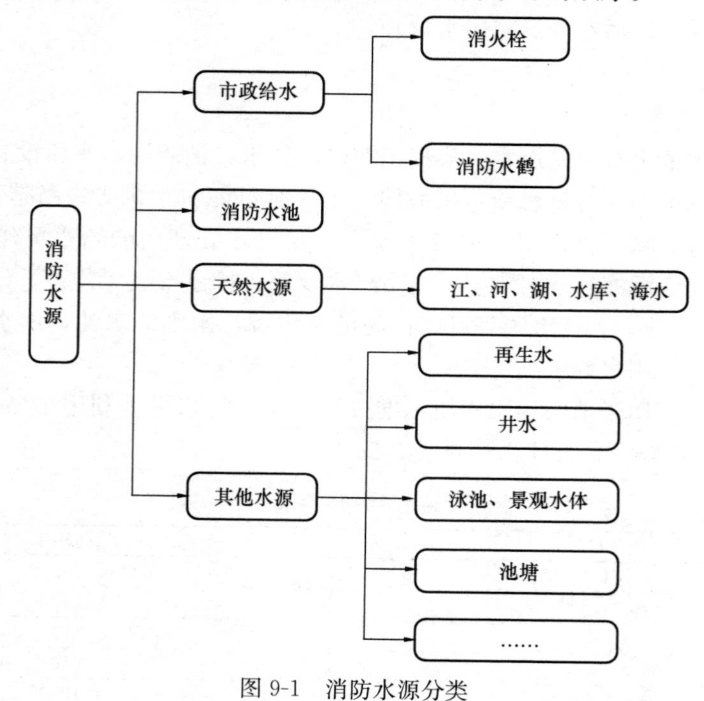

图 9-1　消防水源分类

9.3.1　市政给水

随着城市化建设，城市市政供水管网覆盖率越来越高，消火栓取水点比其他水源分布更稳定、密集、广泛及安全，作为消防水源有着取水方便的优势。市政供水管网水源主要来自市政给水厂，市政给水管网上设置的市政消火栓或消防水鹤成为消防车等消防设备提供消防用水的主要水源。

9.3.2　消防水池

消防水池是人工建造的供固定或移动消防水泵吸水的储水设施。在市政水源不足、消防能力欠佳的边远城市或消防要求较高区域修建区域消防水池，在发生火灾时，应打破区域之间的界限，以达到资源共享的目的。

消防水池的无序建设，不仅导致水土资源的浪费，同时增加了基建投资。相关资料表明，在城中村利用消防车扑救建筑火灾时刻，消防水池利用率极低、消防水池形同虚设。究其原因，许多消防水池距离建筑较远，标识不清且取水不便。因此如何充分利用区域消防水池，合理建设布局消防水池尤为重要[76]。

图 9-2 消防水池

图片来源：化工企业消防取水池［Online Image］．［2019-7-10］．http：//www. sohu. com/a/325970133 _ 100009695

1. 消防水池布置原则

消防水池建设，应因地制宜，现行有关防火规范规定，具有下列情况之一者都应当设置消防水池：

（1）当出现市政供水管网或入户引入管不能满足室内、室外消防给水设计流量时；

（2）采用一路消防供水或只有一条入户引入管，且室外消火栓设计流量大于 20L/s 或建筑高度大于 50m；

（3）市政消防给水设计流量小于建筑室内外消防给水设计流量。

2. 消防水池布置要求

（1）当室外供水管网能保证室外消防用水量时，消防水池的有效容量应满足在火灾延续时间内室内消防用水量的要求。当室外供水管网不能保证室外消防用水量时，消防水池的有效容量应满足在火灾延续时间内室内消防用水量与室外消防用水量不足部分之和的要求。当室外供水管网供水充足且在火灾情况下能保证连续补水时，消防水池的容量可减去火灾延续时间内补充的水量；

（2）补水量应经计算确定，且补水管的设计流速不宜大于 2.5m/s；

（3）消防水池的补水时间不宜超过 48h；对于缺水地区或独立的石油库区，不应超过 96h；

（4）容量大于 $1000m^3$ 的消防水池，应分设成两个能独立使用的消防水池；

（5）便于消防车取水灭火，消防水池应设取水口或取水井，且吸水高度不应大于 6.0m。取水口或取水井与被保护建筑物（水泵房除外）外墙的距离不宜小于 15m；与甲、乙、丙类液体储罐的距离不宜小于40m；与液化石油气储罐的距离不宜小于60m，如采取防止辐射热的保护措施时，可减为40m；

（6）为便于扑救，也为了消防水池不受建筑物火灾的威胁，消防水池取水口或取水井的位置距建筑物，一般不宜小于5m，最好也不大于40m。但考虑到在区域或集中高压（或临时高压）给水系统的设计上这样做有一定困难。因此，规定消防水池取水口与被保护建筑物间的距离不宜超过100m；

（7）当消防水池位于建筑物内时，取水口或取水井与建筑物的距离仍须按规范要求保证，而消防水池与取水口或取水井间用连通管连接，管径应能保证消防流量，取水井有效容积不得小于最大一台（组）水泵3min的出水量；

（8）消防水池的保护半径不应大于150m；

（9）消防用水与生产、生活用水合并的水池，应采取确保消防用水不作他用的技术措施；

（10）严寒和寒冷地区的消防水池应采取防冻保护设施。

9.3.3 天然水源

江、河、湖、海、水库等天然水源，又称为地表水，具有水量充沛，分布广泛的特点，常被许多城镇、工业企业作为生产、消防用水，在地下水丰富的区域，井水也可以作为消防水源。天然水源是人工水源的一个补充，在我国南方区域天然水源丰富的地区，是重要的消防水源，当发生重大火灾或者其他灾害时，市政供水管网不能满足消防灭火需求时，消防车可就近取用天然水源。

1. 天然水源使用条件

天然水源因受到自然环境的影响，车辆不易停靠，取水需要搭建临时取水平台，且水位、水质受季节、潮汛等因素影响变化，可能存在水位较低、可能有杂质或者微生物堵塞、腐蚀取水管道的情况。确定其用作消防给水水源时，必须满足下列要求：

（1）江、河、湖、水库等天然水源的设计枯水流量保证率应根据城乡规模和工业项目的重要性、火灾危险性和经济合理性等综合因素确定，宜为90%～97%，但村镇的室外消防给水水源的设计枯水流量保证率可根据当地水源情况适当降低，且应设置可靠的取水设施；

（2）利用天然水源时，应确保枯水期最低水位时，仍能供应消防用水。一般情况下，居住区、企业事业单位的天然水源的保证率应按25年一遇确定；

（3）被易燃、可燃液体污染的天然水源，不得作为消防水源。

2. 天然水源布置原则

（1）在天然水源丰富且条件允许情况下，可将天然水源作为除去市政水源的第一备用水源；

（2）利用天然水源作为消防水源时，应在天然水源地建立可靠的、任何季节、任何水位都能确保消防车取水的设施，如修建消防码头、自流井、回车场等；

（3）采用天然水源作为消防水源时，应在取水设备的吸水管上安装过滤器，以阻止河、塘水中杂物等吸入管道，影响水流，堵塞消防用水设备，对于一些重要的天然水源，应采取一定的技术措施，保障取水的可靠性；

（4）在建筑小区改建、扩建过程中，若提供消防用水的天然水源及其取水设施被填埋时，应在遭毁坏的同时采取相应的措施，如铺设管道，修建消防水池，以确保消防用水。

3. 天然水源分析

（1）河流

河流的水位、流量、水流、含沙量、漂浮物及冰冻情况等因素，对消防取水的安全可靠性有重要影响。我国西南、西北区域的河道泥沙和水草较多，严重影响取水，北方河道冬季存在结冰现象，对消防取水造成困难。雨源型河道及山区河道流量和水位受季节性影响变化幅度较大。

从河流取水，尽量选择在河床稳定、土质坚实、流速较大且靠近干流、有坚实河岸、足够深度的河道，尽可能避开河流中的回流区和死水区，以减少河道泥沙和漂浮物进入取水设备堵塞取水口（图 9-3）。在北方地区宜在水面冰较少和不受冰流影响的地方，减少冰冻的影响。对于受季节性影响较大的河道，取水深度往往不足，需要修筑临时堤坝抬高水位拦截足够的深度。

图 9-3　河道取水口

（2）湖泊、水库

湖泊、水库一般水域面积大，水量充足，水质较好，可供水量较多，但岸边易形成泥沙淤积，淤积和速度随流域内泥沙径流量而定。在湖泊、水库中抽取消防用水时，应建设相应的专用的取水平台，便于消防车取水，同时防止抽水设备漏油污染湖泊、水库水质。

（3）海洋

利用海水作为城市消防水源，对淡水资源紧缺的沿海、海岛城市的消防工作具有重要的战略意义。我国东部、南部的沿海地区，可直接从海洋取水用于灭火救援，既节约了市政给水量的需求，又不会因消防用途而产生环境问题及对自来水用户造成影响。但对于海水水体，由于海水的腐蚀性和海洋生物的附着会破坏管道和部分消防设施，因此海水主要用于扑救用水量大的火灾，如森林火灾、油站等危险品仓库火灾[77]。

海水作为消防水源取之不尽，但同时又存在很多问题，海水中富含 $MgCl_2$、$CaCl_2$，在水解后容易形成酸性环境，对于消防取水设施产生很强的腐蚀作用，取水后及时用淡水清洗取水设备，延长设备使用年限。可降低腐蚀，但不能明显改善腐蚀，因此可采用防腐

图 9-4　湖泊取水码头

图片来源：大河报［Online Image］．［2017-8-31］．https：//baijiahao.baidu.com/s?id=1577222882716736585&wfr=spider&for=pc

蚀消防取水设备[78]。海风容易形成海浪，产生大的冲击力影响取水，需将消防车或取水设施停放于避风位置或建设相应的取水码头，同时要充分考虑潮汐和风浪造成的水位波动及冲击力对取水的影响。

9.3.4　其他水源

1. 再生水

再生水用于消防，不仅在消防给水系统方面，而且在整个给水工程宏观方面、在城市给水可持续发展方面都具有重要的意义，主要体现在两个方面：

（1）提高自来水水质的安全性

再生水用于消防可解决高层建筑消防水储备二次污染问题；可解决自来水管网由于消火栓造成的死水区和由此带来的饮用水管网二次污染问题。

（2）节约高质自来水

再生水用于消防灭火可直接节省大量自来水；避免消防水池定期更换消防用水引起的大量自来水浪费问题。

再生水经长期静置后，相对于自来水浊度、色度、暗淡、总大肠杆菌群数、细菌总数等各项指标的变化量数值没有大的差异。说明在无外界污染情况下，再生水水质不会迅速恶化，所以从水质方面来讲，再生水作为消防供水是可行的[79]。

考虑到各区域城市情况不同，再生水回用状态不一。再生水水质标准、水量与管网系统等各种因素，暂不采用再生水作为主要消防水源。在规划区域有使用再生水，可考虑在再生水管道上建设绿色消火栓。但在紧急需求的情况下，可以使用再生水进行火灾扑救，其水质应符合国家《城市污水再生利用　城市杂用水水质》GB/T 18920 有关城市污水再生利用水质标准。

2. 井水

井水作为消防水源，具有水质较好、便于停靠取水的特点，但井水往往水量较少，难以满足长时间不间断取水的需求，取水时水位变化较大，增加取水难度。

井水作为消防水源向消防给水系统直接供水时，其最不利水位应满足水泵吸水要求，其最小出流量和水泵扬程应满足消防要求，且当需要两路消防供水时，水井不应少于两眼，每眼井的深井泵的供电均应采用一级供电负荷。还应设置探测水井水位的水位测试装置。

3. 泳池、景观水体

随着城市化建设，泳池、喷泉等人工水源日益增多，应充分加以利用，这对于缺乏天然水源的市区的消防供水具有重要的战略意义。建议对现有使用条件允许的泳池、喷泉，设消防取水口，留出消防车驶近的通道，并保证消防车的吸水高度不超过 6m，设立明显的标志，严禁占用。

浙江千岛湖润和建国国际度假酒店设有 4 座游泳池，每座泳池的有效容积均大于消防水池所需的有效容积，设计将 2 座游泳池同时作为消防水池并使每座均可以单独使用，保证了在任何情况下均能满足消防给水系统所需水量和水质要求，节省了建筑面积及投资造价。设计中采取措施保证作为消防水池的游泳池使用的舒适及安全性不受影响[80]。

4. 池塘

我国东、南沿海片区城市，存在大量水产养殖业，各式各样集中分布的池塘、鱼塘也可作消防备用用水，在必要情况下建设临时取水设施，但需确保枯水位时仍能取得消防用水，如果超过 150m 保护范围，则增加室外消火栓加压泵，吸水管上要增设过滤器；还要考虑池塘灭藻等工作，同时防止取水时油污溢流池塘，造成鱼类死亡。

9.3.5　消防取水平台

1. 取水口

天然水源消防车取水口的设置位置和设施，应符合现行国家标准《室外给水设计标准》GB 50013 中有关地表水取水的规定，且取水头部宜设置格栅，其栅条间距不宜小于 50mm，也可采用过滤管。设有消防车取水口的天然水源，应设置消防车到达取水口的消防车道和消防车回车场或回车道。

2. 消防码头

消防码头在规划、设计和建造时应确保消防取水的可靠性，可靠性包含两个方面的要求：一是水位能满足消防车吸水高度的要求；二是水量能满足消防用水量的要求[81]。当江、河、湖的水面较低或者水位变化较大时，在低水位超过消防车的吸水高度，或者水源距离岸边较远，超过吸水管长度，消防车在岸边不能直接从水源吸水时，应建立消防码头。

目前，常用的消防码头有 4 种：有塘坎式、凹道式、斜坡式或栈桥式（图 9-5）。塘坎式、凹道式、斜坡式码头适用于常年水位变化不大的天然水源，当消防车道路紧靠江边、河、湖边，修建数个贯通坡道，使消防车接近水面吸水。栈桥式适用于常年水位变化较大的天然水源，在江、河、湖、海的岸边，修建坡道水源，消防车根据水位的变化，停靠在坡道上吸水。

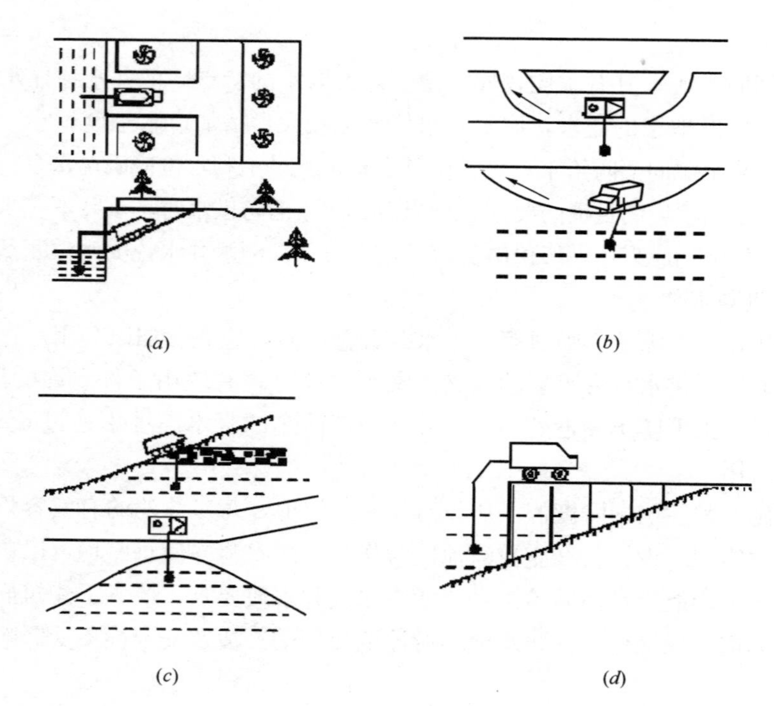

图 9-5　消防取水码头

图片来源：胡海燕，邓一兵，刘勇，高锋．海水用作沿海、海岛地区消防供水的探讨［J］．水上消防，2009（6）：26-29

（a）塘坎式；（b）凹道式；（c）斜坡式；（d）栈桥式

3. 吸水坑

当天然水源的水很浅，消防车从水源吸水的深度不足，吸水管内进入空气，消防车就不能吸水，需要在天然水源地挖掘消防水泵吸水坑，吸水坑深度不应小于 1m，且应使得水源能够顺利流入吸水坑，因此在吸水坑四周应清除杂草，设置滤水格栅。若吸水坑底为泥土，宜填 20cm 厚的卵石或者碎石防止泥浆吸入，但卵石和碎石的粒径应大一些，防止将石屑吸入水泵，破坏水泵。

游泳池做消防水池需满足消防水池的其他功能要求，并且要满足消防水泵布置的相关规定。为了便于消防泵从泳池取水，减少游泳池正常工作的影响，消防泵不宜直接从泳池吸水，而考虑设置消防泵吸水坑，吸水坑的有效容积按可能同时工作全部消防泵 5min 吸水量确定[82]。

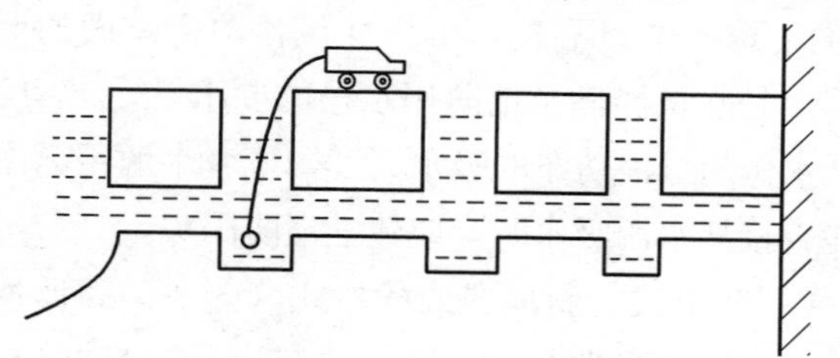

图 9-6　消防自流井

图片来源：胡海燕，邓一兵，刘勇，等．海水用作沿海、海岛地区消防供水的探讨［J］．水上消防，2009（6）：26-29

4. 自流井

天然水源比较丰富，常年水位变化较小的地区，消防车直接靠近河岸、湖边取水有困难时，或天然水源距城镇、重点保护单位较远时，可设置消防自流井（图 7-6），将河、湖水通过管道引至便于消防车停靠的地点，在管道的不同位置，根据火场用水需求，设置一定水量的吸水井，供消防车吸水。

9.4　市政消防供水管网

9.4.1　消防供水管网分类

消防供水管网按照消防水压要求、管网布置形式、用途不同，消防供水管网可以分为以下几类。

1. 按消防水压要求分类

按消防水压要求不同，可以分为三类：高压消防供水管网、临时高压消防供水管网、低压消防供水管网。

（1）高压消防供水管网。管网内的水压较高，主要来自高地水池或集中高压消防水泵房。管道内的供水压力应保证用水量总量达到最大且水枪在任何建筑物的最高处时，水枪的充实水柱仍不小于 10m。

（2）临时高压消防供水管网。管网内平时水压不高，发生火灾时，临时启动泵站内的高压消防水泵，使管网内压力达到高压消防供水管网的供水压力的要求。主要适用于石油化工厂或甲、乙、丙类液体及可燃气体储罐区内。

（3）低压消防供水管网。管网内平时水压较低，一般只负担提供消防用水量，水枪所需的压力由消防车或移动式消防泵产生。管道内的供水压力应保证灭火时最不利点消火栓处水压不小于 0.1MPa（从室外地面算起）。

2. 按管网的平面布置形式分类

消防供水管网按照平面布置形式不同，可以分为两类：枝状消防供水管网、环状消防供水管网。

（1）枝状消防供水管网

管网在平面布置上，干线成树枝状，分枝后干线彼此无联系的管网给水系统，称为枝状管网给水系统（图 9-7）。由于枝状管网内，水流从水源地向用水单一方向流动，当某段管网检修或损坏时，其下游就无水，将会造成火场供水中断，因此，消防给水系统不应采用枝状管网消防给水系统。在城镇建设的初期，输水干管一次形成环状管网有困难时，可允许采用枝状管网，但在重点保护部位应设置消防水池，并应考虑今后有形成环状管网的可能。

（2）环状消防供水管网

在平面布置上，形成若干闭合环的管网给水系统，称为环状管网给水系统（图 9-8）。由于环状管网的干线彼此相通，水流四通八达，供水安全可靠，并且其供水能力比枝状管网供水能力大 1.5～2.0 倍（在管径和水压相同的条件下），因此，在一般情况下，凡担负有消防给水任务的给水系统管网，均应布置成环状管网，以确保消防给水。

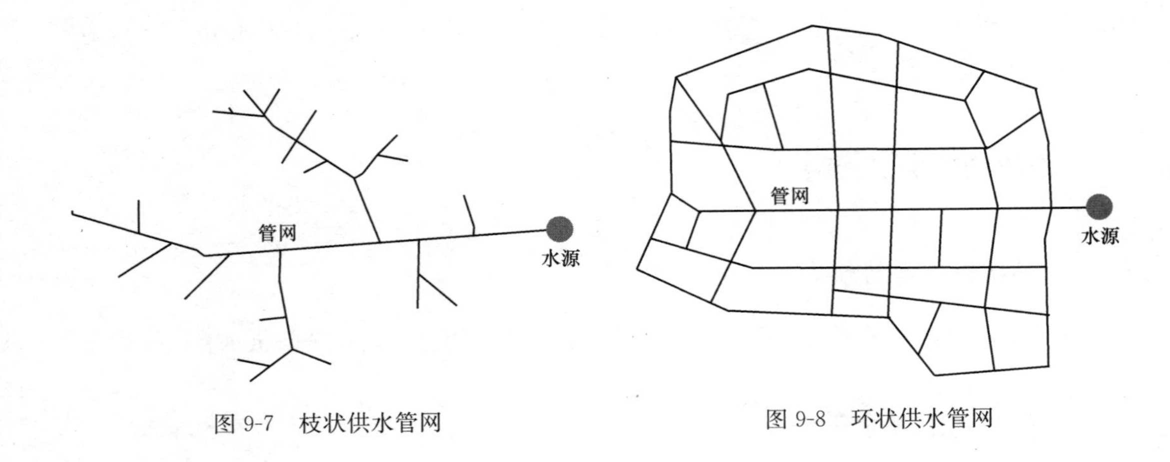

图 9-7　枝状供水管网　　　　图 9-8　环状供水管网

3. 按用途分类

根据其与供水系统是否连接，可分为生产、生活、消防合用供水系统及独立的消防供水系统。

（1）生产、生活与消防合用供水系统。一般城市供水管网均属此类型。要求当生活、生产用水量最大时，仍能保证全部消防用水量。适用于生产、生活用水量较大时。节约投资、安全可靠。

大、中城镇的供水系统基本上都是生活、生产和消防合用供水系统。采用这种供水系统有时可以节约大量投资，符合我国国民经济的发展方针。从维护使用方面看，这种系统也比较安全可靠，当生活和生产用水量很大，而消防用水量不大时宜采用这种供水系统，生产、生活和消防合用的供水系统，要求当生产、生活用水达到了最大小时用水量时（淋浴用水量可按 15%计算，浇洒及洗刷用水量可不计算在内），仍应保持室内和室外消防用水量，消防用水量按最大秒流量计算。

（2）生活、消防合用供水系统。当生活用水量达到最大时，仍能保证全部消防用水量。适用居住区或企事业单位的室外消防供水系统。

城镇、居住区和企事业单位广泛采用生活、消防合用供水系统。这样，管网内的水经常保持流动状态，水质不易变坏，而且投资上比较经济，同时便于日常检查和保养，消防供水较安全可靠。采用这种供水系统，当生活用水达到最大小时用水量时，仍应保证供给全部消防用水量。

（3）生产、消防合用供水系统。在某些工业企业内，采用生产、消防合用供水系统。采用这种供水系统，当生产用水量达到最大用水量时，仍应保证全部消防用水量，而且要求当使用消防用水最大时不致因水压降低而引起生产事故，生产设备检修时也不致造成消防用水中断。由于生产用水与消防用水的水压要求往往相差很大，在使用消防用水时可能影响生产用水，另外有些工业企业用水又有特殊要求。所以在工业企业内较少采用生产、消防合用供水系统。当生产用水采用独立供水系统时，在不引起生产事故的前提下，可在生产管网上设置必要的消火栓，作为消防备用水源，或将生产供水管网与消防供水管网相连接，作为消防的第二水源，但生产用水转换成消防用水的阀门不应超过两个，且开启阀门的时间不应超过 5min 以利及时供应火场消防用水。

（4）独立的消防供水系统。当工业企业内生产、生活用水量较小而消防水量较大，合并在一起不经济时，或者三种用水合并在一起技术上不可能时，或者是生产用水可能被易燃、可燃液体污染时，常采用独立的消防供水系统。设置有高压带架水枪、水喷雾消防设施等的消防供水系统基本上也都是独立的消防供水系统。消防供水与生产、生活供水合并不经济或技术上不可能，可采用独立的消防供水系统。如石油库、石油化工企业工艺装置区或罐区[83,84]。

9.4.2　消防供水管网规划要求

因消防供水水量大而集中，而市政消防供水容易受到施工、地质变化等的影响，一旦发生爆管，消防供水将得不到保障。为提高城市消防供水安全，消防供水规划时应符合下列要求：

（1）城市消防供水与城市供水合用一套系统，在设计时应保证在生产用水和生活用水高峰时段，仍能供应全部消防用水量。高压（或临时高压）消防供水应设置独立的消防供水管道，应与生产、生活供水管道分开。

（2）工业园区、商务区和居住区等区域宜采用两路消防供水，当一根引入管发生故障时，其余引入管应在保证 70%的生产生活供水设计小时流量条件下，仍能满足消防供水设计流量。

（3）当企业单位内消防管网与生产管网分为两个独立的供水系统时，在不引起生产事故的前提下，低压消防管网与生产管网可用连接管连接，或在生产管网上设置消火栓，将生产管网作为消防管网的备用水源。但生产用水转为消防用水时，启闭的阀门数不应超过两个，且不应超过 5min。应该指出的是在消防供水系统设计时，生产管网的水源不应作为消防用水的主要水源，消防管网的流量仍需满足用水量的要求。

（4）市政消防供水管道宜布置成环状，当城镇人口少于 2.5 万人时，可布置成枝状，市政消火栓的环状配水管直径不应小于 150mm，枝状配水管直径不宜小于 200mm；当城镇人口少于 2.5 万人时，环状配水管直径不应小于 100mm，枝状配水管直径不宜小于 150mm。

（5）市政消防供水系统宜采用低压供水制。最小供水压力不应低于 0.14MPa，火灾时从地面算起不应小于 0.10MPa。单个消火栓的供水流量不应小于 15L/s，商业区宜在 20L/s 以上。火灾时消防水鹤的出流量不宜低于 30L/s，且供水压力从地面算起不应小于 0.10 MPa。火灾风险较高区域，可适当加大供水量和水压。

（6）为确保火场用水，避免因个别管段损坏导致管网供水中断，环状管道应用阀门分成若干独立段，每段内消火栓的数量不宜超过 5 个。管网上的消防阀门设置应在管网节点处按“$n-1$”原则进行（n 为管网段数，如三通管处需布置的阀门数为 $3-1=2$ 个），并以两阀门间的管道上消火栓数量不超过 5 个进行校核。若超过 5 个时，应增加消防阀门。

（7）在供水管网末梢及水量水压不足处设置消防水池、加压泵站，建立高压或临时高压供水系统，以保证消防用水。消防水池的容量应根据保护对象计算确定，蓄水的容量最

低不宜小于 $100m^3$。

（8）低压消防供水系统的系统工作压力应根据市政供水管网和其他供水管网等的系统工作压力确定，且不应小于 0.60MPa，高压和临时高压消防供水系统的系统工作压力应根据系统在供水时，可能的最大运行压力确定。

如上规定均是对消防供水管网的最低要求，在城市条件许可的情况下，可适当提高供水管径、提高最不利消火栓的供水压力和供水流量。

在新建城区供水管网规划时，应严格按规定进行消防校核，保证最不利点消防水量水压要求。同时为城区发展考虑一定余量，适当提高末端管网管径，建议市政道路供水管径不低于 200mm，并布置环状管网和提高消火栓设置密度。在水量水压不足区域和高层建筑集中区域可集中建设区域消防水池、消防泵站，提高消防供水保障。

针对目前缺乏消防供水设施或供水管道老旧不能满足消防供水要求的老旧城区，应积极结合区域内供水管道改造，完善消防供水设施，包括加大供水管径、新建连通管道布置成环状管网、完善消火栓布置、增设消防水池等。

9.5 市政消火栓规划

市政消防系统主要由供水厂、输水干管、供水管网、消防水泵、消火栓（消防水鹤）组成。市政消火栓是设置在消防供水管网上的供水设施，主要供消防车从市政供水管网取水实施灭火，也可以直接连接水带、水枪出水灭火，是城乡消防水源的主要供水点。

9.5.1 市政消火栓分类

市政消火栓按照其设置条件、工作压力不同，可以分为以下几个种类：

1. 按压力分类

（1）低压消火栓。室外低压消防供水系统的管网上设置的消火栓，称为低压消火栓。低压消火栓是供应火场消防车用水的供水设备。

（2）高压消火栓。室外高压或临时高压消防供水系统的管网上设置的消火栓，称为高压消火栓。高压消火栓直接出水带、水枪就可进行灭火，不需消防车或其他移动式消防水泵加压。

2. 按照设置条件分类

消火栓按照安装方式，分为地下式、地上式及折叠式消火栓，其中地下式适用于严寒、寒冷等冬季结冰区域。

（1）地上消火栓

地上消防栓是一种室外地上消防供水设施（图 9-10）。用于向消防车供水或直接与水带、水枪连接进行灭火，是室外必备消防供水的专用设施。它上部露出地面，标志明显，使用方便。地上消火栓是一种城市必备的消防器材，尤其是市区及河道较少的地区更需装设，以确保消防供水需要。各厂、矿、仓库、码头、货场、高楼大厦、公共场所等人口稠密的地区有条件都应该安装。地上式具有目标明显、易于寻找、出水操作方便等特点，适应于气温较高地区，但地上消火栓容易冻结、易损坏，易造成偷窃用水，有些场合妨碍交通，影响市容容易受到破坏。

消防水鹤又称加水柱、快速加水器，上部伸出横向的输水管能左右旋转管的前端弯下来的部分像鹤的头部，是为水罐消防车快速加水，保证灭火用水量的城镇公共消防设施。消防水鹤建设是解决城市消火栓数量、流量不足的一种补救性措施，在城市建成区消火栓的数量不达标的区域或消火栓流量不足区域，应建设消防栓水鹤（图 9-9）。

图 9-9 消防水鹤

北方寒冷地区，消防车在扑火过程中进行加水补给时，为了能够有效地完成灭火任务，需要抗冻消防水鹤能在各种天气条件下，通过消防专用工具的操作，进行快速供水。在我国东北、西北地区，冰冻期较长，考虑到防冻问题，市政消火栓都是采用地下式消火栓的安装形式，而且大都设在道路旁边，但由于经常被路面积雪埋压，往往造成设置位置难以查找、消防井盖难以撬开等问题，即使能够迅速打开井盖，由于在井下接带供水，操作极为不便，这就会极大地影响火灾扑救，近年来随着我国消防产品的研究创新，我们发现消防水鹤能够避免地下式消火栓的许多弊端，在北方寒冷地区可替代室外地下消火栓。

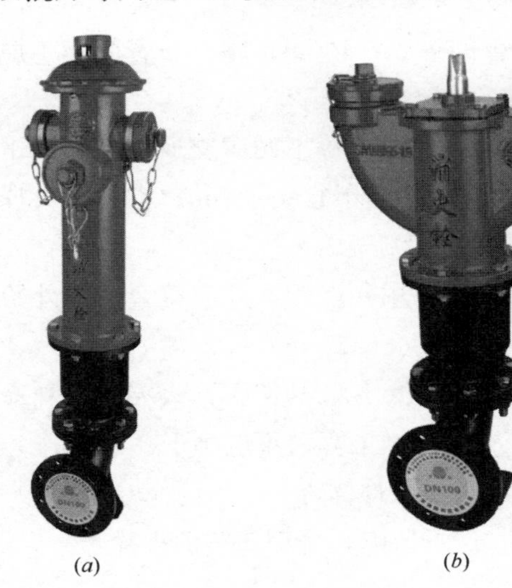

(*a*) (*b*)

图 9-10 消火栓

图片来源：安防展览网[Online Image]. [2019-8-15]. http://www.afzhan.com/offer_sale/detail/7264231.html.

(*a*) 地上消火栓；(*b*) 地下消火栓

（2）地下消火栓

地下消火栓和地上消火栓的作用相同，都是为消防车及水枪提供压力水，所不同的是，地下消火栓安装在地面下，地下式具有隐蔽性强、防冻、不影响城市美观的优点，正是因为这一点，所以，地下消火栓不易冻结，也不易被损坏，适合温度较低的地区（图 9-10）。地下消火栓的使用可参照地上消火栓进行，但由于地下消火栓目标不明显，故应在地下消火栓地面或附近设立明显标志。使用时，打开消火栓井盖，拧开闷盖，接上消火栓与吸水管的连接口或接水带，用专用扳手打开阀塞即可出水，使用后要恢复原状。地下消火栓是城市、厂矿、电站、仓库、码头、住宅及公共场所必不可少的灭火供水装置。尤其是市区及河道较少的地区更需装设。地下式消火栓不利于寻找和维修、资金投入量大、易被建筑或者车辆停放等埋压。

（3）折叠式消火栓

折叠式消火栓，是一种平时以折叠或伸缩方式安装于地面以下，使用时能升至地面以上的消火栓。与地上式相比，避免了碰撞，防冻效果好；和地下式相比，不需要建地下井室，在地面以上连接，工作方便。室外直埋伸缩式消火栓的接口方向可根据接水需要360°旋转，使用更加方便。

9.5.2 市政消火栓规划要求

1. 消火栓

（1）布置要求

市政消火栓布置应结合《消防给水及消火栓系统技术规范》GB 50974 相关规定，宜采用直径 *DN*150 的室外消火栓，并符合下列要求：

1）室外地上式消火栓应有一个直径为 150mm 或 100mm 和两个直径为 65mm 的栓口；室外地下式消火栓应有直径为 100mm 和 65mm 的栓口各一个；

2）市政消火栓宜在道路的一侧设置，并且靠近十字路口，但当市政道路宽度超过 60m 时，应在道路的两侧交叉错落设置市政消火栓；

3）市政高架桥、隧道出入口和桥头等市政公用设施处应设置市政消火栓；当市政高架桥长度超过 3000m 时宜设置市政消火栓；

4）市政消火栓的保护半径不应超过 150m，间距不应大于 120m，路口布置间距不应大于 60m；

5）市政消火栓应设置在消防车易于接近的人行便道和绿地等不妨碍交通的地点；市政消火栓距路边不宜小于 0.5m，并不应大于 2m，距房屋外墙不宜小于 5m；市政消火栓应设置避免撞击的地点，当必须设置在此处时应设置防撞措施；

6）市政供水管道上阀门的设置应便于市政消火栓的使用和保护，并应符合《室外给水设计标准》GB 50013 的有关规定；

7）设有市政消火栓的供水管网平时运行工作压力不应低于 0.14MPa，火灾时水利最不利市政消火栓的出流量不应小于 15L/s，且供水压力从地面上算起不应小于 0.10MPa；

8）市政消火栓应有明显的标志，地下式消火栓应有永久性标志；

9）消火栓布置需排除山林、公园、水体、绿化、广场影响，合理布置消火栓[85]。

（2）布置间距

根据城镇道路建设情况，室外消火栓最大布置间距 R 是室外低压消火栓最大保护半径，根据《消防给水及消火栓系统技术规范》GB 50974 规定为 150m。考虑火场供水需要，室外低压消火栓最大布置间距不应大于 120m（图 9-11）。

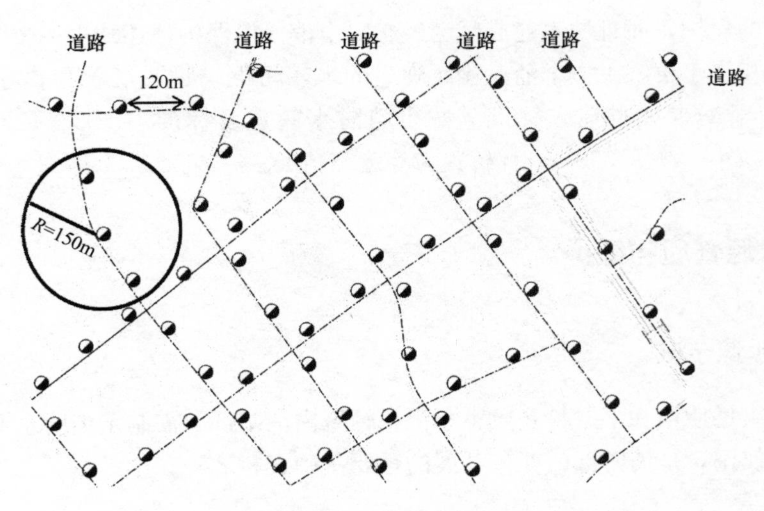

图 9-11 消火栓布置

2. 消防水鹤

(1) 布置要求

根据消防部门要求，可参考吉林省地方标准《城市消防水鹤建设标准》DB22/T 223 建议，消防水鹤的技术要求如下：

1) 消防水鹤具有良好的防冻性能，根据我国具体情况，一般要求在－50℃至 50℃之间；

2) 保护半径不应超过 1000m；

3) 布置间距不应超过 1700m，并布置为等边三角形；

4) 距街、路边缘不应超过 1m，距建筑外墙不应小于 5m；

5) 应设置在交通便利道路的绿岛或人行步道内，其放水管对应路面应用雨水井；

6) 连接消防水鹤的市政给水管的管径不宜小于 200mm，压力不应低于 0.10MPa；

4) 消防水鹤的旋转装置应满足放水管 360°自由灵活旋转，也可伸缩 0～300mm；

5) 消防水鹤的横向放水管长度不宜小于 2.5m，竖向放水口长度应使消防水鹤与路口高差不小于 3m；

6) 消防水鹤的加水速度不低于 0.6m^3/min；

7) 消防水鹤在公称压力下，连接部位及排放余水装置不得有渗漏现象。

(2) 布置间距

一个消防站一般有 3 台中型水罐消防车，用这 3 台中型水罐消防车在火场与水鹤之间运水，在这段距离内运水能保证火场 2 支 19mm 水枪（每支水枪流量 6.5L/s，2 支水枪即 1 个消火栓流量）不间断出水灭火，按《消防给水及消火栓系统技术规范》GB 50974，室外消火栓间距应为 120m、保护半径 150m，可保证城区内任何一点均有两个消火栓保护。目前，城镇建成区消火栓不达标，建设消防水鹤可相当于在城镇建成区消火栓不达标的区域增加 1 个消火栓，这个距离就是消防水鹤的保护半径 1000m，为不留保护空白点，应设置为等边三角形，所以，消防水鹤间距为 1700m。这个间距是建立在城镇区域任何建筑都有2个消火栓的保护，而且城镇建成区已经有一个消火栓保护，还缺少一个消火栓基础上通过建设水鹤相当于再解决一个消火栓而确定的水鹤间距。如果完全用水鹤替代消火栓，水鹤间距可该根据吉林省地方标准《城市消防水鹤建设标准》DB22/T 223规定间距1700m基础上减小一半为850m，且布置为等边三角形。

9.6 消防水源管理和维护

9.6.1 消防水源手册

为了便于火场使用和平时检查熟悉水源，辖区内消防部门需制定消防水源手册，主要用于日常巡查使用，是消防部门业务开展的重要基础资料之一。

1. 主要内容

主要包含手册适用范围、适用方法、辖区内所有消防水源概况，各消防安全重点单位分布及基本情况，水源分布情况，消防供水能力，消火栓位置、管径、压力及灭火剂源等内容。

2. 消防水源分布

(1) 水源目录

按照消防分区将水源按照街道布置和便于检查的行走路线，分出若干个水源分区，并分别编号，同时列出重点保护单位目录，便于查阅。

(2) 消防供水图

消防供水图主要绘出消防区域消防供水管网图，主要包含消防管网形式、管道直径、节点分布。

(3) 消防水源分区图

按照水源分区编号，按照消防重点单位分片区绘制消防水源分布图，图面标注街道名称，主要消防通道，建立健全的消防水源档案。同时对分布图进行分别说明，说明重点单位位置、建筑面积、安全出口、消防车通道、周边建筑状况。备注市政供水表格内容：市政消火栓编号、街道、消火栓位置、形式、管网形式、管径及使用情况。消防水池标注消防水池编号、位置、容量、建设日期、注水形式、管网直径、主管单位、负责人、电话等信息。天然水源及其他水源分布、储量，不同季节时期的水位变化，说明取水平台或消防取水点位置。

3. 消防手册更新

消防手册用于日常管理和检查，按照顺序装订成册，在每次检查完水源后，应将变化情况及时补充记入消防手册，如变化较大，应绘制新的消防水源分区图。

9.6.2 消防水源维护与管理

1. 加强消防水源建设

政府应加强对市政消防水源建设领导工作，结合当地具体情况，制定本地消防水源建设、维护保养的规范性文件，把任务分配到具体部门、单位和有关人员。

公用事业管理部门应按照国家有关消防法规和技术标准负责消防水源的规划、建设、安装、维修。各职能部门之间从消防水源的规划、建设到验收、统计应融为一体，形成网络，相互监督，保证数量及质量。将市政消火栓与消防水池、天然水源及其他水源有机结合，共同建设成为城市消防水源。

2. 加强消防水源的维护力度

消防水源的设施需要有专门的技术人员定期检查，检测消防水源启闭是否有效，功能是否正常，水压水量是否在正常范畴。还要检查消防水源及消防栓或消防水鹤是否被广告、污物影响，并进行及时清理擦拭等日常的维护与管理，便于紧急情况下快速操作，这样才能保证在每次出现火灾等事故中能够更好地发挥消防水源的作用。辖区消防部门应与自来水、街道、城管等部门加强联系，形成共同管理，加强日常巡查，防止消火栓或消防水鹤的检查井被埋压、圈占、堵塞和擅自挪作他用，并将现场巡查记录成册，便于管理。

(1) 每季度监测市政供水管网的压力和供水能力。

(2) 每年对天然河、湖等地表水消防水源的常水位、枯水位、洪水位以及枯水位流量或蓄水量等进行一次检测。

(3) 每年对水井等地下水消防水源的常水位、最低水位、最高水位和出水量等进行一次测定。

(4) 每月对消防水池的水位等进行一次检测；消防水池（箱）玻璃水位计两端的角阀在不进行水位观察时应关闭。

(5) 在冬季每天要对消防储水设施进行室内温度和水温检测，当结冰或室内温度低于5℃时，要采取确保不结冰和室温不低于5℃的措施。

(6) 每年应检查消防水池、消防水箱等蓄水设施的结构材料是否完好，发现问题时及时处理。

(7) 永久性地表水天然水源消防取水口有防止水生生物繁殖的管理技术措施。

(8) 游泳池兼有消防水池的功能时，不仅要按游泳池的相关规定进行管理，还必须严格按照消防水池进行管理。比如：因游泳池补水管管径较小，在消防火灾用水后，必须及时打开游泳池初次充水管，以保证《建筑设计防火规范》GB 50016关于消防补水时间不超过48h的规定。如果只是夏天运行的游泳池，则冬天必须按消防要求贮存足够的消防水量，并保证消防水量不作他用。

(9) 寒冷地区的消防水池冬天应有可靠的防冻措施，使其在冰冻期内仍能供应消防用水量。

3. 严格管理消防水源

由于市政道路建设点多、面广，消防水源的完好率直接影响到灭火战斗的成败，为切实确保灭火用水需求，保障公民人身、财产安全，维护公共安全，消防部门需联合其他部门共同管理消防水源。

(1) 任何人不得擅自拆除、移动、挪用、停用、封堵消防水源设施，妨碍消防水源设施的正常使用。

（2）建立缺水地区火场供水保障预案，各消防中队成立水源班，负责日常消防水源的维护、管理，专门负责火场供水。

（3）建立水源损坏报告制度，消防部门、消防供水管理部门联网，加强水源管理。

（4）消防部门应将消防水源工作纳入执勤备战的重要环节，要把使用消防水源作为每年训练、演习、演练、考核等工作的内容之一。

（5）建立消防水源计算机管理系统，编制消防水源手册。要把信息化建设与水源管理工作相结合。利用计算机、电子地图、GPS 等先进技术，对消防水源进行智能化管理，便于查找和使用。

4. 加大消防水源保护宣传力度

消防水源维护与群众的参与密切相关，因此加强消防水源的保护宣传工作，对消防水源维护至关重要。

（1）增强全民消防水源保护意识，加强监管和惩治力度，打击违法行为。

（2）利用新闻媒体，加大宣传力度，明确消防水源的重要性，“曝光”典型违法案例，增强社会单位和人民群众自觉爱护消防设施的意识。

（3）公安、消防、规划、建设等部门建立信息沟通渠道，共同对消火栓实施监管，公安部门设立专门举报电话，对故意损坏、偷盗、擅自使用、撞坏逃逸、车辆挤占消火栓等行为提供举报线索，查实后，按照法规从严、从重处罚。违反法律法规，情节严重，影响扑救火灾，构成犯罪的，由司法机关依法追究刑事责任。

9.6.3 市政消火栓建设与维护

1. 加强消火栓建设

消火栓作为消防水源的主要来源，消火栓对消防部门灭火救援至关重要，需各个主体之间协调统一，需进一步加强消火栓建设，确保人民人身、财产安全。

（1）将市政消火栓建设列入地方财政预算，加大对市政消火栓建设投入，提供必要的经费保障。

（2）加强源头管理，确保市政消火栓配建到位，做到消火栓配建与工程建设同步设计、同步施工、同步验收、同步交付使用，从源头上解决消火栓配建与道路建设不同步、不配套的现象。

（3）由政府牵头，城市规划、建设主管部门与水务部门、公共设施管理部门、消防部门等多个部门共同参与，明确相关职能部门职责，落实市政消火栓设计、建设、维保、使用、监管的责任主体和经费保障渠道。

（4）消防部门需要对各自辖区内消火栓施工进行监督，并予以技术指导。竣工尽量有建设单位、水务部门、消防部门等各单位联合组织验收，保障工程建设合格，保障后期使用。

（5）建设过程中，加大消火栓的出水口径，增加方便快捷的固定采水设施，寒冷区域要大力加强消防水鹤或地下消火栓的建设，保障消火栓使用。

（6）大型石化企业和重点单位要改建消防管网，进行加粗管径，加大出水口径，要在储水罐外设置安装消防车吸水口和取水口等。

（7）设置简捷醒目的标识牌，明确消火栓位置，以利于消防部门的使用（图 9-12）。

(*a*)

(*b*)

图 9-12　消火栓标识牌实景

（*a*）新加坡绿化带消防栓标识；（*b*）日本街头消防栓标识

（8）建设消火栓维护栏杆，防止车辆撞击，市政消火栓被撞有水压，极易造成大量市政水流失，造成周边消火栓水压不足。建设消火栓护栏结构合适，避免影响消火栓使用。

2. 消火栓定期维护

地上消火栓主要由弯座、阀座、排水阀、法兰接管启闭杆、车体和接口等组成。在使用地上消火栓时，用消火栓钥匙扳头套在启闭杆上端的轴心头之后，按逆时针方向转动消火栓钥匙时，阀门即可开启，水由出口流出。按顺时针方向转动消火栓钥匙时，阀门便关闭，水不再从出水口流出。日常，对地上消火栓进行维护和保养工作包含：

（1）每月和重大节日之前，应对消火栓进行一次检查。

（2）清除启闭杆端周围的杂物。

（3）将专用消火栓钥匙套于杆头，检查是否合适，并转动启闭杆，加注润滑油。

（4）用纱布擦除出水口螺纹上的积锈，检查门盖内橡胶垫圈是否完好。

（5）打开消火栓，检查供水情况，要放净锈水后再关闭，并观察有无漏水现象，发现问题及时检修。

9.7　消防供水信息化应用

消防水源信息系统是物联网技术在消防领域的具体应用（图 9-13），常见的方式是采用手机终端＋云终端方式运行，提供了信息化在消防水源管理方面的科学化、规范化的技术支持。相对于水源手册的管理巡查功能，信息化更具有建议性、方便性、节约性、实用性等优点。

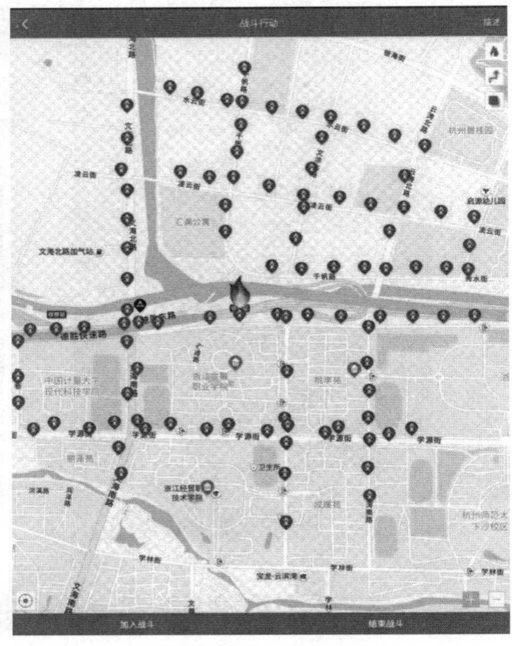

图 9-13　消防水源信息系统

图片来源：消防水源物联网[Online image].[2018-7-2]. https://new.fire114.cn/pc/zx/detail/58136?id=58077

杭州消防“指尖战勤”[Online Image].[2017-10-22]. https://zj.zjol.com.cn/news/782127.html?ismobilephone=1&t=1519495198685

9.7.1　消防水源信息系统

消防水源系统信息管理系统，主要分为两个部分：手机移动端与 PC 端。通过图片、底图、文字、图标等形式，立体展示给使用者消防水源的各类信息，做到对各种信息的全面了解，提高使用效率。

1. 水源搜索功能

手机移动端基于消防水源手册，建立在电子地图之上的地理信息系统，并且具有 GPS 定位，能够通过手机终端巡查准确地查找某个区域内消防安全重点位置和相关消防水源信息，通过多个不同属性字段进行综合定位，准确查找周边水源信息，并找到合理水源，可以定位范围，并支持多种功能条件查询，精度一般保持在 8～16m 的范围[86]。

2. 水源信息采集功能

消防水源巡查员可以通过手机终端进行水源信息采集，不受时间、空间等因素限制，可以将新建的水源信息利用 GPS 定位准确添加水源信息，包含地理位置、管径、水压联系方式。

3. 水源信息更新

PC端水源信息系统的管理者，可以通过电脑统筹管理所有信息，进行最合理的调度。可以审核消防水源巡查员手机端口采集上传的最新水源信息，并更新水源信息。

4. 可视化管理

通过PC端管理员终端的可视化管理，可以了解整体水源信息内容，通过数据分析与管理，为后期消防建设、维护提供数据支持。

9.7.2 危化火灾处置应用系统

危化火灾处置应用系统是针对危险化学品引发事故情况，进行危害评估并提出有效处置方案的计算机辅助决策智能系统。

危险化学品的危害与其危险特性、事故类型、气象条件、人口密度等因素有关。该应用系统可根据其影响因素，将危害范围、程度、蔓延速度、方向和信息显示在地图上，提高处置率，减少人员伤亡。

1. 危化评估

涉及危险化学品防火基础知识、防火原理、扑救与应急救援、消防技术装备及危险化学品的消防安全管理。

2. 应用速查

依据《国民经济行业分类》GB/T 4754中列举的涉危行业，分别指出了各类行业设计的典型危险化学品和存在的主要风险。系统提供相应信息速查表，危化品处置要点速查表，遇水易燃物速查表，常见泡沫灭火剂应用速查表，工业气体瓶颜色速查表，工业管道识别颜色速查表，化学事故应急救援单位方式速查表。

3. 案例查询

录入典型危险化学品事故处置案例，按照分类检索要素进行关键内容梳理，设置关键字查询功能，指挥员可根据实际需求，有针对性地快速查询到类似事故处置实战情况，为现场决策提供相应的指导。

第 10 章　消防通信及指挥系统规划

10.1　规划原则

消防通信是建设一套以多功能、现代化消防指挥中心为基点，与消防有线通信、无线通信、计算机通信、数据和图像等多种通信手段和设备构成的现代化城市消防通信系统，为消防灭火战斗实现“快速反应、准确应变、灵活机动、高效统一”的目标提供多功能、自动化、智能化、数字化、综合化、现代化、网络化的信息支撑，秉持“全面规划、统一标准、先急后缓、分步实施”的原则[87]。

1. 协调发展原则

消防通信规划要与城市通信规划保持一致，同时要与当地经济保持一致。

2. 因地制宜原则

充分考虑当地经济发展水平和区域发展模式差异，具有针对性及可操作性。

3. 适度超前原则

消防通信规划要具有前瞻性，充分考虑现实情况和未来发展水平，使系统具备未来可发展空间。

4. 先进可靠原则

消防通信规划应与先进、可靠、实用的前沿技术相结合，确保通信安全畅通和信息时效性。

10.2　消防通信系统构成及功能

根据《公安部关于大力推进县市公安机关 110、119、122“三台合一”工作的通知》，将辖区内 110、119、122 三个报警台进行整合，充分利用现有通信及计算机网络技术，建成一个公安信息、控制、通信和指挥（CTI）的综合管理辅助系统。公安系统实行“三台合一”，110、119、122 电话均由公安 110 指挥中心汇聚，110 接警员简单询问确认属消防警情后，通过三方通话方式转警至消防支队指挥中心进行处警。110 指挥中心为 119 指挥中心过滤了大量重复报警、虚假警等警情。

城市消防通信系统由火警报警系统、火警受理系统、消防通信指挥系统、消防信息综合管理系统、指挥训练模拟系统构成。

1. 火警报警系统

主要包含“119”火警线报警、普通有线电话报警、无线报警、重点消防单位专线报警。

2. 火警受理系统

火警受理系统主要包括火警受理信息系统、火警调度机、火警数字录音录时装置。用于接收、处理联网用户端的用户信息传输装置传输的火灾报警、建筑消防设施运行状态等信息，并能向城市消防通信指挥中心或其他接处警中心发送火灾报警信息。

3. 消防通信指挥系统

消防通信指挥系统主要以消防指挥中心为核心的火警调度指挥系统，分为消防有线（无线）通信子系统及火场指挥子系统。消防有线（无线）通信子系统，其主要组成部分应有火警电话中继、火警调度专线、报警通信网、消防无线通信网、消防有线通信设备、消防无线通信设备和其他辅助设备等。火场指挥子系统，其主要组成部分应有火场指挥台、消防车辆动态管理装置及终端机、火场图像传输装置、其他辅助设备等及其应用软件。

消防指挥系统应具有下列基本功能：

（1）利用公用或专用的通信网向城市消防通信指挥中心报告火警。

（2）自动或人工实现火警辨识、出动方案编制、出动命令下达等火警受理流程。

（3）利用有线或无线通信网，进行话音通信、数据通信和图像通信。

（4）在火场及灾害事故现场进行全市消防实力调度。

（5）利用系统资源进行灭火救援指挥训练模拟。

（6）利用系统资源，对地理、气象、消防水源、消防实力、消防安全重点单位基本情况、各类火灾和灾害事故特性、化学危险品、灭火救援战术技术等信息进行采集、存储、检索、处理、显示、传输和分析。

4. 消防信息综合管理系统

消防信息综合管理系统主要组成部分应有消防信息管理工作站和相关数据库的管理维护应用软件，将受理的报警信息形成报警数据库，完成火灾受理过程详细记录，并采用数据技术对现实中各种消防工作文档、资料的电子化管理。

5. 指挥训练模拟系统

指挥训练模拟系统主要组成部分应有训练模拟工作站和灭火救援指挥训练应用软件，利用系统资源对消防指挥人员进行消防指挥训练。

10.3　消防通信指挥中心规划

消防通信指挥中心是消防部队进行信息传递和指挥调令的中枢部门，它需要对报警进行及时的受理、对灭火救援进行调度指挥、对信息情报予以支持等，主要执行对报警的受理和消防救援力量的指挥职能。目前城市消防通信规划中基本已经建立了综合的消防指挥中心，一部分城市还设立了移动的消防通信指挥中心，但是在具体的消防通信规划中应该根据城市的具体情况有针对性地建设城市应急救援体系，合理建设城市的消防通信指挥中心。

10.3.1　消防信息综合管理

消防通信指挥系统技术构成中，利用系统资源对消防信息进行采集、存储、检索、处理、显示、传输、分析，其主要组成部分应有消防信息管理工作站和相关数据库的管理维护应用软件。

完善消防调度指挥中心的消防地理信息数据库资料，应按照地图要素的拓扑属性划分图层，且应具备街路层、水源层、建筑物层等基本图层要求，主要包括以下内容：

（1）广域消防地图，含有地图、行政区及道路、消防水源、消防站分布等相关信息。

（2）接警消防地图，含有消防站辖区图及道路、消防水源、消防安全重点单位、消防站等相关信息，比例尺宜为 1∶2000。

（3）灭火战区地图，含有以火灾地点为中心的一个作战区域图及道路、消防水源、毗邻单位、消防车辆部署等相关信息，比例尺宜为 1∶500。

（4）街路信息，包括编号、街路名称、起点、终点、街路级别、长度、宽度、交叉路口、路面情况等，还应建立灭火模拟演练子系统。

（5）与公安、交通、电信、气象、地震等机要部门实行计算机联网，实现信息共享。

10.3.2 消防远程监控系统

城市消防远程监控系统是通过现代通信网络将各建筑物内独立的火灾自动报警系统联网，并综合运用地理信息系统、数字视频监控等信息技术，在监控中心内对所有联网建筑物的火灾报警情况进行实时监测、对消防设施进行集中管理的消防信息化应用系统。

随着经济社会和城市建设的迅速发展，我国城市中的大中型建筑及公共场所建筑消防设施已经普及。据统计，全国有近 20 万栋建筑物安装了火灾自动报警系统、自动灭火系统等建筑消防设施，在防控火灾中发挥了十分重要的作用。

1. 远程监控系统设置

地级及以上城市设置一个或多个远程监控系统，县级市宜设置远程监控系统，或与地级市及以上城市远程监控系统合用。单个远程监控系统的联网用户数量不宜大于 5000 个。

2. 远程监控系统构成

城市消防远程监控系统由用户信息传输装置、报警传输网络、报警受理系统、信息查询系统、用户服务系统及相关终端和接口构成（图 10-1）。

3. 远程监控系统配置

根据《城市消防远程监控系统技术规范》GB 50440，远程监控系统配置应符合表 10-1 的要求。

远程监控系统配置表 **表 10-1**

序号	名称	配置地点	单位	配置数量
1	用户信息传输装置	联网用户		≥1
2	系统的联网用户	—	个	≥5
3	报警受理系统	监控中心	套	≥1
4	受理坐席	监控中心	个	≥3
5	信息查询系统	监控中心	套	≥1
6	用户服务系统	监控中心	套	≥1
7	火警信息终端	消防通信指挥中心、其他接处警中心		≥1
8	信息查询接口	公安消防部门	个	≥1

续表

序号	名称	配置地点	单位	配置数量
9	信息服务接口	—	个	≥5
10	网络设备	监控中心	台/套	≥1
11	电源设备	监控中心	台/套	≥1
12	数据库服务器	监控中心		≥1

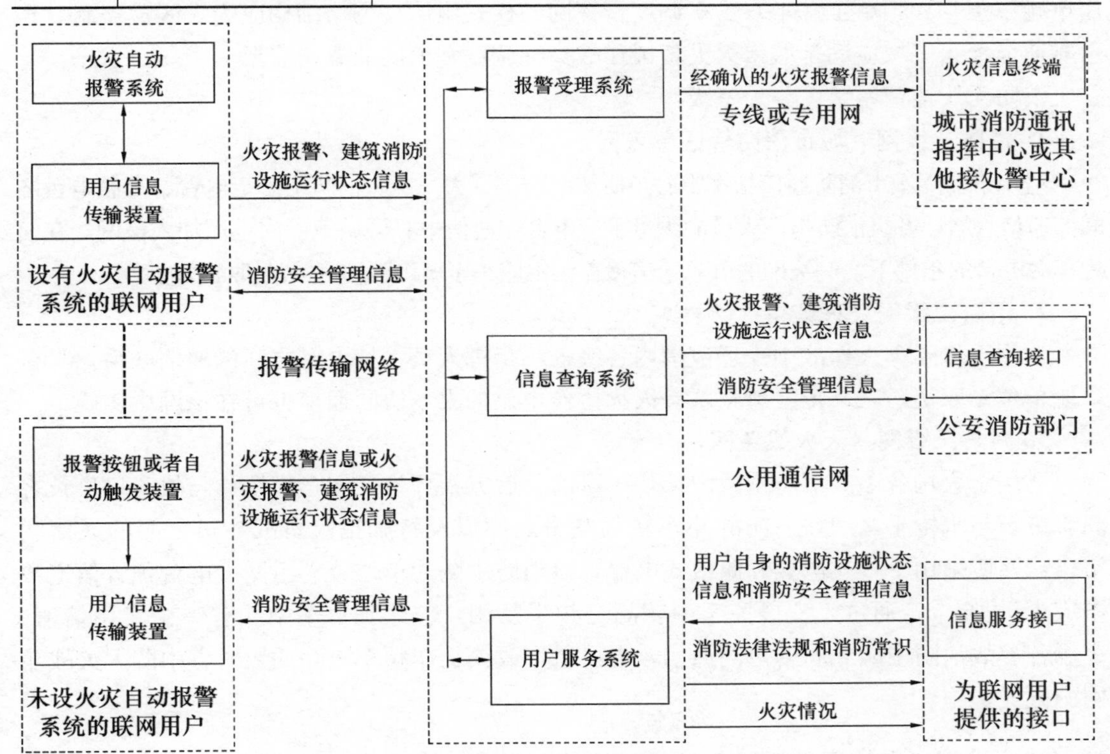

图 10-1 城市消防远程监控系统构成图

图片来源：城市消防远程监控系统技术规范 GB 50440［S］. 北京：中国计划出版社出版，2007

10.4 消防通信基础网络设施系统规划

10.4.1 有线通信系统

有线通信系统是由被覆线、架空明线、电缆、光缆为传输媒质所构成的通信系统。系统由用户设备、交换设备和传输设备等组成。按通信业务分为电话、电报、图像和数据等通信系统。

（1）消防调度指挥中心至供水、供电、供气、地震、海事、核电、气象、环保等机要部门各设不少于 2 条火警电话专线，有条件时增设数据和图像传输功能，以便发生火灾时保证报警的有效性。

（2）消防调度指挥中心至各消防重点保卫单位各设不少于 2 条火警电话专线。

（3）消防调度指挥中心至各消防中队增设或布设不少于 2 条调度专线。

（4）各消防中队至最近的市话局各设不少于2条火警电话专线。

（5）建立城市火灾自动报警监控系统通信网络。

10.4.2 无线通信系统

城市消防通信指挥中心应设置独立的消防专用无线通信网。城市消防无线通信网宜采用单频单工和异频单工（半双工）调度指挥网的模式组网。网络结构应为大区覆盖制。其可靠通信覆盖区域应满足城市灭火救援作战指挥调度和消防业务的需要。

消防无线通信系统可分为三级：

1. 消防一级网（城市消防管区覆盖网）

适用于保障城市消防通信指挥中心与所属消防支（大）队、消防站固定电台、车载电台之间的通信联络。各级消防指挥人员的少量手持电台在通信中心区域范围内也可加入该网。在使用车载电台的条件下，一级网的可靠通信覆盖区不应小于城市消防管区地理面积的80%。

2. 消防二级网（火场指挥网）

适用于保障灭火作战中火场范围内各级消防指挥人员手持电台之间的通信联络。与企事业单位专职消防队、抢险急救队等灭火协作单位的火场协同通信也可在该网中实施。

3. 消防三级网（灭火战斗网）

适用于火场各参战消防中队内部，中队前、后方指挥员之间，指挥员与战斗班班长之间，班长与水枪手之间，消防战斗车辆驾驶员之间以及特勤抢险班战斗员之间的通信联络。该网应采用手持式电台和佩戴式电台，以消防中队为单位分别组网。电台预置信道数不应少于16个，通过无支援关系中队间的频率复用，应达到每个中队有一个专用信道。火场各参战消防中队之间的协同通信，也可采用改换工作频率相互插入对方中队灭火战斗网的方式实施。

10.4.3 计算机网络通信系统

计算机网络通信系统分为消防三级网络：一级网络建设主要依托“金盾工程”公安主干网和当地公安厅（局）公安专网，实现消防局到各省（区、市）消防总队、有关消防科研机构和消防院校的联网；二级网络建设可依托当地公安局（处）网络，实现各省（区、市）消防总队到市（地、州）消防支队的联网，有条件的地方也可自行组建独立的消防专用网络；三级网络可采用光缆方式实现各市（地、州）消防支队到消防大队和中队的联网，一般可采用专线方式。消防办公网应依托三级网络，消防指挥网原则上应独立组网，不宜与消防办公网共用。

10.4.4 数据及图像传输系统

数据及图像传输系统把火场作战实况通过无线通信系统传输到指挥中心、现场指挥车的监视屏幕上，为灭火战斗指挥和决策提供实时、全面的画面信息。

消防通信指挥中心和通信指挥车各配备一台无线传真机，2～3路图像传输通道和相关设备。通信指挥车、相关灭火战斗车辆、灭火指战员均配备便携式摄像机。

10.5　消防移动应急通信系统

消防移动应急通信系统中通信的维持主要依靠的就是卫星通信，在大型火灾发生的场所往往会由于各种原因导致通信无法正常运作，消防移动通信系统能够利用卫星进行远程控制、信息传输，从而做出最优化的解决方案，避免火势的蔓延。当火灾事故发生时，在一些信号差的地区以及火势火灾比较严重的场所应用消防移动应急通信系统是应对火灾事故，减少事故损失的重要途径。长期实践证明消防移动应急通信系统的应用优势是非常明显的。

现今随着我国消防工作的完善，消防部队对于消防移动应急通信系统的认识愈发深入，对其的重视程度逐渐增加以及对其的应用逐渐发展起来，应用操作逐渐熟练起来，使得消防移动应急通信系统在消防工作过程中占据着越来越重要的地位[88]，只有做好消防移动应急通信系统的规划，才能够充分发挥出其应用作用。

10.5.1　消防移动应急通信系统

在消防移动应急通信系统规划中需要综合考虑火灾状况，而后制定出系统大小、使用范围、信号强度等均有所不同的系统。首先，应当根据消防事件规模合理规划系统。消防移动应急通信系统的建立应当考虑实际因素。最先要考虑的就是火灾规模，如果是大型火灾事故应当选择大型的移动站点，这样在火灾处理中还能够进行多方协作沟通，而且也能有效提高火灾事故的处理效率；对于中型火灾事故可以选择一般类型的移动站点，针对火灾严重的部分进行探讨，固定救灾计划、人数，这样能够在较短时间内有效控制消防事件；对于小型消防火灾事故，则可以选择小规模的移动站点，这样能以最快的速度处理火灾事故。其次，应当根据消防事件位置进行合理规划。如果在城市繁华地带出现火灾，则应保证火灾处理的速度，并根据火灾程度选择。一般情况下，可以选择便携式移动站点，即便是交通拥堵，也能够用最短的时间到达火灾事故现场。而且便携式移动站点还能够快速传输有关信息，从而防止火灾事故的扩大。如果处于比较偏僻的地区，则可以选择大中型的移动站点，以保证在最短时间内能够完成救灾。如果火灾事故发生在人流量非常大的场所，则要选用大规模的移动站点，这样便于对火灾事故进行全方位信息的收集、传输。这样也能够有效缩短决策时间，从而保证火灾事故的救援进度。如果火灾事故发生在易燃物较多等高危场所，则要选择大型移动站点，进行远距离拍摄、传输，以便制定出高效的火灾事故解决方案[89]。

10.5.2　消防应急通信系统规划

消防应急通信系统在城市中的应用逐步广泛，主要原因在于城市人口集中，建筑物密度较大，一旦发生火灾事故，应急通信系统会第一时间传递信息至消防指挥中心，为灭火救援提供必要的信息依据，降低损失。消防应急系统应用也越来越广泛，结合实际情况合理规划消防应急通信系统，才能充分利用消防应急通信系统，有效控制火灾，真正提高消防工作效率。

1. 建立应急通信队伍

根据应急通信装备建设、维护等应急通信保障体系的需要，应在国家的陆地搜寻和救护基地以及消防总队之间设立应急通信支队。并在相关通信技术支持下根据实际状况需要建立应急通信保障系统，保证在重大事故发生时可以安排专业的消防通信人员对消防部队的消防应急通信工作提供保障。

2. 编制完善的应急通信保障预案

在城市消防通信规划中，根据消防救援中对通信的指挥需求编制完善的针对各种重大灾害消防救援的应急通信保障预案。规划中包括在灾情发生时进行快速响应的机制，并包括重大灾害中保障应急通信的方法和对人员和装备进行有效调动和远距离投送的方法等。保障在发生重大灾害的同时可以启用配备相应的应急通信保障的流程和模式。

3. 建立完善的应急通信联动机制

在城市消防通信规划中应该注意通信联通机制的建立。在政府应急办、安监、公安、环保、供水供电以及医疗等部门之间建立应急通信联动机制，实现部门间应急通信的互联互通。加强联动机制下对信息的通报，对应急救援进行明确的指挥调度和通信联络等。并根据这些信息定期召开会议进行工作情况的通报。

4. 建立完善的应急通信训练机制

在城市消防通信规划中要建立一个应急通信训练机制，并在训练过程中不断进行完善。指挥员与战斗员应该特别注重对应急通信设备的使用，针对应急通信预案不断进行演练和模拟指挥训练。在训练和演练的过程中对应急通信保障预案进行不断的完善和改进，保证在短期内可以形成并提升通信保障的能力。

10.6 “智慧消防”系统规划

随着社会发展及技术进步，传统的消防管理及工作模式滞后并制约消防行业发展的弊端日益凸显，面对火灾防控“自动化”、执法工作“规范化”、灭火指挥“智能化”、队伍管理“精细化”的现代城市消防安全需求，一系列消防安全问题亟待解决。以智慧城市建设热潮为契机，各国逐渐提出了与智慧城市建设相匹配的建设理念，即智慧消防。现如今，越来越多的地区或城市开始研究和实施智慧消防建设[90]。

10.6.1 智慧消防目的

智慧消防目的是实现对整个城市的消防安全进行检测、火灾预警、指挥调度，极大提升整个城市的火灾防控能力、灭火及抢险应急调度指挥能力，同时也大大提高消防救援队伍灭火救援能力及防火监督检查管理水平[91]。将先进技术与消防实际业务深度融合，为打造符合实战要求、体现实战特点的现代消防提供有力支撑，推动灭火应急救援能力和消防队伍管理水平的全面提升，充分利用云计算、物联网、大数据等技术，力图实现以下目标[92]：

1. 信息资源集成化

建设消防大数据中心，整合消防及相关单位信息资源，打通信息孤岛，实现数据有机互联和科学使用。

2. 火灾防控自动化

综合利用互联网、物联网技术和智能设备，实现灾情隐患的有效感知、自动报警和智能分析。

3. 灭火救援智能化

以数字化预案为基础，综合利用GIS技术、移动互联网技术，建立实战指挥决策支撑体系。

4. 训练工作系统化

利用虚拟现实、虚拟仿真技术、大数据技术实现互联互通的综合训练体系，实现对消防官兵心理素质、战术战法、指挥协同等各项能力的全面提升。

5. 宣传教育多样化

利用公众APP、微信、微博和VR体验设备等多样化的手段，引发公众对消防的兴趣，多渠道宣传，加强宣教效果。

10.6.2　智慧消防体系

智慧消防体系总体技术架构自下而上主要包括感知层、网络层、处理层和应用层四个层面，以及用以保证城市智慧消防良性运转和发展的运维管理和标准管理两个部分。

1. 感知层

感知层即传感器层，用于采集信息，作为城市智慧消防的各类基础信息来源，其主要实现感知功能，包括识别各类消防装备和采集相关状态信息。具体功能是对对象状态、位置、数量、行为、环境状况和物质属性等动态或静态的信息进行大规模、分布式的获取及状况显示。感知层涉及的关键技术主要包括传感器技术、射频识别技术和无线定位技术等。

2. 网络层

网络层即传输网络，用于传输信息。网络层的主要任务是将感知到的数据通过移动通信网、互联网、企业内部网、各类专网和小型局域网等网络进行安全可靠的传递（图10-2）。网络层是把感知层采集到的数据传输到中心的一个过程，它的另一个过程则是从数据中心传输到终端的智能化控制设备。网络层涉及的关键技术是适应各种现场环境，构建稳定数据传输网络通信，如IPv6、分时长期演进和分频长期演进、全球微波互联接入等。

3. 处理层

处理层即信息处理，用于支持信息传输和处理（图10-5）。处理层主要包括大数据中心和消防物联网应用相关的统一数据支撑平台。其依托硬件设施和软件服务，通过对传输的各类消防信息数据的分析、整合存储、重造、管理，实现共性应用数据的功能构造。处理层涉及的关键技术包括云计算技术、大数据技术以及对非结构化数据和半结构化数据智能处理的技术等。

4. 应用层

应用层即信息处理凭条，用于为用户提供待定的服务。应用层与消防需求结合实现消

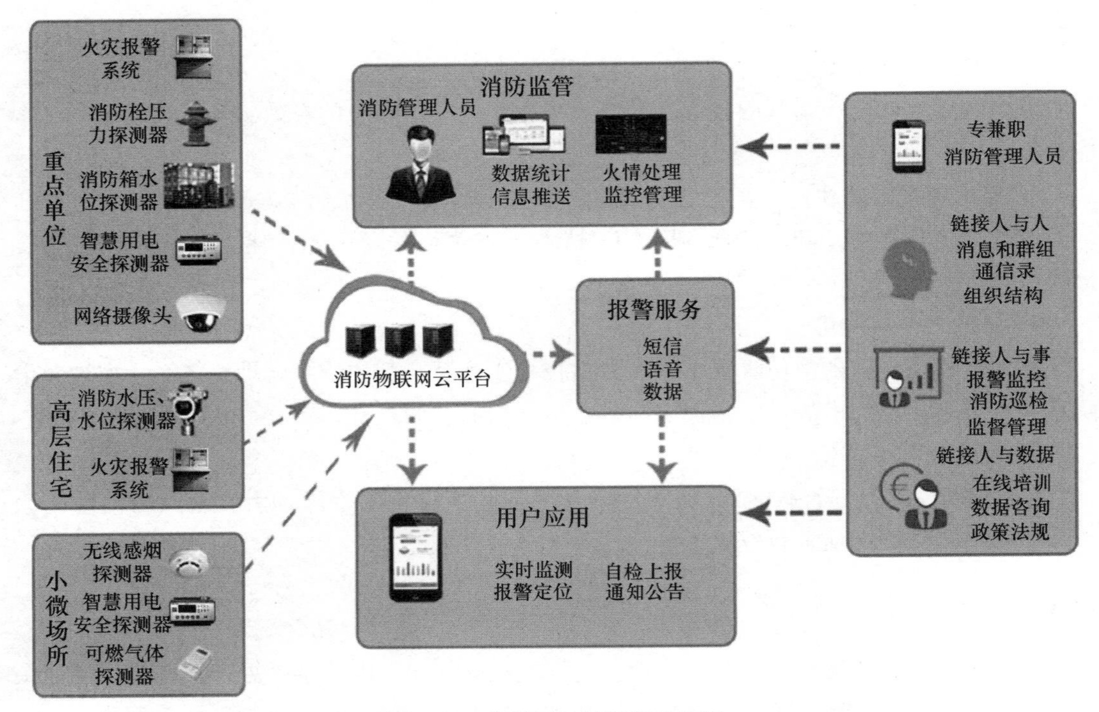

图 10-2　物联网监测终端结构图

图片来源：科技改变消防[Online Image].[2019-1-23]. http://www. afzhan. com/company _ news/detail/323423. html.

防智能化辅助决策及广泛的公共信息共享与互通等功能，利用经过分析处理的感知数据为用户提供丰富的应用体验。根据具体用途和不同的对象，其应用类型可以划分为查询型、扫描型、监控型和控制型以及更高类型的辅助决策型等（图 10-3）。应用层涉及的关键技术包括面向服务的体系架构和中间件技术，重点包括各种物联网计算系统的感知信息处理、交互与优化软件及算法、物联网计算机系统体系结构与软件平台研发等。

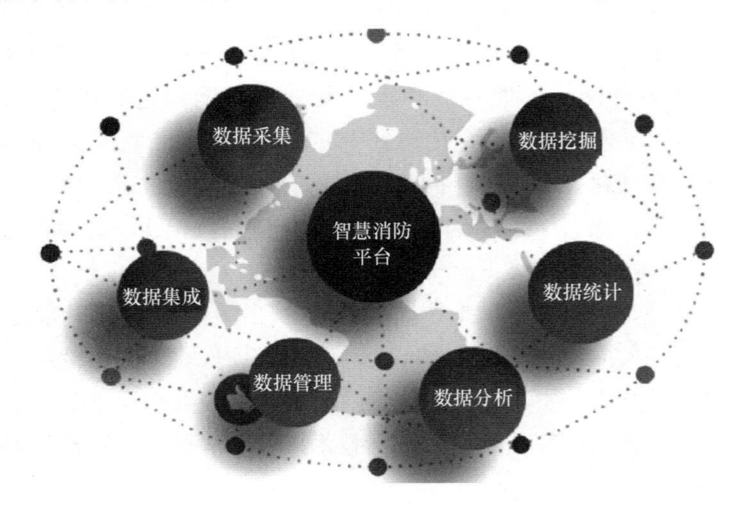

图 10-3　实战指挥平台

图片来源：朱国营．如何发挥“智慧消防”在消防救援队伍的实战指挥应用［J］．今日消防，2019，4（3）：34-37

5. 运维管理部分

运行和维护管理，用于保证城市智慧消防高效运转和健康发展的运行、维护、管理、控制、安全等保护措施，具体功能是对城市智慧消防中的系统、终端、传感器等软硬件性能、状态进行监测和控制过程，通过高度的检测、控制与管理，达到智慧消防可靠、安全和高效运行的目的（图 10-4）。运维管理部分涉及的关键技术包含状态侦测技术、安全监测技术、数据访问控制策略等。

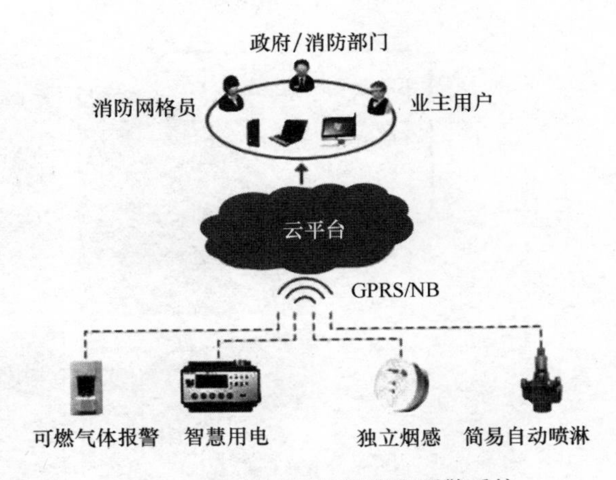

图 10-4　小微场所智能消防预警系统

图片来源：消防物联网[Online Image]. [2019-8-15]. http：//www.afzhan.com/offer_sale/detail/7533292.html

6. 标准管理部分

标准管理部分即体系内相关标准的统一、结构化管理，用于规范智慧消防体系架构。协调各层次、各系统、各厂商之间数据和工作流程的共享和通用，促使智慧消防的良性工作和有序发展。具体功能是针对智慧消防体系，通过确定、建模、优化、决策等系统分析，建立标准系统及标准体系，从而实现城市智慧消防体系分主体、分层次、分顺序地协同工作。标准管理部分涉及的关键技术包括编码标准化技术、自动识别标准化技术、网络传输标准化技术、服务管理标准化技术等。

10.6.3　智慧消防系统规划

消防工作应顺应发展趋势，契合推进智慧城市建设的时代要求，充分利用大数据云计算建设智慧消防，不断提升消防社会治理能力和火灾防控水平。智慧消防系统组成部分分为智能终端、云端平台、客户端等方面。

1. 安全隐患检查系统

自身岗位责任制系统，由日常安全巡视计划发布，风险上传，整个系统备案，数据统计，通过开展责任主体的分析，解决了传统现场安全巡视不到位、日常巡检不真实的现状问题（图 10-5）。

2. 消防设施和火灾重要位置建立身份标识

重点位置上安装了现场安全和消防设施登记证、巡视标签。

3. 结合实际要巡逻路线

巡查人员按照系统提示的时限、路线和内容开展巡查检查。并对路线中的所有身份证标识进行扫描，让社会单位能够更清楚地掌握重点部位和安全设施的检查方法、合格依据、底数、位置及完好率。

4. 火灾隐患闭环管理系统

巡检手机 APP 是智慧消防的重要组成部分（图 10-6），通过对重点部位安全设施的扫描进行安全标识。同时检查移动终端提供的检查数据，以确定火灾隐患的原因，用手机直接拍照。

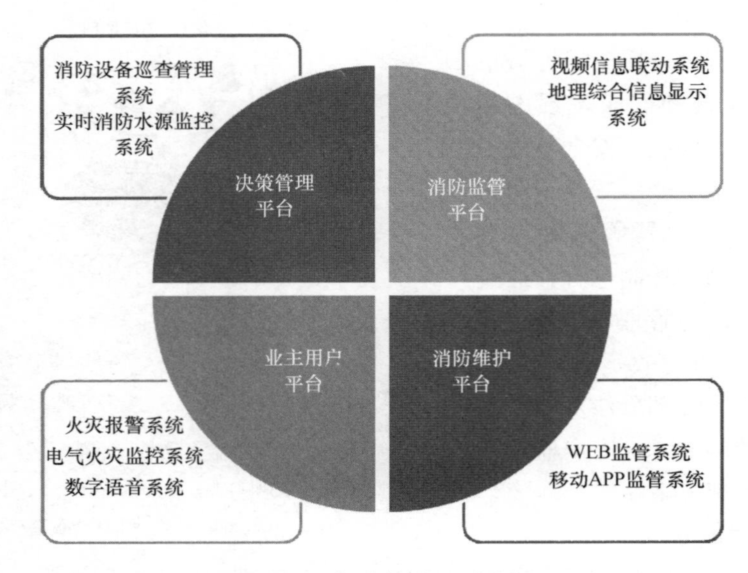

图 10-5　智慧物联网云平台

图 10-6　“智慧消防”APP

图片来源：智慧消防 APP[Online Image].[2019-8-15]. http://www.2265.com/soft/38082.html

10.6.4　现代技术在“智慧消防”的应用

1. 大数据应用：建立消防大数据综合应用平台

利用大数据技术，有效整合消防行业的各类数据，联通数据孤岛，通过对数据的定性、定量分析，从而对消防工作各领域（人员、装备、战法等）提供科学指导，实现数据的互联互通和有效利用。

2. 物联网：建立实战指挥感知、报警和处置体系

以物联网技术为核心，融合GIS技术，通过自建或第三方接入等方式，将视频信息、监控信息、RFID信息等感知信息有效整合，打造科学、统一的实战指挥信息感知、报警和处理体系。

3. GIS十数字化预案：建立实战指挥决策支撑体系

利用GIS技术，通过对重点单位、消防水源警情位置、视频监控点位、道路管网分布、参战力量部署等基础数据集成，实现各类地图资源的统一汇聚应用。通过计算分析，实现灾情位置准确定位，建立指挥中心与移动指挥终端的协同标绘，实现基于"一张图"的可视化调度指挥，提高协同作战能力。

4. 虚拟仿真：建立完整的指战员训练体系

利用虚拟仿真技术，实现复杂建筑复杂灾情的等比例真实还原，让指战员在贴近实战的场景中去学习、掌握灾情处置的战术、流程和注意事项。其价值包括以下几个方面：

（1）构建日常培训中无法模拟的"情境"；

（2）大幅减少人力、物力、财力的消耗；

（3）提供一个安全、有吸引力的战术学习和研讨环境；

（4）突破时间、空间和协同的限制；与应急决策支持系统、消防大数据平台联合构建起一个"事前培训—事中总结—事后分析"的完整救援体系。

5. 新媒体：建立多维度消防宣传教育体系

综合利用微博、微信、网站等媒体平台，应用AR/VR等容易引起公众兴趣的新技术、新载体，通过故事新闻、流程动画、灾情体验等鲜活的内容形式，打造一个符合公众期待的多维度立体式消防宣传教育体系。

6. 5G时代：无线通信快速高效体系

5G，即第五代移动通信技术，其峰值理论传输速度可达每秒几十GB，5G网络带来的更快响应、更广覆盖以及更稳定的传输，可以实现理论上的"万物互联"。5G技术在消防信息化建设中的应用和普及，对于应对处置各类灾害事故时分秒必争的消防救援队伍来说至关重要。2019年是5G技术推广应用元年，预计到2025年将实现全面普及，这也给5G技术在消防信息化建设中的应用提供了宝贵的建设发展期。

探索5G技术在消防信息化建设中的应用，是实现无线通信与时代接轨的必然要求，对于提升消防救援队伍快速高效和精准指挥具有重要意义。消防救援队伍应以信息化建设为重要抓手，不断提升消防救援队伍综合救援能力，为更好地保障人民生命财产安全做重要贡献。

10.7　消防系统设备配置要求

根据《城市消防远程监控系统技术规范》GB 50440，国家、省（自治区）、地区（州、盟）消防通信指挥中心系统设备配置应符合表10-2要求。

1. 消防指挥中心系统设备配置

国家、省（自治区）、地区（州、盟）消防通信指挥中心系统设备[93]　表 10-2

序号	设备名称	描　述	配置	
			国家、省（自治区）	地区（州、盟）
1	调度指挥终端	一机多屏、通信控制、调度指挥、地理信息支持等操作显示	≥2 套	≥2 套
2	指挥信息管理终端	指挥信息管理，图像显示等集中控制，消防车辆管理等操作显示	3 台	2 台
3	电话机	调度指挥语音通信	≥3 部	≥3 部
4	打印、传真机	图文打印输出，收发传真	1 台	1 台
5	无线一级网固定电台	调度指挥语音通信	≥2 台	≥2 台
6	大屏幕显示设备	可选择 DLP、投影、液晶、LED 等组合	1 套	1 套
7	指挥大厅音响设备	调音台、功放机、音箱	1 套	1 套
8	火警广播设备	话筒、功放机、各楼层（房间）扬声器	1 套	1 套
9	指挥会议设备	视频会议终端、数字会议设备（控制主机、主席机、代表机）、音响设备、交互电子白板等	1 套	1 套
10	视频设备	视频解码器、分配器、切换矩阵、硬盘录像机等	1 套	1 套
11	集中控制设备	控制主机、无线触摸屏等	1 套	选配
12	应用服务器	调度指挥业务服务、双工配置工作	2 台	2 台
13	数据库服务库	数据库服务、双工配置工作	2 台	选配
14	综合业务服务器	视频服务、安全管理、系统管理等	2 台	2 台
15	数据库存储设备	磁盘阵列、虚拟磁带库等	1 套	1 套
16	录音录时设备	记录调度指挥语音信息	1 台	1 台
17	结晶调度程控交换机	调度指挥通信	1 台	1 台
18	天线一级网络通信基站	保障辖区无线信号网 80%覆盖	选配	选配
19	卫星固定站	Ku 频段天线、室外单元、室内单元	1 套	—
20	网络设备	汇聚交换机	1 台	1 台
21	网络安全设备	防火墙和入侵检测等	1 套	1 套
22	消防移动接入平台	外网信息安全接入	1 套	—
23	UPS 电源	不间断供电	1 台	1 台
24	短波电台	应急语言通信、车载或便携	选配	选配

注：1. “配置”栏内标“选配”的表示可根据有关规定或实际需求选择配置；
2. 数据库服务器、数据存储设备、程控交换机、网络安全设备、移动接入平台设备是消防业务信息系统共用设备；
3. 外网交换机、服务器、数据存储设备可根据有关规定或实际需求选择配置。

2. 城市消防通信指挥中心系统设备配置

根据《城市消防远程监控系统技术规划》GB 50440，城市消防通信指挥中心系统设备配置应符合表 10-3 要求。

城市消防通信指挥中心系统设备[93] 表10-3

序号	设备名称	描述	配置		
			Ⅰ	Ⅱ	Ⅲ
1	火警受理终端（或接警终端和调度终端）	一机多屏、通信控制、接警语调度、地理信、息支持等操作显示	≥4套	≥2套	2套
2	指挥信息管理终端	指挥信息管理、图像显示等集中控制、消防车辆管理等操作显示	3台	2台	1台
3	电话机	调度指挥语音通信	≥5部	≥3部	≥2部
4	打印、传真机	图文打印输出、收发传真	1台	1台	1台
5	无线一级网固定电台	调度指挥语音通信	≥2台	≥2台	1台
6	大屏幕显示设备	可选择DLP、投影、液晶、LED等组合	1套	1套	1套
7	指挥大厅音响设备	调音台、功放机、音箱	1套	1套	选配
8	火警广播设备	话筒、功放机、各楼层（房间）扬声器	1套	1套	选配
9	指挥会议设备	视频会议终端、数字会议设备（控制主机、主席机、代表机）、音响设备、交互电子白板等	1套	1套	选配
10	视频设备	视频解码器、分配器、切换矩阵、硬盘录像机等	1套	1套	选配
11	集中控制设备	控制主机、无线触摸屏等	1套	选配	选配
12	应用服务器	调度指挥业务服务、双工配置工作	2台	2台	1台
13	数据库服务库	数据库服务、双工配置工作	2台	选配	选配
14	综合业务服务器	视频服务、安全管理、系统管理等	2台	2台	选配
15	数据库存储设备	磁盘阵列、虚拟磁带库等	1套	1套	选配
16	录音录时设备	记录调度指挥语音信息	1台	1台	1台
17	结晶调度程控交换机	调度指挥通信	1台	1台	选配
18	天线一级网络通信基站	保障辖区无线信号网80%覆盖	选配	选配	选配
19	卫星固定站	Ku频段天线、室外单元、室内单元	直辖市1套	—	—
20	网络设备	汇聚交换机	1台	1台	1台
21	网络安全设备	防火墙和入侵检测等	1套	1套	选配
22	通信组网管理设备	语音通信交换、管理、集中控制	选配	选配	选配
23	不间断电源	不间断供电	1台	1台	1台
24	短波电台	应急语言通信、车载或便携	选配	选配	—

注：1. 直辖市、省会市及国家计划单列市应按Ⅰ类标准配置；地级市应按Ⅱ类标准配置；县级市应按Ⅲ类标准配置；

2. “配置”栏内标“选配”的表示可根据有关规定或实际需求选择配置；

3. 数据库服务器、数据存储设备、程控交换机、网络安全设备是消防业务信息系统共用设备。

第11章　消防车通道规划

消防车通道是指火灾时供消防车通行的道路。设置消防车道的目的就在于一旦发生火灾后，使消防车顺利到达火场，消防人员迅速开展灭火工作，及时扑灭火灾，最大限度地减少人员伤亡和火灾损失。

11.1　规划原则

1. 统一规划，资源共享

消防车通道的规划应和规划区城内的路网系统总体规划相协调，充分依托现有的市政道路。在新建或改建、扩建市政道路时，应提出消防车通道的规划要求，与道路网系统规划、基础设施规划、控制性详细规划等同步规划、同步实施。

2. 快速便捷，安全通行

规划消防车通道应考虑满足消防车辆快速、安全通行的各项指标。在市政道路规划建设中应架设桥梁、建设立交、修筑道路等设施，为消防车通道的环通创造条件，消防车通道不能环通的应设回车场地或通道。消防车通道应满足各类消防车辆的停靠和作业要求。有天然水源或人工水源作消防水源的地方，应设供消防车取水的消防车通道。

3. 改造老区，打通道路

消防车通道规划应将老城区、棚户区的狭窄道路结合老城改造一并改造建设；对于一些不能在近期内改造的老城区，应结合市政消防给水系统改造、开辟老城区棚户区防火隔离带的同时改造狭窄道路；对于一些人为设置的路面障碍物（如路墩等）的道路应分批分期改造，将道路贯通；对于现状老旧的尽端路，要加大改造力度，分批限期改造完成，确保消防车辆的快速安全通行。

4. 系统规划，内外连通

消防车通道规划应确保市政道路和街坊内道路的连接和环通，从而确保消防车道的内外连接畅通，街坊内只有一个单位或居住区的，规划应确保街坊至少有两个车辆出入口与市政道路连通；街坊内有多个单位或居住区的，应保证每个单位或居住区有不少于两个车辆出入口与市政道路连通，确实受条件限制不能设两个车辆出入口的，应确保至少有一个与市政道路连通的车辆出入口，并应有一个与出入口相邻单位或居住区连通的车辆出入口作应急消防车出入口。

11.2　消防车通道分级规划

消防车通道包括城市各级道路（高速公路、城市快速路、主干道、次干道、支路）、居住区（小区路、居住区道路、组团路、宅间小路）和企事业单位内部道路、消防车取水通道、建筑物消防车通道等（图 11-1）。消防通道的通畅是保证消防车可达性、时效性的首要因素，根据其服务城市消防的功能和范围可分为以下四级（图 11-2）：

图 11-1　某小区消防通道

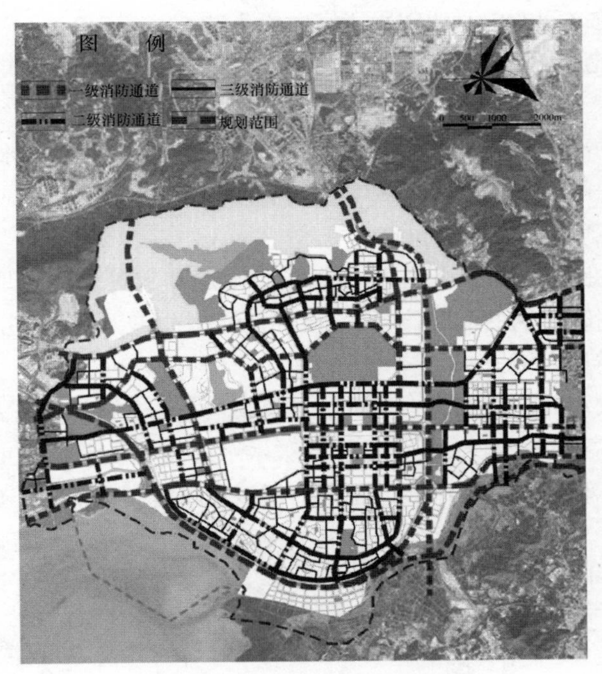

图 11-2　某片区消防通道规划图

图片来源：深圳市福田区消防专项规划，项目编绘．[2015-11-3]

1. 一级消防车通道

一级消防车通道主要满足城市消防出警快速和远距离增援需要，由高速公路、快速路和干线性主干道组成。

2. 二级消防车通道

二级消防车通道主要承担消防站点责任区内部及临近责任区的消防出警任务，保障消防车通行的通达性和快速性，由普通主干道、次干道组成。

3. 三级消防车通道

三级消防车通道是各片区内部的穿越性交通要道，有一定的通达深度，由各片区内部主要支路构成。

4. 四级消防车通道

四级消防车通道主要为消防车接近火场、保证灭火操作场地和疏散火场人员物资的通道，是消防车通道系统的“微循环”，由小区、组团内部道路组成。

11.3 消防车通道技术指标

根据《城市消防规划规范》GB 51080，消防车通道包括城市各级道路、居住区和企事业单位内部道路、消防车取水通道、建筑物消防车通道等，应符合消防车辆安全、快捷通行的要求。城市各级道路、居住区和企事业单位内部道路宜设置成环状，减少尽端路。同时消防车通道的设置还应符合下列规定：

（1）消防车通道之间的中心线间距不宜大于 160m；

（2）环形消防车通道至少应有两处与其他车道连通，尽端式消防车通道应设置回车道或回车场地；

（3）消防车道的净宽度和净空高度均不应小于 4.0m，与建筑外墙的距离宜大于 5m；

（4）消防车通道的坡度不宜大于 8%，转弯半径应满足消防车的通行要求；举高消防车停靠和作业场地坡度不宜大于 3%；

（5）消防车道的路面、救援操作场地、消防车道和救援操作场地下面的管道和暗渠等，应能承受大型消防车辆的荷载，具体荷载指标应满足能承受规划区域内配置的最大型消防车辆的重量，详见表 11-1；

（6）供消防车取水的天然水源、消防水池及其他人工水体应设置消防车通道，消防车通道边缘距离取水点不宜大于 2m，消防车距吸水水面高度不应超过 6m；

（7）消防车道可利用城乡、厂区道路等，但该道路应满足消防车通行、转弯和停靠的要求。消防车道不宜与铁路正线平交，确需平交时，应设置备用车道，且两车道的间距不应小于一列火车的长度（图 11-3）。

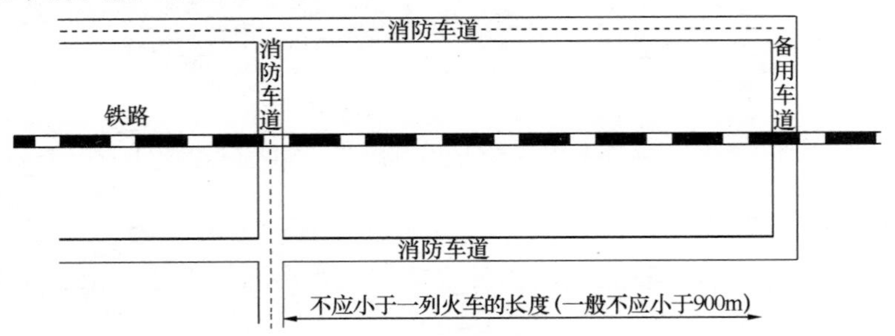

图 11-3 公路与铁路平交备用车道示意图

此外，消防车通道的规划建设还应符合相关道路规划设计规范、标准的要求。

各种消防车的满载总重量（kg）[33]　　　　表 11-1

名称	型号	满载重量	名称	型号	满载重量
水罐车	SG65. SG65A	17286	泡沫车	CPP181	2900
	SHX5350. GXFSG160	35300		PM35GD	11000
	CG60	17000		PM50ZD	12500
	SG120	26000	供水车	GS140ZP	26325
	SG40	13320		GS150ZP	31500
	SG55	14500		GS150P	14100
	SG60	14100		东风 144	5500
	SG170	31200		GS70	13315
	SG35ZP	9365	干粉车	GF30	1800
	SG80	19000		GF60	2600
	SG85	18525	干粉-泡沫联用消防车	PF45	17286
	SG70	13260		PFU0	2600
	SP30	9210	登高平台车举高喷射消防车・抢险救援车	CDZ53	33000
	EQ144	5000		CDZ40	2630
	SG36	9700		CDZ32	2700
	EQ153A-F	5500		CDZ20	9600
	SG110	26450		CJQ25	11095
	SG35GD	11000		SHX5110TTXFQJ73	14500
	SH5140GXFSG55GD	4000	消防通讯指挥车	CX10	3230
泡沫车	PM40ZP	11500		FXZ25	2160
	PM55	14100	火场供给消防车	FXZ25A	2470
	PM60ZP	1900		FXZ10	2200
	PM80. PM85	18525		XXFZM10	3864
	PM120	26000		XXFZM12	5300
	PM35ZP	9210		TQXZ20	5020
	PM55GD	14500		QXZ16	4095
	PP30	9410	供水车	GS1802P	31500
	EQ140	3000			

11.3.1 民用建筑消防车通道设置要求

（1）对于总长度和长度过长的沿街建筑，特别是U形或L形的建筑，如果不对其长度进行限制，会给灭火救援和内部人员的疏散带来不便，延误灭火时机。因此当建筑物沿街道部分的长度大于150m或总长度大于220m时，应设置穿过建筑物的消防车道（图11-4）。确有困难时，应设置环形消防车道。

在住宅小区的建设和管理中，存在小区内道路宽度、承载能力或净空不能满足消防车通行需要的情况，给灭火救援带来不便。为此，小区的道路设计要考虑消防车的通行需

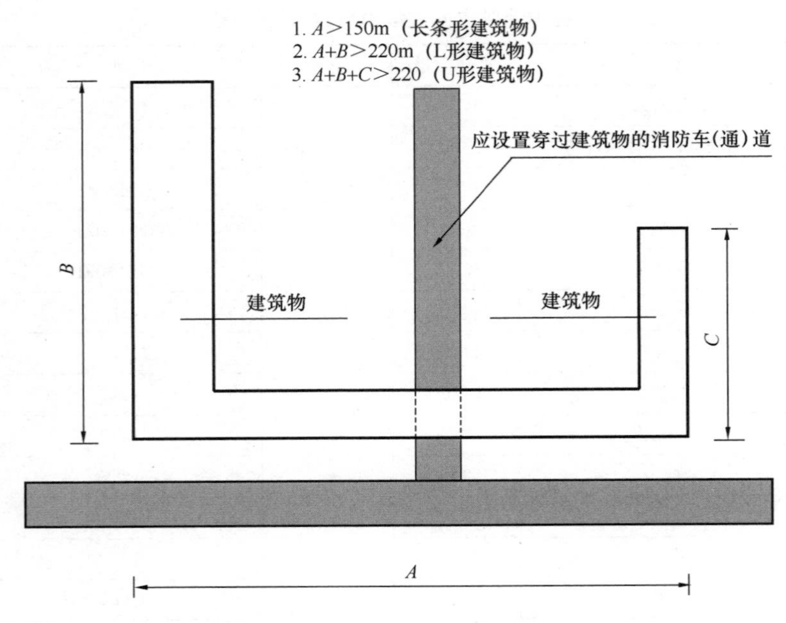

图 11-4　穿过建筑物的消防车（通）道示意图

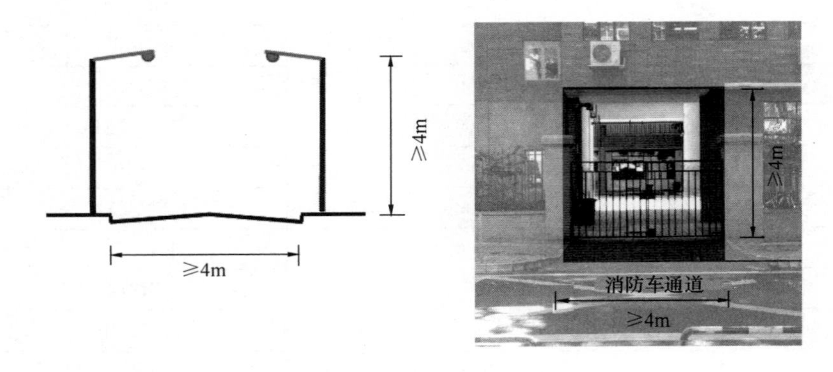

图 11-5　消防车（通）道示意图

要，消防车道应符合下列要求（图 11-5）：

1）车道的净宽度和净空高度均不应小于 4.0m；

2）转弯半径应满足消防车转弯的要求；

3）消防车道与建筑之间不应设置妨碍消防车操作的树木、架空管线等障碍物；

4）消防车道靠建筑外墙一侧的边缘距离建筑外墙不宜小于 5.0m；

5）消防车道的坡度不宜大于 8%。

（2）在高层民用建筑中，超过 3000 个座位的体育馆，超过 2000 个座位的会堂，占地面积大于 3000m^{2}的商店建筑、展览建筑等单、多层公共建筑应设置环形消防车道，确有困难时，可沿建筑的两个长边设置消防车道；对于高层住宅建筑和山坡地或河道边临空建造的高层民用建筑，可沿建筑的一个长边设置消防车道，但该长边所在建筑立面应为消防车登高操作面。

（3）在有封闭内院或天井的建筑物，当内院或天井的短边长度大于 24m 时，宜设置进入内院或天井的消防车道；当该建筑物沿街时，应设置连通街道和内院的人行通道（可利用楼梯间），其间距不宜大于 80m。在穿过建筑物或进入建筑物内院的消防车道两侧，不应设置影响消防车通行或人员安全疏散的设施。

（4）沿建筑物设置环形消防车道或沿建筑物的两个长边设置消防车道，有利于在不同风向条件下快速调整灭火救援场地和实施灭火。尽头式消防车道应设置回车道或回车场，回车场的面积不应小于 12m×12m；对于高层建筑，不宜小于 15m×15m；供重型消防车使用时，不宜小于 18m×18m。

11.3.2 工业建筑消防车通道设置要求

（1）在高层厂房，占地面积大于 3000m^2的甲、乙、丙类厂房和占地面积大于 1500m^2的乙、丙类仓库，应设置环形消防车道，确有困难时，应沿建筑物的两个长边设置消防车道。高层建筑、较大型的工厂和仓库往往一次火灾延续时间较长，在实际灭火中用水量大、消防车辆投入多，如果没有环形车道或平坦空地等，会造成消防车辆堵塞，难以靠近灭火救援现场。因此，该类建筑的平面布局和消防车道设计要考虑保证消防车通行、灭火展开和调度的需要。

（2）可燃材料露天堆场区，液化石油气储罐区，甲、乙、丙类液体储罐区和可燃气体储罐区，应设置消防车道。消防车道的设置应符合下列规定：

1）储量大于表 11-2 规定的堆场、储罐区，宜设置环形消防车道；

堆场或储罐区的储量[96] **表 11-2**

名称	棉、麻、毛、化纤（t）	秸秆、芦苇（t）	木材（m^3）	甲、乙、丙类液体储罐（m^3）	液化石油气储罐（m^3）	可燃气体储罐（m^3）
储量	1000	5000	5000	1500	500	30000

2）占地面积大于 30000m^2的可燃材料堆场，应设置与环形消防车道相通的中间消防车道，消防车道的间距不宜大于 150m。液化石油气储罐区，甲、乙、丙类液体储罐区和可燃气体储罐区内的环形消防车道之间宜设置连通的消防车道；

3）消防车道的边缘距离可燃材料堆垛不应小于 5m。

11.4 救援场地及入口设置要求

为了满足扑救建筑火灾和救助高层建筑中遇困人员需要的基本要求，除了需要设置消防车道外，对于高层建筑，还需要设置消防救援操作场地和消防救援入口。消防救援场地的设置，对于消防救援至关重要，设置时既要结合建筑内部功能，更需要结合建筑周边场地关系，合理布置救援场地，尤其是布置有裙房的高层建筑，更要认真考虑合理布置，确保登高消防车能够靠近高层建筑主体，便于登高消防车开展灭火救援。

1. 消防登高场地

消防登高场地原则上应在建设用地红线内设置，还应结合消防车道设置。场地宽度考虑到举高车的支腿横向跨距不超过 6m，再考虑普通车（宽度为 2.5m）的交会以及消防队员携带灭火器具的穿梭，一般以 10m 为妥。根据登高车的车长 15m 以及车道的宽度，最小操作场地宜不小于 15m×10m。

根据火场经验和登高车的操作，消防登高场地一般离建筑 5m，最大距离可由建筑高度、举高车的额定工作高度确定。一般如果 50m 以上的建筑，在 5～13m 内登高车可达其额定高度，若 30m，可伸至 20m。这就要求登高车的操作场地距离建筑 5～20m，为方便布置，登高场地最外一点至消防登高面边缘的水平距离不应大于 10m。

高层建筑应至少沿一个长边或周边长度的 1/4 且不小于一个长边长度的底边连续布置消防车登高操作场地，该范围内的裙房进深不应大于 4m，如图 11-6 所示。消防登高场地（含改造及一体化设计）应满足市政道路荷载、市政管道、消防使用的要求。建筑高度大于 100m 的建筑，须满足重型消防车的荷载要求。

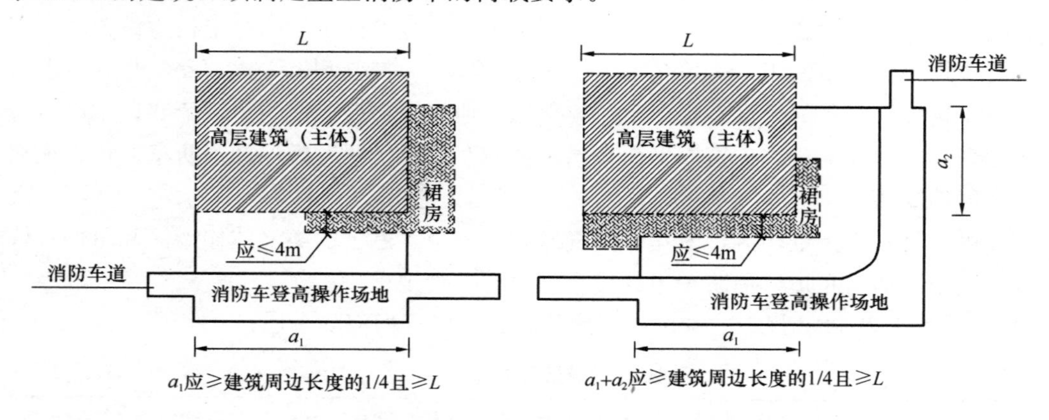

图 11-6 消防登高面及登高场地关系示意图（建筑高度≥50m）

建筑高度不大于 50m 的建筑，连续布置登高操作场地有困难时，可间隔布置，但间隔距离不宜大于 30m，且消防登高操作场地的总长度应符合上述规定。对于高层建筑，特别是布置有裙房的高层建筑，要认真考虑合理布置，确保登高消防车能够靠近高程建筑主体，便于登高消防车开展灭火救援，如图 11-7 所示。

消防登高场地应符合以下规定：

（1）场地与厂房、仓库、民用建筑不应设置妨碍消防车操作的树木、架空线等障碍物和车库出入口。

（2）场地的长度和宽度分别不应小于 15m 和 10m。对于建筑高度大于 50m 的建筑，场地的长度和宽度不应小于 20m 和 10m。

（3）场地应与消防车道连通，场地靠建筑外墙一侧的边缘距离建筑外墙不宜小于 5m，且不应大于 10m，场地的坡度不宜大于 3%。如图 11-8、图 11-9 所示。

因受用地条件所限等原因，确需在建设工程用地红线外设置消防登高场地，原则上不得占用城市主、次干道（含人行道和非机动车道）和公共绿地。符合如下情况的，可开展相关设计工作：

（1）建设用地面积≤5000m² 或用地三分之二以上进深≤45m 的地块。

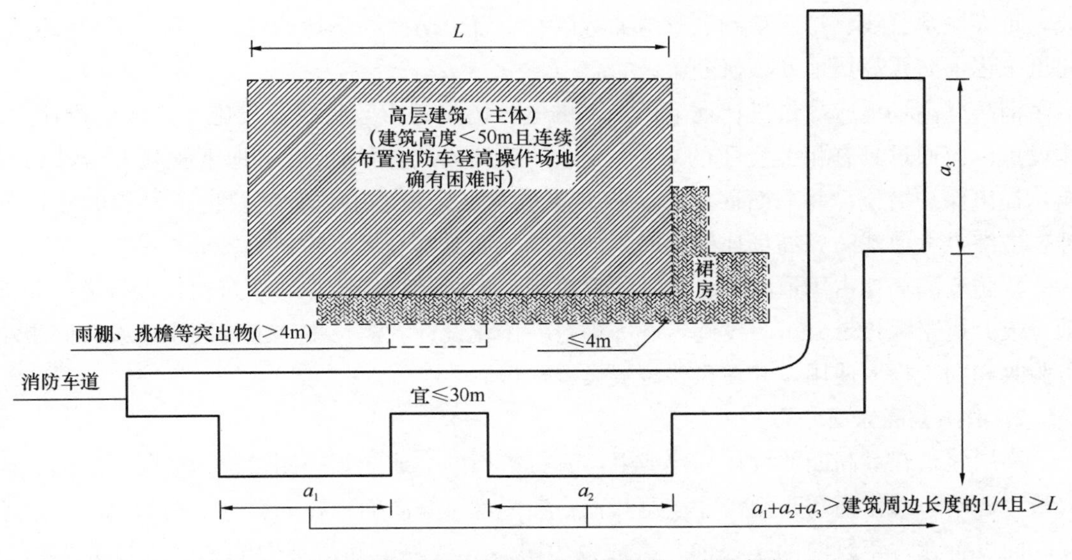

图 11-7 消防登高面及登高场地关系示意图（建筑高度＜50m）

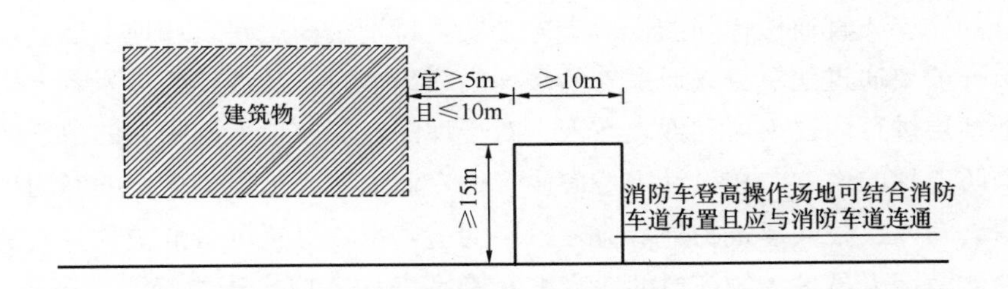

图 11-8 登高场地与建筑物关系示意图（建筑高度＜50m）

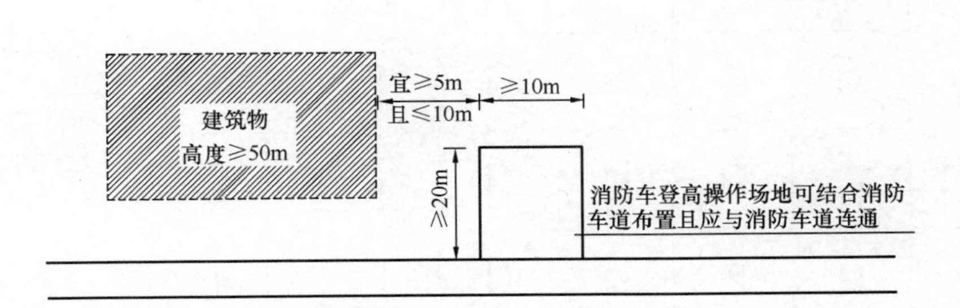

图 11-9 登高场地与建筑物关系示意图（建筑高度≥50m）

（2）建设用地面积在 5000～6000m² 的地块，受项目功能（如大型商业）、高容积率、高覆盖率等因素影响建筑布局，当在建设用地内设置消防车登高操作场地确有困难的地块。

因受用地条件所限，确需利用城市主、次干道的人行道和非机动车道，广场，燃气管线、重大原水管线、排水箱涵上方地面等区域设置消防登高场地的建设工程，需单独开展建设工程消防登高场地专项研究论证。

消防登高场地应尽量避让地下供水、供电、供气等市政管线及设施。当无法避让时，建设单位应通过具有相关资质的单位，评估设置消防登高场地后对地下管线安全性的影响，提出保护措施，并书面征求管线权属单位意见。新建市政管线及地下设施的建设选址，应综合考虑消防登高场地使用产生的影响，满足安全运行的相关要求。

消防登高场地占用道路及设施的建设工程，消防登高场地应与建筑物、人行道、非机动车道、道路绿化带、市政设施走廊等进行一体化设计，需与主体工程同步建设、同步竣工验收和同步投入使用，并在显要位置设置标识。

2. 消防登高立面

高层建筑在登高面的设计和建造上，宜将沿街的交通便利一侧设置为登高面，重点选取最合适的一面作为登高面，并注意其他自然因素对登高面选择的影响。例如风向，避免登高面设置在常年风向的下风向，事故发生时会导致热浪和烟雾影响消防人员灭火和救援。设计消防登高面外侧墙体过程中，应注意外界障碍物的影响，例如广告牌、玻璃幕墙等，并尽量保证消防登高面的平整[94]。

为使消防员能尽快安全到达着火层，在建筑与消防车登高操作场地相对应的范围内设置直通室外的楼梯或直通楼梯间的入口十分必要，特别是高层建筑和地下建筑。灭火救援时，消防员一般要通过建筑物直通室外的楼梯间或出入口，从楼梯间进入着火层对该层及其上、下部楼层进行内攻灭火和搜索救人。对于埋深较深或地下面积大的地下建筑，还有必要结合消防电梯的设置，在设计中考虑设置供专业消防人员出入火场的专用出入口。

在厂房、仓库、公共建筑的外墙应在每层的适当位置设置可供消防救援人员进入的窗口。且供消防救援人员进入的窗口的净高度和净宽度均不应小于 1.0m，下沿距室内地面不宜大于 1.2m，间距不宜大于 20m 且每个防火分区不应少于 2 个，设置位置应与消防车登高操作场地相对应。窗口的玻璃应易于破碎，并应设置可在室外易于识别的明显标志。

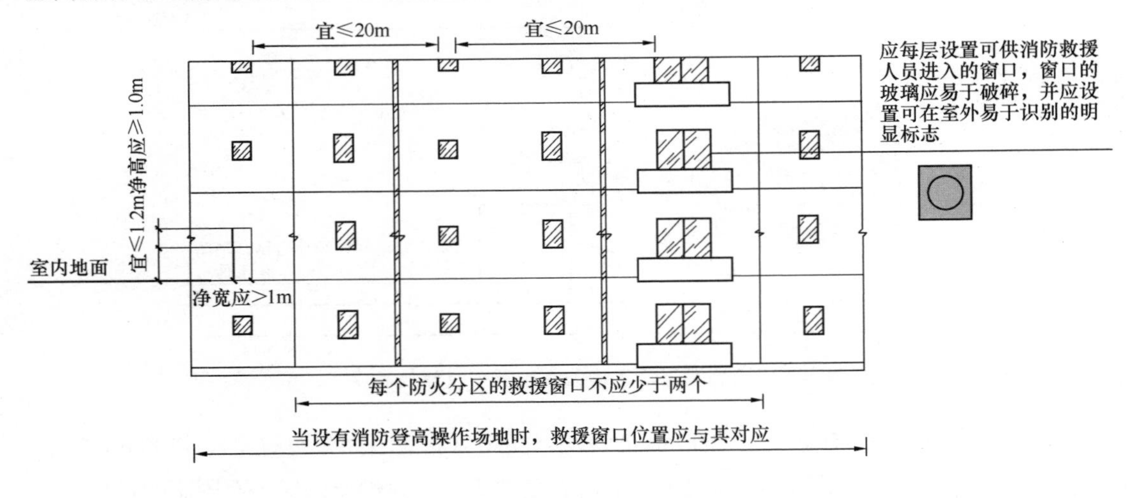

图 11-10　灭火救援入口示意图

11.5　消防车通道规划管理

（1）消防车通道作为消防车到达火场或救援地点的主要线路及快捷路径，在事故应急时，发挥着至关重要的作用；因此，加快城市道路建设，完善城市道路系统并积极运用智能交通手段，优化主要消防车通道上的交通组织，有利于确保消防车的顺利、快速通行，确保及时灭火或救援。

（2）通过加强路旁停车场、小区停车场及社区消防车通道的管理，清除路障、取缔占道经营、占道停车、乱停乱放等违章占道行为，确保城市消防通道通畅，保障在紧急情况下的及时消防灭火、人员救援与疏散。

（3）针对旧城区要加快综合整治及加强管理，尽快开展治理工作，全面清理整顿旧村内的重大消防火险隐患。同时应提出可靠的应急防范措施，确保安全。结合城市道路网的建设，推动旧村内部消防通道的畅通整理建设，与城市道路网建设不够紧密联系的旧城区，也要在近期内开辟出必要的消防车通道，以确保消防的基本要求。

(*a*)

(*b*)

图 11-11　某市场消防通道整治前后对比图

（*a*）整治前；（*b*）整治后

（4）除城市高、快速道路系统外，其他道路交叉口修建有中央分隔栏时，宜设置为活动式，便于火灾时满足消防车辆紧急调头或左转的需要，减少消防出动绕行距离，缩短消防出动时间，减少火灾损失。同时新建道路应统一命名，减少重复命名或有路无名的现象，避免消防出动混乱。

11.6　危险品运输线路规划

为保障城市消防安全、解决危险品运输与城市消防安全布局的矛盾，在规划中采取规定危险品运输线路的方法。

1. 危险品运输线路的规划原则

（1）危险品运输线路规划应按危险品种类和运输性质，区别对待。

（2）尽可能地减少危险品运输对城市安全产生威胁，对于爆炸品、巨毒品和过境危险品应绕城运输，不得穿越市区。

（3）由于隧道空间封闭，若发生事故造成损失大，且救援困难，危险品运输车辆应尽可能避免进入隧道运行，若无法避开，应采取相关措施以降低运输风险。

2. 危险品运输线路规划

（1）一级危险品运输通道：

一级危险品运输通道是危险品的对外运输和过境运输路线，以大外环及其连接的高速公路为主，担负爆炸品、剧毒品和过境危险品绕城运输任务，可快速疏散危险品，避免运输穿越城市主要建成区。

（2）二级危险品运输通道：

二级危险品的市内运输路线主要以高速公路、快速路为骨架，辅以干线性主干道为主，主要承担危险性较低的油品、燃气等居民生产、生活的必需品运输，尽可能避开党政机关所在地、人口聚居区、中心城区、商业区和学校、水源、通信、军事设施等重点消防保护地区。

3. 危险品运输相关建议

（1）建议规定危险品运输车辆原则上 17 时～19 时禁止在城市中心区域行驶。

（2）对从港区往外疏解的油罐车及槽车，建议在夜间（22 时～次日 7 时）进行运输，从而将危险品运输交通和其他城市交通在交通高峰期分开，尤其是在港区范围内将油气运输与其他集装箱运输分开，错位分流，缓解城市交通压力，尤其是疏港交通。

（3）建议对隧道危险品运输实施通行时段管制、规定行车间距、禁止运送特殊货物、限定物品数量等措施，并制定危险品运输事故应急救援预案，以降低运输风险（图 11-12）。

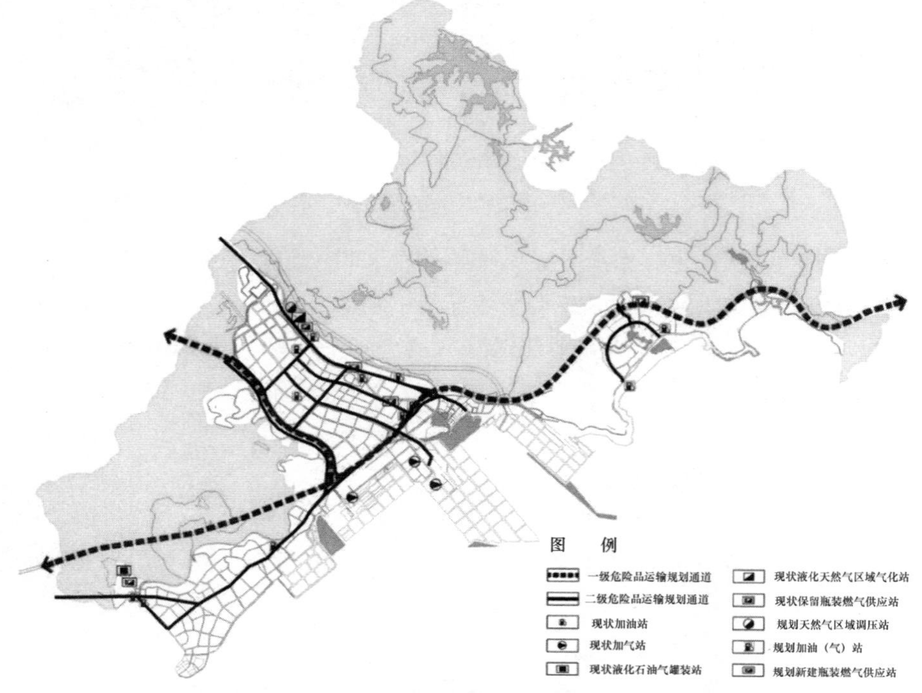

图 11-12　某片区危品运输路线规划图

图片来源：深圳市盐田区消防专项规划，项目编绘 .［2015-11-3］.

第12章　城市森林消防规划

12.1　森林火灾与森林消防

1. 森林火灾

从广义上讲：凡是失去人为控制，在林地内自由蔓延和扩展，对森林、森林生态系统和人类带来一定危害和损失的林火行为都称为森林火灾（图12-1）。从狭义上讲：森林火灾是一种突发性强、破坏性大、处置救助较为困难的自然灾害。

图12-1　森林火灾

图片来源：内蒙古森林火灾热点像素[Online Image]. [2019-11-1]. http://www.childhoodpics.com

按照受害森林面积和伤亡人数，森林火灾分为一般森林火灾、较大森林火灾、重大森林火灾和特别重大森林火灾。

(1)一般森林火灾：受害森林面积在1hm^2以下或者其他林地起火的，或者死亡1人以上3人以下的，或者重伤1人以上10人以下的；

(2)较大森林火灾：受害森林面积在1hm^2以上100hm^2以下的，或者死亡3人以上10人以下的，或者重伤10人以上50人以下的；

(3)重大森林火灾：受害森林面积在100hm^2以上1000hm^2以下的，或者死亡10人以上30人以下的，或者重伤50人以上100人以下的；

(4)特别重大森林火灾：受害森林面积在1000hm^2以上的，或者死亡30人以上的，或者重伤100人以上的。

2. 森林消防

森林消防工作是我国防灾减灾工作的重要组成部分，是国家公共应急体系建设的重要内容，是社会稳定和人民安居乐业的重要保障，是加快林业发展，加强生态建设的基础和前提，事关森林资源和生态安全，事关人民群众生命财产安全，事关改革发展稳定的大局。简单地说，森林防火就是防止森林火灾的发生和蔓延，即对森林火灾进行预防和扑救。预防森林火灾的发生，就要了解森林火灾发生的规律，采取法律、行政、经济相结合的办法，运用科学技术手段，最大限度地减少火灾发生次数。扑救森林火灾，了解森林火灾燃烧的规律，建立严密的应急机制和强有力的指挥系统，组织训练有素的扑火队伍，运用有效、科学的方法和先进的灭火设备及时进行扑救，最大限度地减少火灾损失。

12.2 森林消防纳入城市消防的必要性

1. 相关法律法规明确城市消防相关规定适用于森林消防

《中华人民共和国消防法》是我国消防工作的基本法律，本法的一般规定特别是总则的规定适用于森林的消防工作。在这个前提下，其他法律、行政法规另有规定的，适用其规定。根据《消防法》第四条第三款中的“法律、行政法规”，主要是指《森林法》《草原法》《森林防火条例》《草原防火条例》。这些法律、行政法规针对森林、草原消防工作的特殊性，分别对森林、草原火灾的预防、扑救、防火组织等作了具体规定。

2. 城市森林公园化的趋势越来越明显

目前大城市用地条件变得越来越紧张，大部分森林保护区均建设为郊野公园。以深圳为例，深圳是一个土地资源紧张的城市，自 2005 年，深圳市就划定了城市的基本生态控制线，其中就包括森林及郊野公园区域。森林公园作为深圳市为数不多的游玩休憩场所，在人们生活中体现地越来越重要。目前很多森林公园如莲花山公园、笔架山公园均位于城市中心区，在《深圳市城市总体规划(2009—2020)》中，规划新增了羊台山、银湖、铁岗、凤凰岗、塘朗山—梅林、布心、大小南山、铁仔山、三洲田等 25 个森林公园和郊野公园，范围覆盖深圳全市森林区域，森林城市化不可避免，森林消防压力也越来越大(图 12-2)。

3. 森林消防与城市消防之间可实现优势互补，高效地进行灭火救援

目前大城市都处于“城中有林，林中有城”的态势，森林和居住区仅一墙之隔。在发生森林火灾时，往往最先赶到的是城市消防队伍，通过城市消防队伍的灭火救援设备能够较早扑灭初期火灾；而在城市高层建筑发生重大火灾时，目前消防站配备有云梯车，但大部分仅能伸展到 54m 的高度，即不到 20 层楼高。但通过森林消防直升机可以发挥其灵活快捷、升降方便的特性，弥补城市云梯消防车高度不足的缺陷。充分发挥二者各自领域的优势，有助于降低火灾的发生和人员的伤亡。

4. 从目前国家机构改革方向看，未来城市消防和森林消防合并应为趋势

2018 年 4 月 16 日，国家成立应急管理部并举行挂牌仪式。新组建的应急管理部，作为国务院组成部门，整合了国家安全生产监督管理总局的职责，国务院办公厅的应急管理

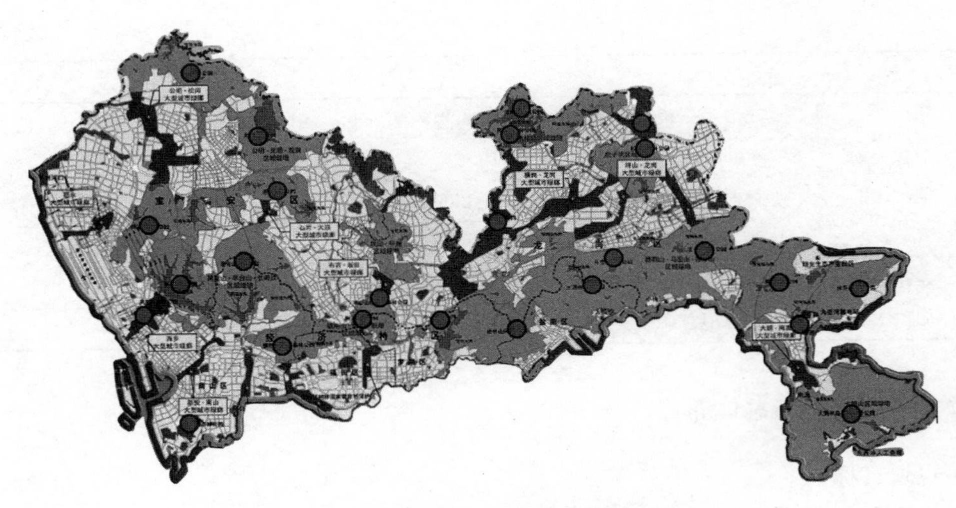

图 12-2　深圳市远期森林公园规划布点图

图片来源：深圳市消防设施系统布局规划，项目编绘.［2011-6-1］

职责，公安部的消防管理职责，民政部的救灾职责，国土资源部的地质灾害防治、水利部的水旱灾害防治、农业部的草原防火、国家林业局的森林防火相关职责，中国地震局的震灾应急救援职责以及国家防汛抗旱总指挥部、国家减灾委员会、国务院抗震救灾指挥部、国家森林防火指挥部的职责。城市消防和森林消防正式归并应急管理部门管理，二者之间已打破机构设置壁垒，未来消防工作也将更为高效。

12.3　城市森林消防规划

城市森林消防规划的主要内容包括森林火险区划、规划目标和总体布局、规划方案、建设项目库、投资估算与资金筹措、保障措施等。

12.3.1　森林火险区划

根据规划区内林地燃烧性、森林的重要性和火源出现概率，将规划区内森林防火区划分为 3 个森林火险等级。

符合表 12-1 中任一条件的地区，可化为该地区的森林火险等级；符合其中两个以上条件时，取其中对应危险性较高的等级作为该地区的森林火险等级。

森林火险等级区划标准[95]　　表 12-1

火险等级		区划依据
Ⅰ	森林火灾危险性大	成片分布的针叶林、针阔混交林、灌木林、未成林造林地和优势树种为栎类的阔叶林，且面积大于 $100hm^2$
		集体林区或国有林场等级道路 1km 以内，或集体林区居民点周围 3km 范围内地段
		省级以上风景名胜区、森林公园、自然保护区管辖区

续表

火险等级		区划依据
Ⅱ	森林火灾危险性中	以椴、槭、楸、楝、枫杨等树种为主的阔叶林、阔叶混交林(优势不明显)，且面积大于 200hm^2
		集体林区或国有林场等级道路 1～2km 以内，或集体林区居民点周围 3～10km 范围内地段
		未列入的其他林地，且面积大于 200hm^2
Ⅲ	森林火灾危险性小	竹类、青冈、刺槐等树种为主的可燃物类型
		农田林地、片林、护路林、护岸林等边缘 30m 以内区域

12.3.2 规划目标与总体布局

1. 规划目标

城市森林消防规划的总目标是形成完备的森林火灾预防、扑救、保障三大体系，预警响应规范化、火源管理法治化、火灾扑救科学化、队伍建设专业化、装备建设机械化、基础工作信息化建设取得突破性进展，人力灭火和机械化灭火、风力灭火和以水灭火、传统防火和科学防火有机结合，森林防火长效机制基本形成，森林火灾防控能力显著提高，实现森林防火治理体系和治理能力现代化。

规划目标包括规划期内定性和定量的发展目标，具体应细化为以下几个方面：

(1)城市森林火险预警监控体系的构建目标。在森林防火期内，制作并发布森林火灾发生概率预报及林火行为预报的响应时间；提出远程视频监控和瞭望台监控覆盖率目标。

(2)森林防火信息传输和处理系统的构建目标。加强火场通信和信息指挥系统建设，提出林区通信覆盖率等相关指标内容。

(3)加强森林消防队伍专业化建设、森林航空消防能力建设，提出森林航空消防能力、专业扑火队伍装备水平、快速反应与火灾扑救能力等的森林防火防控体系的构建目标。

(4)加强工程阻隔带和生物防火林带建设，形成阻隔功能较强，自然工程、生物工程相结合的高效林火阻隔网络体系，提出林区路网密度、林区防火阻隔网密度等相关指标内容。

(5)森林防火科研开发体系，森林防火宣传培训体系，森林火灾损失评估和火案勘察体系的构建目标。

2. 总体布局

城市森林消防规划项目和设施的布局应依据森林火险区划结果进行。

Ⅰ级火险区应提高巡护瞭望、预警监测、应急处置、防火阻隔、通信交通、防火装备等基础设施建设力度和布点密度，完善扑救专业队伍、防火宣传、应急指挥、火源管理体系。

Ⅱ级火险区应侧重于巡护瞭望、预警监测、火源管理、生物阻隔带等方面建设，应增加防火物资储备，加强森林防火专业队伍建设。

Ⅲ级火险区应加强防火宣传、火源管理，重视监控和防范。

12.3.3　主要规划内容

根据森林消防的工作特点，城市森林消防规划内容主要包括5个方面，具体为：预警监测系统、消防通信和信息指挥系统、消防专业队伍与装备、森林消防基础设施规划及森林消防宣传教育规划。

1. 消防预警监测系统规划

通过建立健全由预警中心、森林火险要素监测站和可燃物因子采集站构成的森林火险预警体系，加强火险天气、火险等级和林火行为等预报，制定预警响应机制，实现科学防火。进一步完善林区远程视频监控系统，合理布局和改造地面瞭望设施，构建卫星监测、空中巡护、视频监控、高山瞭望、地面巡护"五位一体"的林火监测体系，减少直至消除林火监测盲区，降低森林火灾的发生频率，有效预防重特大森林火灾发生，防患于未然。

(1)森林火险预警系统

森林火险预警系统由城市森林火险预警中心、森林火险要素监测站和可燃物因子采集站构成。

城市森林火险预警中心负责采集全市森林火险要素监测站和可燃物因子采集站的监测信息，收集城市气象部门发布的当天天气实况和预报信息，制作森林火险等级预报、实时火险监测预报和雷击火发生预报，通过森林防火网站向社会公众发布，并同时上报上级部门林火监控中心，下达到下属森林防火部门。

在重要林区、森林公园、郊野公园应同步建立森林火险要素监测站和可燃物因子采集站，森林火险要素监测站点具有GSM/GPRS或CDMA移动通信网的覆盖。可燃物因子采集站主要采集可燃物含水率、可燃物载量、可燃物的燃点、林中温度、湿度等相关因子，及时传输到林火预警中心。

(2)远程视频监控系统建设

在各森林公园、郊野公园、林场等地规划建设远程林火监控视频系统(图12-3)。

2. 森林消防通信和信息指挥系统规划

综合应用无线、有线、卫星等多种手段，建立完善以固定通信网为基础，以车载、机载、移动通信设备为支撑，以便携式应用通信系统为补充，确保火场指挥通信得到可靠保障。

(1)无线通信系统建设。无线通信系统建设是以构建超短波语音为主的基础通信网络，应急通信系统、常规通信设备、通信车和应急移动指挥车为补充，完成火场扑火队员与前进指挥所、基本指挥所，以及扑火队员之间的语音通信联络。同时实现前指与基指、市、县或区森林防火指挥部之间的语音和数据(包括文件、图片和图像)的传输。

(2)信息指挥系统建设。信息指挥系统主要由网络基础设施、应用系统、指挥室构成，结合应急卫星通信网系统和应急移动指挥中心，实现市、县/区、街道的数据通信网络畅通，保障火场的音频、视频和图像等数据信息及时准确地传递到各级指挥机构，市、县/区、街道要建立统一标准的数据库和应用软硬件，进一步完善城市森林防火管理系统和地理信息系统建设。

图 12-3 森林防火远程监控

图片来源：景县辉腾铁塔有限公司［Online Image］.［2019-5-12］. http：//www. itavcn. com/jst/n6kr4uhqv2/article-6369932. html

3. 森林消防专业队伍与装备规划

(1)应构建城市消防支队-森林消防大队-森林消防中队等自上而下的森林消防队伍体系。分片区巡山，督查火灾隐患，加强培训，一旦发生火灾，将及时出动处置，将火灾消灭在萌芽状态。

(2)各县/区也可根据各自的实际情况组建专业或半专业森林消防队伍，进一步充实森林消防力量。

(3)对城市专业、半专业森林消防队伍配备森林消防水车、水泵以及森林消防运兵车、巡逻车，进一步提高消防队伍的快速反应能力和作战水平。

(4)规划应按照巡防范围等相应配置森林消防直升机。森林消防直升机不仅仅可以应用于森林消防，还可以应用于城市消防、搜索救援、复杂高层建筑安装和海(水)上作业等。

4. 森林消防基础设施规划

(1)防火林带

加大生物防火林带工程建设工作，在林缘、山脚、路边、山脊和林中继续开展营造生物防火林带，构建生物防火林带网络系统(图 12-4)，加强现有生物防火林带的维护，提高森林体系自身抵制火灾的能力。

(2) 森林消防水池

各森林、郊野公园、自然保护区要根据不同的地形、地势和海拔高程规划建设森林消防水池、管网，使森林消防设施规范化、常态化。

(3) 培训基地规划

森林防火人员的良好专业素质是做好森林防火工作的重要保障。加强对各级森林消防队伍的管理和专业培训，市森林防火指挥部建设能满足不少于 200 人训练任务的森林消防

图 12-4　森林防火林带

图片来源：邵阳新闻网[Online Image].[2019-5-12]. http://news.syxwnet.com/xsqpd/sdx/2018/0613/198025.shtml

训练基地。训练基地包括森林防火宣教培训基地和野外演练基地。加强对管理人员、各级现场指挥员的基本专业知识和指挥自救能力的培训，加强对各类扑火队员的实战演练，提高指挥员实战指挥技能和扑火队员实战扑救能力。建立森林防火管理、森林火灾应急处置案例库，并通过案例教学，加大宣教培训力度。

（4）物资储备库

森林消防物资储备是指贮放、保存森林消防装备和机具的永久性建筑，为扑火救灾提供森林消防物资。森林消防物资储备库建库和储备物资金应纳入当地同级财政预算。规划建设应遵循以下原则：①统筹规划、合理布局。符合市、县/区及森林防火单位应急响应要求，全市建成合理的物资储备格局；②分级储备、规模适度。按市级、区级和森林防火单位分组建库，分级储备、规模和物资储备应与其森林防火需求相适应；③突出重点，注重实效。物资储备要从森林消防的实际出发，重点储备适用、高效的消防物资；④交通便利，保障安全。森林消防设备库选址建设在交通便利、靠近林地的地方，不宜建在交通繁忙、人流拥挤的居民区、厂区及闹区等地段，同时要便于安全保护和符合消防物资储备安全要求的地段。

市森林消防物资储备库建设规模：建筑面积不小于 300m^2；物资储备：储备 1000 人以上的物资，并依据国家规定的储备年限及时更新。

县/区级森林消防物资储备库建库规模：建库面积在 100～200m^2；物资储备：储备 300 人以上的物资，并依据国家规定的储备年限及时更新。

其他有森林防火任务的单位森林消防储备库建库面积：建库应在 30m^2 以上；物资储备：储备 100 人以上的物资，并依据国家规定的储备年限及时更新。

5. 森林消防宣传教育规划

加强森林消防的宣传教育，提高民众的防火意识，消除火灾隐患，是森林消防工作首要的长期性任务。按照“政府主导，媒体联动，教育渗透，全民参与”的要求，突出宣传重点，丰富宣传形式，扩大宣传广度，深化宣传实效，提高宣传教育的覆盖面，切实发挥预防火灾的作用。

（1）建立健全社会化的森林防火宣传教育网络体系。强化市、县/区森林防火指挥部的宣传教育职能，协调宣传、新闻、教育、文化、公安等部门及街道、社区，组成宣传教育网络体系，增加宣传教育方面的资金投入，形成全方位社会化的森林防火宣教格局。

（2）开展多种形式的森林防火宣传教育活动。进一步开展森林防火“进林区、进社区、进单位、进学校”的宣教活动，防火期间，组织开展“宣传月”“宣传周”活动，利用多种形式对全民进行森林防火科普知识、火灾扑救和安全避险知识的教育，开展森林防火法律法规的培训。

（3）编写、制作森林防火宣传资料。组织市、县/区、街道办森林防火部门和有关责任单位编写印刷森林防火宣传手册及相关宣传资料，制作森林防火连环画、教材读本、宣传海报等；录制森林防火宣传片、火案教学片，为公众提供宣传教育学习材料。

（4）加强森林消防与城市消防体系的沟通、协调。以组织联合训练、演习等方式，加强日常业务的往来与沟通。

12.3.4 规划图纸

城市森林消防规划图集主要包括森林防火区界图、森林资源分布图、林下可燃物类型分布图、火源分布图、森林防火现状图、森林火险区划图、森林火险预警监测系统规划图、防火阻隔系统规划图、扑救系统规划图、森林防火宣传教育设施规划图等。

城市森林消防规划图集主要图纸　　表 12-2

序号	图纸名称	主要内容
1	森林资源分布图	主要内容为森林防火境界、地理要素、现有森林资源按树种分布、植被类型、森林景观资源分布等
2	林下可燃物类型分布图	主要内容为森林防火境界、地理要素、现有森林资源按树种分布、植被类型、可燃物类型、可燃物厚度、可燃物单位面积重量等
3	火源分布图	主要内容为火源的种类、空间分布、出现频次及特点
4	森林防火现状图	主要内容为森林防火区的地理要素、物资储备库、瞭望台、防火检查站、灭火水源、专业森林消防队伍驻点、飞机临时停机坪、已有景点景物、主要建构筑物及基础设施等
5	森林火险区划图	主要内容为Ⅰ、Ⅱ、Ⅲ等三级森林火险区区划
6	森林火险预警监测系统规划图	主要内容为森林防火境界、地理要素、瞭望台、地面巡护区域及路线等
7	防火阻隔系统规划图	主要内容为森林防火境界、地理要素、各种防火阻隔工程项目布局及相关技术指标等
8	扑救系统规划图	主要内容为森林防火境界、地理要素、扑救队伍布局、扑救机具和营房、森林防火物资储备库、航空巡护航线、飞机停机坪、临时机降点、飞机临时取水点等
9	森林防火宣传教育设施规划图	主要内容为森林防火宣传教育设施种类和分布、火源管理区、防火检查站等数量与分布

第13章　综合应急救援体系规划

13.1　综合应急救援体系纳入消防规划的必要性

1. 综合应急救援是法律赋予消防部队的重要职责

《中华人民共和国消防法》第二十七条规定："公安消防部队除保证完成本法规定的火灾扑救工作外，还应当参加其他灾害或者事故的抢险救援工作。"这是我国历史上首次以法律条文形式规定了公安消防部队参加社会救援的职责。2002年在成都召开的全国公安消防部队抢险救援工作会议上，明确了抢险救援的范围，指出：消防部队要积极参加化学危险品泄漏、建（构）筑物倒塌、空难、重大交通事故、地震、水灾、风灾等灾害事故抢险救援和恐怖破坏及其次生灾害的处置，对社会单位和人民群众的紧急救助应基本做到有求必应（图13-1）。

图13-1　消防救援队伍参加抗洪抢险

图片来源：人民网［Online Image］．［2015-3-17］．http://society.people.com.cn/n1/2019/0716/c1008-31235628.html

2006年5月10日，国务院下发的《关于进一步加强消防工作的意见》（简称《意见》），公安消防部队参加抢险救援的工作进一步明确。《意见》指出："充分发挥公安消防队作为应急抢险救援专业力量的骨干作用。公安消防队在地方各级人民政府统一领导下，除完成火灾扑救任务外，要积极参加以抢救人员生命为主的危险化学品泄漏、道路交通事故、地震及其次生灾害、建筑坍塌、重大安全生产事故、空难、爆炸及恐怖事件和群众遇险事件的救援工作，并参与配合处置水旱灾害、气象灾害、地质灾害、森林、草原火灾等自然灾害，矿山、水上事故，重大环境污染、核与辐射事故和突发公共卫生事件。”

2. 消防部队作为综合应急救援主体是国际上的通行做法

消防部门承担社会抢险救援工作是国际上的普遍做法，也是社会发展到一定阶段的必然结果。当前许多国家和地区，特别是经济发达国家和地区的消防部门都承担了社会抢险救援工作任务。在日本，2001～2003 年的 3 年间，消防队参加各类抢险救援共救助 29.7 万余人，抢救遇险人员 3.2 万余人，成为日本社会抢险救援的一支主要力量。日本还通过制定国家法律、法规，明确规定救火、救急、救助是消防队的三大任务。

我国香港特别行政区在消防条例中也明确规定：“消防处的主要职责是为市民提供应急服务，负责境内的灭火、海陆空拯救工作以及机场发生空中事故的救援工作。同时，为市民提供救护车服务和防火事务提出意见。”在欧洲一些国家和美国，消防队都是社会救援的主要力量。比如美国，2004 年消防队紧急出动中，火灾扑救以外的紧急出动占 93%，火灾扑救仅占 7%。尽管各国的做法不尽一致，我国完全照抄照搬也不合国情，但消防机构承担抢险救援任务的原则做法是值得借鉴的。

3. 消防部队担负综合应急救援任务具有独到的优势

消防部队多年来参加社会抢险救援工作，积累了其他队伍所不具备的丰富抢险救援经验，并在与国外消防机构的交流与合作中汲取了很多现代社会抢险救援的基础理论和成功经验；拥有一批质量相对较高的抢险救援装备，特别是一些特殊救援环境下作业用的科技含量高的装备；消防队员经过长期的体能、业务技能训练和无数次实战考验，具有良好的身体、心理和业务素质，富有英勇果敢、牺牲奉献精神；近年来消防队吸纳了不少受过高等教育的专业技术人才，队伍建设成绩显著；布点多、分布广，部队每天 24h 都处于执勤状态，随时可以快速出动。消防部队积极主动地承担抢险救援任务，既是维护社会公共安全的需要，也是消防部队拓展职能、自我发展的需要。

4. 现有政府机构改革的要求

长期以来，我国应急救援基本上实行的是分灾种、分部门、分行业的单一救灾管理模式，这种模式曾经发挥过积极作用，但是随着生产安全和应急救援的发展，各种危机隐患的叠加效应和衍生效应进一步显现，突发事件防控难度增大，公共安全形势趋于复杂多变。这种传统的单一救灾管理模式已经不能适应新时代公共安全应急救援的要求。全国公安消防部队参加应急救援任务近年呈几何倍数增长，应急任务日益繁重。当发生重大灾情尤其是多灾种或跨区域救援时，由于各部门之间责任主体不明确，各救援力量之间缺乏“磨合”，无法形成有效救援合力，导致救援效率低、成本高。2018 年 3 月，《深化党和国家机构改革方案》发布，公安消防部队不再列武警部队序列，现役编制全部转为行政编制，成建制划归应急管理部，承担灭火救援和其他应急救援工作。应急管理部整合了公安部（消防）、国家减灾委、抗震救灾指挥部等 13 个部门，应急救援队伍的整合有利于全灾种的全流程和全方位的管理，有利于提高公共安全保障能力。消防队伍作为应急救援队伍中一股中坚力量，为充分发挥其救援作用，应着力构建政府专职消防队为基础的多种形式消防队伍，加强以消防部队为主体和主导的综合性应急救援队伍建设。

13.2 国内外应急救援体系情况

1. 我国应急救援体系建设情况

我国的应急管理体系发展总体可以分为以下三个阶段：

（1）1949～2003年

这一阶段的应急管理体系有着较为突出的临时性以及经验性。1949年前，我国在预防和应对各种灾害为一面存在诸多不足，大多是治标不治本，追求的是灾害发生后的应对方法，并不注重制度体系建设。新中国成立之后，在各类公共安全突发事件处置的过程不断完善管理机制，比起之前有了巨大的进步，但仍然没有形成一套规范有效的应急管理体系。

（2）2003～2007年

在战胜SARS后，国务院首次清晰地指出，政府管理不仅仅要重视常态管理，还要把非常态管理提升到一个新的高度。这是我国应急管理体系建设中的一个关键转折点。2005年，《国家突发公共事件总体应急预案》通过，同年年底，我国突发状况时间应急预案体系框架基本建成，标志着我国的应急管理的研究进入一个新阶段。

（3）2007年9月至今

这段时期我国应急管理体系进一步完善，建立了以"一案三制"为基本框架的应急管理体系，更为系统化与科学化。通过树立科学、有效的应急管理观念，建立符合实际的应急管理机制，协调好事前、事中、事后的应对，应急事件的全过程管理得到进一步加强。

虽然我国应急管理体系建设得到了重大发展，但与世界先进地区相比，仍然存在基础建设薄弱、风险预警水平低、多头管理效率低、应急人员专业能力有待提高的问题。

2. 中国香港地区综合应急救援体系简介

中国香港地区政府把一切与生命财产有关的救援工作都划分给消防处，使消防成为政府直接领导的正式独立机构。消防处每天都要承担繁重的出动任务，大到火灾扑救、交通事故救援，小到市民房门反锁或送病人去医院，甚至连狗、猫等动物有危险也要消防队出动。可以说香港消防无所不在，被香港市民称之为城市的"保姆"。

香港地区消防处良好的社会保障功效是建立在以下几个方面：

（1）政府在人力、物力上对消防的投入巨大。香港现有68个消防局，29个救护站，8350名员工，仅1997年拨给消防处的经费就有27亿港元，其消防救护人员与城市总人口的比例是14‰。

（2）法律对消防人员执行职务的严格监管和消防人身权益的有力保护相辅相成。在香港，对消防人员的执行职务的监管在法律上有非常严格的确定，违者严惩；另一方面，对消防人员的人身权益也给予了极大的保护。

（3）对消防人员和消防业务的管理办法比较先进。在人员训练、职务提升、消防业务管理上都严格按照相应的法律和条例执行。

3. 美国综合应急救援简介

目前，美国已经建立起一套相当完善的危机管理体系，这套体系构筑在整体治理能力的基础上，通过法制化的手段，将完备的危机应对计划、高效的核心协调机构、全面的危机应对网络和成熟的社会应对能力包容在体系中。

（1）美国的公共安全危机事件管理模式

美国的公共安全危机事件管理模式又称为全过程管理模式。这种模式把应急管理的活动、政策和计划贯穿到四个基本的领域，即缩减、准备、反应和恢复（MPRR）。在以上四个过程中，缩减和准备是灾难发生之前的行为，反应是灾难发生过程中的行为，而恢复则是灾后的活动。缩减的活动在于预防和减少灾难的损失，如在设计建筑物时要考虑恐怖分子发动的袭击和防火等；准备阶段在于设计反应阶段如何应急，提升更有效的反应能力，其中包括对应急人员和公众的训练计划，报警系统、通信系统和偶发事件的计划；反应是对灾难做出的立即行动，包括群众撤离疏散、构筑沙袋和其他设施、保证应急食品和水源的安全、提供应急医疗服务、搜索救援、灭火、防止产生掠夺现象并维护公共秩序；恢复是善后处理的一部分，包括提供临时住所、恢复电力供应、小额商业贷款、清理废墟等。

从美国的实践经验看，社会救援体系都是公共安全危机事件应急管理体系的重要组成部分，承担公共安全应急管理体系中的反应职能。

（2）美国社会救援的具体内容

社会救援的具体内容包括：对各种事故灾害（工程倒塌、交通事故、市政设施损坏、化学事故等）的抢险救援，各种自然灾害事故（水灾、雪崩、地震）的抢险救援，各种突发性事件（集会、游行、绑架人质等）的抢险救援，以及群众报警求助的抢险救援。社会抢险救援是以消防部队为主力构建的社会抢险救援体系进行的救援活动。

4. 美国等发达国家实践的启示

从发达国家的实践来看，一个严密的社会抢险救援体系是社会各相关职能部门人员、装备、信息等资源的合理有效配置，相互配合、相互协调的统一体。常见的发达国家社会抢险救援体系为立体救援体系和社会各职能部门协同救援体系。立体救援体系除包括常规陆地救援系统外，还包括空中救援系统、水上救援系统和地下救援系统。社会各职能部门协同救援体系主要包括医疗紧急救护系统和交通事故紧急救援系统。西方发达国家消防机构一般集灭火、救援及医疗于一体，在处理各种灾害事故的同时开展医疗紧急救护，配备有紧急医疗救护车和医生。世界上大部分国家和地区都规定由消防部门负责医疗急救业务。

社会各职能部门协同救援体系涉及消防、警察、交通、城建、医疗卫生、供水、供气、供电等多个部门，如何使这些部门信息共享、协同作战、形成合力是该体系能否发挥作用的关键。

13.3 综合应急救援安全体系规划

1. 综合应急救援队伍建设与消防部队职责

应急管理部负责管理消防救援队伍、森林消防队伍两支国家综合性应急救援队伍，承担相关火灾防范、火灾扑救、抢险救援等工作，设立消防救援局、森林消防局分别作为消防救援队伍、森林消防队伍的领导指挥机关。应急救援队伍职责主要集中应对自然灾害与事故灾难这两大类突发事件，不包括公共卫生事件与社会安全事件。

2. 综合应急救援体系建设

综合应急救援体系建设的重点在于应急准备，其次才是救援。

其一，这是全面贯彻“安全第一，预防为主”的需要。通过加强生产安全事故应急救援体系建设，能总结以往安全生产工作的经验和教训，明确安全生产工作的重大问题和工作重点，确定重大危险源和事故隐患，做到心中有数。通过体系建设和预案制定提出预防事故的思路和办法，加大投入，完善各项安全和应急措施、设施，同时体系和预案建设的过程也是对安全生产工作的再认识和再提高。

其二，这是事故救援及时性的需要。在生产安全事故发生后，应急救援体系能保证事故应急救援组织的及时出动，并有针对性地采取救援措施，对防止事故的进一步扩大，减少人员伤亡和财产损失意义重大。

其三，这是事故救援有效性的需要。专业化的应急救援组织是保证事故及时得到专业救援的前提条件，可以有效避免事故施救过程中的盲目性，减少事故救援过程中的伤亡和损失，降低事故的救援成本。

同时，建立生产安全应急救援体系也是当前一项迫切的战略任务，这既是《安全生产法》提出的明确要求，同时也是城市安全生产形势的客观需要。近年来城市安全生产总体状况虽呈好转趋势，但由于安全生产基础薄弱，安全生产形势依然严峻，较大事故仍不能有效控制。因此，加快推进应急救援体系建设成为降低事故损失的迫切手段。

3. 综合应急救援保障机制

综合应急救援保障机制是针对可能的重大事故（件）或灾害，为保证迅速、有序、有效地开展应急与救援行动、降低事故损失而预先制定的有关计划或方案。它是在辨识和评估潜在的重大危险、事故类型、发生的可能性、发生过程、事故后果及影响严重程度的基础上，对应急机构与职责、人员、技术、装备、设施（备）、物资、救援行动及其指挥与协调等方面预先做出的具体安排。

应急机制的一个重要特征，就是建立一个动态社会环境下的有效控制，做到以动制动，以快制快。而要实现这一点，就必须坚持集中统一指挥，决不能政出多门，令出多头，分散指挥。建立集中统一、快速高效的应急处置机制，符合我国的国情。多头指挥客观上易导致人、财、物的浪费，使得本来就捉襟见肘的经费矛盾更加突出，这不符合当前建设节约型社会的要求。集中统一应急机制，有效整合各方面资源是提高应急管理效率的最佳途径。建立集中统一、快速高效的应急处置机制，也是当前有效应对突发公共事件的客观需要。突发公共事件主要是指那些突然发生，造成或可能造成重大伤亡、重大财产损失和重大社会影响，危及公共安全的事件，包括自然灾害、事故灾难、公共卫生事件和社会安全事件。由于突发性使然，突发公共事件往往很难做到事前有效预防，这就要求必须做好事后应急处置，以最大限度地控制和降低突发公共事件给公众生命财产带来的严重损失。政府作为应急机制建设中的重要一环，协调处理一些突发公共事件特别是紧急求助事务方面做了大量实践，积累了不少经验，也为建立应急机制奠定了一定的基础。政府建立健全应急机制，协调有关部门开展联动，对于公众来说，也未尝不是一件好事。

应急救援体系的建立应高度重视硬件建设，提高快速救援保障能力。抢险救灾保障主要包括物资器材保障、通信保障和运输保障等。物资器材保障主要是有计划地做好应付各种情况的物资储备，确保一旦有事能迅速调拨到位。设备和器材的准备，为发生灾害时调集使用做好准备。通信保障要立足现有的通信设备，加强通信指挥自动化建设，建立军地间相互兼容的指挥通信网络，以保障实施快速救援的需要。运输保障就是要科学制定运输动员和保障方案，加强道路、水路、场站、建设，逐步形成立体交通保障网络，并根据救援行动的需要，做好保障工作。

13.4 消防医疗救护体系

13.4.1 国外消防医疗救护体系

世界上很多发达国家，如美国、日本、德国、法国、英国、加拿大等对于灾难事故的处理，已实现了灭火、救人、抢险三位一体的综合救助模式。急救组织一般由消防员、医务人员和警察等组成。消防部门的职能已经由单一的防火、灭火逐步向抢险救援、救死扶伤等多功能、全方位的方向发展，组织编制较为健全。教育培训、装备配置、后勤供应等保障，所有消防员都受过基本的紧急救护训练，消防员必须取得“救火”和“救护”两种执照，肩负灭火和救护双重职责。尽管一些伤员的病情需要急救医护人员来处理，但在医务人员到达之前的数分钟内，消防员的紧急救护对伤员的生存起到了决定性的作用。国际SOS急救组织提倡和实施现代救护的新概念和技能，重视伤后1h的黄金抢救时间，10min的白金抢救时间，使伤员在尽可能短的时间内获得最确切的救治。

1. 美国消防医疗救助体系

1979年美国放弃了分灾种、分部门的单一灾害管理模式，形成了以联邦应急管理局（Federal Emergency Management Agency，FEMA）为核心的政府管理体系，到20世纪90年代初期逐渐形成了以联邦反应计划为主体的突发性灾害医学急救反应机制，其特点是：介入和处置非常迅速，急救工作由地方政府和消防队员负责。在美国许多州消防局都要求消防员接受紧急医疗救护的训练，取得救护技术员（Emergency Medical Technician，EMT）资格方能参加工作。救护技术员已属于国家职业资格管理范畴，主要分为初级救护技术员（EMT-Basic）、中级救护技术员（EMT-Intermediate）和救护医士（EMT-Paramedic）3个级别，级别越高，培训内容越多，时间越长，要求越高，相应地可以实施的救护项目越多，救护医士根据病情需要可以进行给药、注射、输液、气管插管、使用体外心脏起搏器等操作。美国“911”恐怖事件救援中，集消防、医学救援于一体的“911”紧急医学救援服务体系发挥了极其重要的作用[96]。

2. 德国消防医疗救助体系

德国《急救医疗法律》，明确规定在灾难救援过程中，现场总指挥部组成人员必须由消防部门负责。法律规定消防队为具体责任方，负责救护工作的协调与落实，并与其他急救组织承担方签署有关急救协议；承担方做具体的病人救治工作，承担方一般由市级医院、大学附属医院承担，负责后续抢救；其他承担方如红十字会、意外事故援救组织等都有具体的合同规定[97]。

3. 日本消防医疗救助体系

日本在第二次世界大战后按照西方模式重新组建消防队，把抢救火灾和各种重大自然灾害作为建队目标，并依托消防部门构建了密布全国的现场急救体系。在日本，灾害现场紧急医疗救助和急救患者运送工作由消防机构负责。各级消防厅（局）都设有急救部和指挥中心，各消防队均配有急救队。每个急救队通常配备一辆急救车和 3 名急救技术员（EMT），这些急救人员主要是经过短期培训的急救技士。例如，东京消防厅拥有抢救地震灾难、化学物品火灾及其他自然灾害的特种急救队[98]。

图 13-2 日本神奈川县消防总署

图片来源：中国综合研究交流中心[Online Image]. [2019-5-7]. http://www.keguanjp.com/kgjp_shehui/kgjp_sh_yishi/pt20190128060003.html

4. 法国消防医疗救助体系

法国消防员在参加工作之前，必须经过初级救护和消防员团队救护的培训并通过相应考试，取得证书后才能上岗，参加灭火救援行动。消防员的救护技能分为一级、二级、三级。一级救护要求必须掌握基本救护技能和各种伤病情处置程序和方法；二级救护要求必须掌握各种仪器和药物使用；三级救护则要求必须掌握大规模灾害发生时，政府启动“红色预案”时的救护处置程序和方法。每一级培训都必须到指定的学校和地点进行[99]。

13.4.2 国内消防医疗救护体系

1968 年起，中国香港地区政府所有救护车都归消防处管理及控制。救护人员均受过严格的医疗急救训练，还会被安排在职进修，以维持及增进其知识和急救技术。1957 年，台北警察局消防警察大队接受美军顾问团赠送的两辆救护车，从那以后消防员便开始执行

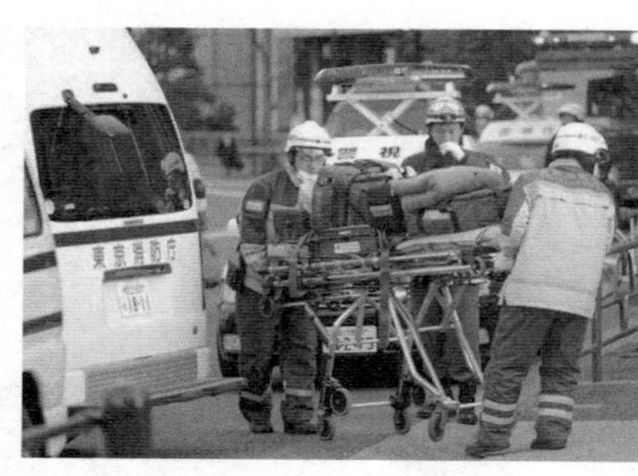

图 13-3　日本消防救护车及队员

图片来源：中国综合研究交流中心[Online Image].[2019-5-7]. http://www.keguanjp.com/kgjp_shehui/kgjp_sh_yishi/pt20190128060003.html

火场救护任务，直到 1984 年 7 月 12 日消防法修正案第一条即将“紧急救护”列为消防三大任务之一[100]。

相比较而言，我国大陆地区消防医疗救护尚处于起步阶段。消防应急救援属于消防部门，医疗急救隶属于卫生部门，属于两个不同的行政部门。虽然国内城市已经建立了三警联动机制，但只是形式上的整合，并没有内容和任务上的融合。120 与 119 之间在机构上为平行关系，互不隶属；在任务和职能定位上也属条块分割，泾渭分明。部分城市已有的消防医疗救护力量主要由支队军医、中队卫生员构成，人员严重不足，设备简陋，不足以支撑城市消防救护需求[101]。

2005 年 10 月 12 日公安部及卫生部联合发出《关于做好灭火救援现场紧急救护工作的通知》，明确指出：“各级公安消防部队要根据灭火救援现场急救工作的特点和需要，广泛组织开展止血、包扎、固定、搬运和心肺复苏等救护基本技能训练，使广大消防官兵熟练掌握救护基本知识和技能，提高急救能力。”因此，开展现场救护训练，学习现场救护知识，熟悉现场救护程序，掌握现场救护技能，提高现场救护能力，成了消防部队在灭火救援工作中应注重抓好的一项重要业务技能。所以，消防部队作为扑救火灾、抢险救援的中坚力量，应了解并掌握一定的救护知识，积极采取一定的医疗救护技术措施，尽最大努力抢救遇险人员，真正把“救人第一”的灭火指导思想在实战中贯彻好、落实好。

13.4.3　消防医疗救护体系的构建

据相关资料显示，在 3h 内获救的患者生存的可能性有 90%，而超过 6h 的则只有 50%的希望。所以，在 120 急救系统由于种种原因不能及时到达事故现场的情况下，消防部队作为扑救火灾、抢险救援的中坚力量，具有反应快、现场救助及时等特点，深入内部一线抢救，可以使伤病员在最短的时间内获救，为其后续治疗做好铺垫，这一优势是其他医疗救助组织所不能替代的。

同时，依托现状消防队伍，建设消防医疗救护体系还具有以下优点和必要性：

（1）消防部门经过长期建设，分布较合理，网点覆盖范围广，出动半径小，反应时间短，符合急救半径＜5km，反应时间＜5～10min 的院外急救要求；

（2）消防部队机构健全，具有完备的指挥系统，严格的组织纪律性，令行禁止，步调一致，作战英勇，具备快速反应能力，并且昼夜备勤值班，人车一体，既可小规模行动，又可大范围突击，具有其他医疗救助行业所无法代替的特殊功能和作用；

（3）消防部队人员配备完善，人员年轻，相对更替较快，有充沛的体力和精力，进行经常性的体能锻炼和抢险救灾演习，对于各种艰险条件的适应能力更强；

（4）应急抢险依靠消防部队完成。灾难事故现场往往条件较差，烟雾缭绕，甚至毒气弥漫，专业医务人员根本无法靠前，危及生命的现场急救只能依靠第一时间到达现场的消防抢险突击队员来完成。

结合我国实际情况，建议从以下几方面加强我国消防医疗救护体系的建设：

（1）完善消防法规、法治建设，进一步明确消防医疗救助的合法性问题，并把消防医疗救助作为消防部队的主要任务之一，使消防部队实施现场医疗救助时有法可依，也有法必依；

（2）参考国外和中国香港、台湾地区急救（员）技士的培养方式，建立消防官兵医疗救助训练体系；

（3）设置消防紧急医疗救助队。设置消防紧急医疗救助队，按梯次建设；

（4）合理配置救护车辆、器材和设备。装备不同等级配置的急救车（监护型、普通型和运输型），车上要配有无线通信设施、输氧、输液、插管器械、急救药品箱、担架、真空固定垫、镇痛器及除颤器等必备医疗设施，还可配置呼吸机、心电监测仪等；

（5）建立和完善联动救助体系，组成以消防医疗救助为基础，同地方医疗急救中心、警察等联合医疗救灾体系建立网络；

（6）普及防灾、减灾教育提升民众防灾意识和对灾害的应变能力。

13.5 防火隔离带的确定

防火隔离带是指为阻止城市大面积火灾延烧，起着保护生命、财产、城市功能作用的隔离空间和相关设施。防火隔离带应设定为网状，以城区为对象，以城市规划道路为中心，利用河流、铁路和高压电力走廊，将街区限定在一定范围内。根据城市干线道路框架，防火隔离带可分为“主干隔离带”和“一般隔离带”，划分防火隔离带需综合考虑街区之间的联系通道、救援活动网络的功能。建设防火隔离带是日本建设防灾城市的基本理念之一，为了建立能抵御大灾害的城市结构，规划从区域考虑，用防火隔离带为骨干防灾轴，形成防灾骨干网络。防火隔离带除了有阻止火灾蔓延的作用外，还作为避难、救援和救护的空间，与防灾据点等一起形成防灾应急行动的空间网络。日本东京的主干防火隔离带采取3～4km网状设置，一般防火隔离带采取1km网状设置（图13-4）。

（1）在城市规划与管理方面，应当在保护绿地系统的同时，利用绿化隔离带、大量的风景旅游绿地、自然保护区用地、水体等共同构成完整的隔离带构架体系，为城市防火创造良好基础。

（2）独立城镇内，由公园、公共绿地、广场以及四通八达的道路网，与组团绿地一起构成完善的城市防火隔离带系统。在组建完善的隔离带体系的同时，还要尽可能增加城市

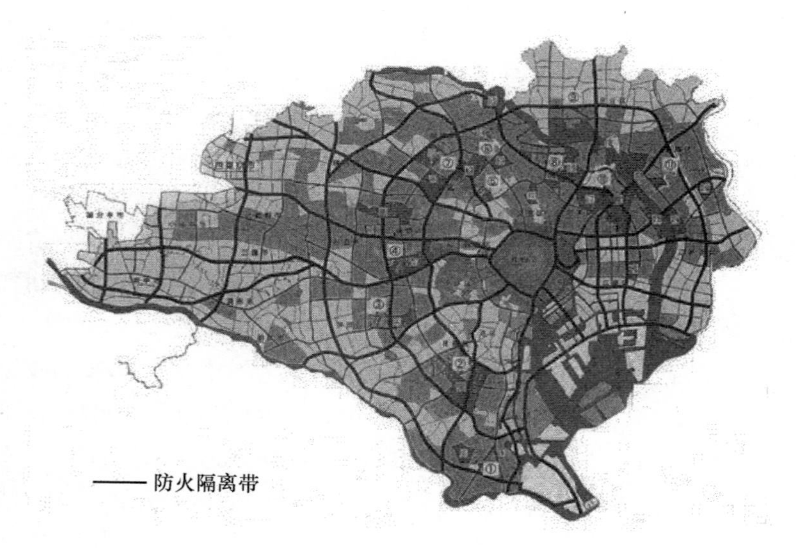

图 13-4　东京防火隔离带布置图

图片来源：刘应明，彭剑，何瑶，等．新规范下城市消防规划的若干问题［J］．土木建筑与环境工程，2011，33（S2）：91-93

疏散空间，提高火灾隔离能力，防止火灾蔓延。

（3）对于临街建筑物，规划要求尽量建设耐火等级高的建筑物，以增强防火分隔。同时对老住宅区、城中村、旧城区要求加快改造步伐，一方面要降低建筑密度，增加绿化面积，开辟畅通的消防通道，一方面要采取措施，提高房屋的耐火等级。

13.6　应急避难疏散场所规划

应急避难场所是应对突发公共事件的一项灾民安置措施，是现代化大城市用于民众躲避火灾、爆炸、洪水、地震、疫情等重大突发公共事件的安全避难场所（图 13-5）。

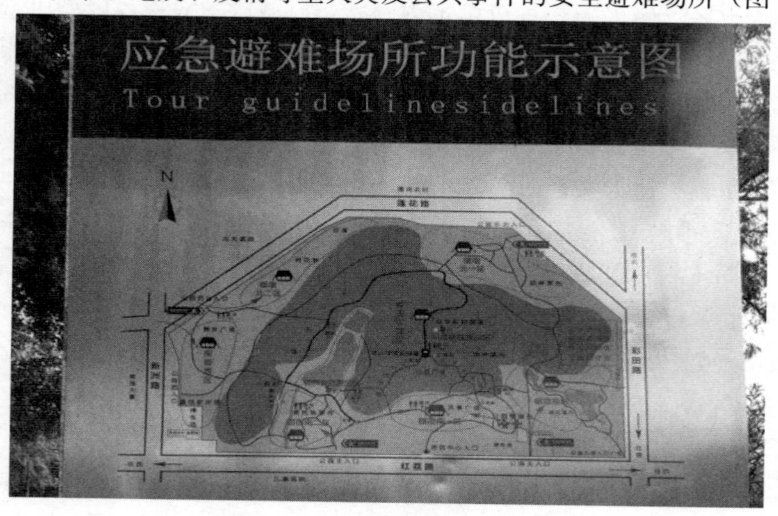

图 13-5　应急避难疏散场所示意图

应急避难场所分为室外避难场所和室内避难场所两类。其中室外避难场所适用于地震及其他需要室外避难场所的灾害发生时，受灾人员的疏散和安置；室内避险场所适用于气象灾害、地质灾害、核设施事故及其他需要室内避难场所的灾害发生时，受灾人员的紧急疏散和临时安置，若市民需要较长时间避难时，也可在灾后利用室外固定避难场所。学校和体育场馆拥有室内场所和室外场地，可兼作室外避难场所和室内避难场所。避难场所尽可能利用城市公园、绿地、广场、文体场馆和学校等。

第 14 章　城市消防规划管理及保障措施

14.1　消防立法保障

结合《中华人民共和国消防法》以及各消防规划，政府应不断完善各行各业消防管理办法和实施细则，协调和督促规划、财政、供水、供电、城建、电信等部门制订消防规划的实施细则，将与城市消防规划有关本部门的内容落实到本部门的各项工作中去，明确安全职责，做到有计划有组织地实施消防规划。

14.2　消防宣传教育

消防宣传教育应围绕消防工作服务经济发展，保持社会稳定的大局，以提高市民消防安全素质，增强全社会防控火灾能力、排除隐患减少火灾发生为目标，努力构建“政府主导、媒体联动、教育渗透、全民参与”的消防宣传新格局，向市民广泛普及防火、灭火、疏散逃生、抢险救援等方面的知识和技能，提高市民的防范意识，使消防工作扎根于民心，服务于社会，在全社会形成“人人参与消防，共建平安家园”的良好氛围，为最大限度地预防和减少各类火灾事故的发生发挥舆论作用（图 14-1）。

图 14-1　深圳某企业消防安全宣传活动

1. 加强日常消防宣传工作，促进消防业务建设

应运用灵活多样的宣传形式，向市民宣传消防知识、让市民懂得消防工作应当承担的责任和义务，同时应加强与媒体的联系和协调，配合新闻媒体强化消防宣传。

2. 抓好消防安全主题宣传活动的实施

对照宣传主题，坚持策划贴近生活、贴近群众、贴近实际，且内容丰富、形式新颖、寓教于乐、富有特色的宣传主题活动，在消防安全重点单位、人员密集场所开展应急疏散演习，让全民参与消防。

3. 扩大消防宣传面，丰富宣传内容，提高宣传效果

加强与广电集团、报业集团等传媒的合作，具体包括在电视台、广播电台播放已制作的消防知识公益广告片；在报纸上开办《消防法》和消防知识宣传专版；利用户内外视频播放公益广告，各大队联系辖区机关办公楼、银行、医院、车站、写字楼、公共聚集场所等有安装视频播放的单位，在主要时间段播放消防公益广告，让市民随时随地都可以学到消防知识；进一步完善消防网站并发挥其宣传作用等。

4. 推进消防开放站建设的力度

大力推进消防宣传开放站建设，把消防宣传开放站建成向市民传播消防知识的大课堂，建成消防部门与市民沟通的桥梁。

5. 消防教育要从小抓起，从学校抓起

编写《校园消防安全知识》，将消防安全教育纳入小学和初中课堂教学内容，让学生从小接触消防知识，懂得消防常识，了解消防法律法规，知道火灾危险性、懂得预防火灾和自救逃生的措施。

14.3 消防监督检查

（1）公安机关消防机构、公安派出所应当按照国家规定的职责范围履行消防监督执法职责，建立执法责任制。

（2）公安机关消防机构应当根据火灾规律、特点，结合重大节日、重大活动的消防安全需要，按照规定组织监督抽查；对属于人员密集场所的消防安全重点单位应当每年至少监督检查一次。

（3）公安机关消防机构应当依据建筑物建造时的消防技术标准的强制性规定对建筑物进行消防监督检查，对于新建建筑应严格依据国家消防技术标准的强制性规定审核建设工程消防设计图纸，对审核不合格、存在重大火灾隐患的建筑，应责令进行整改。

（4）各个部门应积极沟通，消防部门对不具备消防安全条件的场所作出责令停止施工、停产停业、停止使用或者撤销原同意其使用或者开业的行政许可决定等处罚决定后，应当将处理结果抄送有关安全监督、建设、工商、文化、质量监督、教育或者卫生等行政主管部门。

（5）消防监督工作应接受社会监督。公安机关消防机构应当聘请消防社会监督员，对公安机关消防机构的消防监督检查工作进行监督。

消防社会监督员履行下列职责：

1）对公安机关消防机构的灭火救援出警时间进行统计和测评，并及时反馈给公安机关消防机构；

2）了解和搜集公安机关消防机构及其工作人员实施消防监督检查工作中存在的问题，并提出整改意见；

3）对公安机关消防机构履行火灾事故调查职责进行监督；

4）对公安机关消防机构履行宣传教育和社会服务等职责进行监督。

14.4 消防队伍建设

依据《中华人民共和国消防法》，各级人民政府应当加强消防组织建设，根据经济社会发展的需要，建立多种形式的消防组织，加强消防技术人才培养，增强火灾预防、扑救和应急救援的能力，其中多种形式消防队伍是指除公安消防队以外的其他承担火灾预防、扑救及社会救援工作的消防队伍，包括政府专职消防队、企业事业单位专职消防队、志愿消防队和群众义务消防队等。因此，建立与城市发展相适应的高素质、高标准的消防队伍系统，是城市消防的有力保障。

消防队伍建设主要原则是积极推进以公安消防队伍为主体的多种形式消防队伍建设。根据经济发展需要，大力发展以公安消防队伍为主体，政府专职消防队、企事业单位专职消防队、群众义务消防队和志愿消防队、保安消防队为基础的消防力量体系。不断完善组织领导、职业培训、内务管理、执勤规范和监督制约机制，实现消防队伍建设的标准化、规范化、制度化，提升队伍整体战斗水平。

14.4.1 消防队伍

1. 加强消防队伍正规化建设

坚持政治建警，优化班子结构，提高工作能力；坚持从严治警，严格部队正规化管理，保证队伍稳定统一；坚持素质强警，健全完善干部晋升培训、岗位培训和选拔任用机制，认真落实灭火救援指挥人员任职资格和持证上岗制度，提高干部队伍整体素质。

2. 整合资源，建立健全应急抢险救援响应机制

整合专业救援队伍资源，实现消防、交通、地震、林业、环保、急救、市政抢修与驻地解放军、武警部队的相互联动；整合信息资源，以城市或行政区划为依托，实现各类灾害事故信息的识别、传输、反馈和快速反应，确保迅速传递灾情、快速调集警力、及时处置现场；整合物质资源，充分利用社会各单位、团体的物质资源，保障抢险救灾工作的开展；整合区域资源，在全市划分社会应急救援联动区域，实现各类灾害事故应急救援的区域联动和联合作战，提高救援的社会综合效益。

3. 加强与周边城市消防力量的协调联动

建立和完善周边城市同步处置重特大火灾和特种灾害事故的协调机制，通过加强业务合作交流以及举办大型灭火救援联合演练等形式，实现资源整合和优势互补，推动灭火救援“一体化”进程。

14.4.2 专职消防队

建立专职消防队是弥补灭火消防力量不足、扩大消防覆盖面的有效途径，对于扑灭初期火灾有着重要作用，是城市消防一支重要的辅助力量。

1. 继续完善专职消防队的人员和装备配备，使其灭火救援硬件设施达标

目前专职消防队的建设相对落后，大部分专职消防队车辆装备仅 1～2 台，执勤训练器材、消防队员个人防护装备等配备也不到位，数量严重不足，这不仅影响了正常的执勤训练工作，也影响了火灾的扑救。因此，在队伍建设上，应严格按标准规范要求完善装备配备，强化自身的灭火救援能力。

2. 加强训练，不断增强队伍综合战斗力

现役消防队伍加强对专职消防队的业务指导，协助加强训练，提高这支队伍的整体灭火作战能力。具体措施包括每年要下发年度工作计划和练兵大纲，供各企业专职消防队参考执行；每年举行多种形式消防业务技能大比武，促进灭火战斗力的提高；每年组织消防人员多种形式的训练，提高消防技能；开展消防队伍联合灭火演习，提高联合作战能力等。

14.4.3　其他消防队伍

其他消防队伍包括志愿消防队、义务（兼职）消防队等。作为辅助灭火力量，这些队伍承担着扑灭初期火灾的重任，具有非常重要的作用。

（1）志愿或者义务（兼职）消防队应以社区、城中村等为单位成立，成立后队伍保障片区内消防安全。

（2）志愿或者义务（兼职）消防队灭火知识和培训应统一由区消防大队负责，日常应经常开展灭火救援演练。

14.4.4　多种形式消防队伍建设保障措施

（1）组织保障。各级政府要高度重视多种形式消防队伍的建设和发展，切实加强领导，明确目标，落实责任，强化措施，加大投入，确保各项工作落到实处。

（2）规划保障。各级政府要将多种形式消防队伍建设作为当地经济和社会发展的重要保障措施，科学规划，合理安排，稳步推进，狠抓落实。公安、财政、民政、建设等职能部门要通力协作，密切配合，为发展多种形式消防队伍提供各方面的支持。

（3）经费保障。各级政府要结合当地实际，采取政府投资与社会融资相结合的办法，本着“谁受益、谁出资”的原则，及时研究解决多种形式消防队建设中遇到的资金短缺问题，多方筹措资金，促进多种形式消防队伍的健康发展并发挥应有作用。

（4）人员保障。各级政府要根据消防工作需要，合理编配政府专职消防队的消防队员，切实保障其合法权益。要按照国家有关规定落实政府专职消防队员的工资待遇、社会保险、福利保障；落实义务、志愿消防队员的经济补助。多种形式消防队伍的消防队员因执行灭火救援任务受伤、致残或死亡的，要按照国家有关规定从优解决医疗、工伤、抚恤待遇等问题。

（5）执勤保障。多种形式消防队伍要配置与其工作任务相适应的消防装备和个人安全防护装备器材。消防车辆应纳入特种车辆管理范围，按特种车辆上牌，允许安装、使用警报器和标志灯具。参加扑救责任区以外火灾所损耗的燃料、灭火剂和器材装备等，起火单位应当给予相应补偿。无能力补偿的，由火灾发生地政府给予适当补偿。

14.5　消防科技发展

积极推广运用消防科技新成果，依靠科技发展消防事业。加强信息资料和计算机的开发应用，为消防监督提供条件，为灭火救灾决策提供参考；对于重点消防单位应建立远程监控自动报警系统，自动报警设备通过城市消防专用网络与消防监控中心联网，及时了解重点消防目标的消防安全现状（图 14-2）；积极采用成熟的新型灭火器材、设备、装备，提高硬件水平，以高科技手段防范和救助城市灾害。

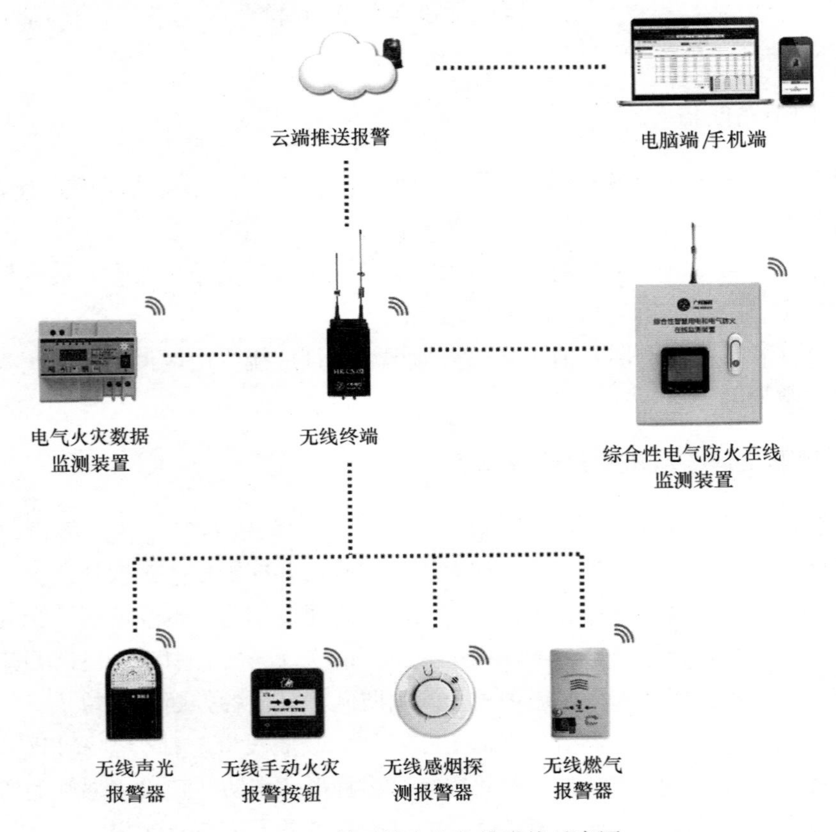

图 14-2　某无线火灾防控系统示意图

图片来源：无线火灾防控系统［Online Image］．［2018-12-3］．http：//www. hrsst. com/index. php/Home/Article/sodetails/id/110

第3篇

实 践 篇

在特大城市和超大城市中，城市消防工程规划应分层次进行编制，一般分为总体规划和详细规划两个层次，各层次规划编制的内容、深度、方法和重点等要求均有所不同。

本篇章选取了四个城市消防工程规划实际案例，其中前面三个项目分别从全市层面、分区层面以及街道层面对基础条件、成果内容、规划创新以及实施效果等方面进行介绍，最后一个案例重点针对城市高密度开发区如何进行消防工程详细规划进行了简要介绍。案例来源的规划项目均由深圳市城市规划设计研究院编制完成。

第15章 深圳市消防设施系统布局规划案例

15.1 基础条件

深圳地处广东南部，珠江口东岸，与中国香港地区一水之隔，全市总面积1997.47km^2，截至2018年底，深圳常住人口1300万人。深圳是中国设立的第一个经济特区，是中国改革开放的窗口和新兴移民城市，已发展成为有一定影响力的现代化、国际化大都市。深圳在中国高新技术产业、金融服务、外贸出口、海洋运输、创意文化等多方面占有重要地位。

深圳市经济发展迅速，消防工作不断发展并取得一定效果，但仍然难以满足城市快速发展的需要。深圳市存在现状人口密度高，流动人口多、高层建筑密布，城中村分布广，部分危险品仓库位于城市建成区内等问题，消防难题错综复杂。在消防基础设施建设方面，深圳市建设用地750.50km^2，但仅建设消防站32座，消防站责任区范围远大于7km^{2}的规范要求。此外，深圳还存在战勤保障基地和消防训练培训基地缺乏、消防教育训练无法达到规模化、城中村消火栓欠账严重、区域消防车通道微循环不畅等一系列问题。在人员队伍配备方面，现役大队下辖消防中队的消防车数量欠账较多，且区域装备配置不均衡；基础装备相对齐全，高科技装备较为落后；普遍存在消防车服役期限过长，装备器材更新较慢等问题。类似这些瓶颈问题已经严重制约了消防部队火灾扑救和抢险救援能力的提高。消防基础设施与人员配备相比国内其他许多城市还有一定差距，与深圳市城市定位、经济水平和城市发展水平明显不相符。

2000～2009年间，全市共发生火灾次数为12848宗，火灾次数是1990～1999年的10倍，火灾造成死亡217人，受伤317人，直接经济损失5270.71万元。2008年“2.27”南山重大火灾和“9.20”龙岗特大火灾，显示深圳市火灾隐患依然较大，消防任务依然艰巨，亟待对整个消防体系进行完善。

15.2 成果内容

《深圳市消防设施系统布局规划》主要内容具体可以概括为“一面、两点、三线、四补充”。其中“一面”是指城市的火灾风险评估；“两点”是指城市的消防安全布局，包括易燃易爆点安全布局以及消防站点的布局；“三线”是指城市消防供水、消防通信以及消防车通道的规划；“四补充”主要是对深圳市消防体制、消防装备、社会救援和森林消防等四个方面进行的研究或规划。

项目成果包括《深圳市消防发展规划（2009—2020）》和《深圳市消防设施系统布局

规划》两部分，其中《深圳市消防设施系统布局规划》包括现状基础资料汇编、规划成果（含规划文本、规划说明书和规划图集）以及消防站选址图则三部分。

《深圳市消防设施系统布局规划》中的现状基础资料汇编部分，分别对深圳市城市发展、消防发展历史沿革、城市火灾情况及成因分析、城市功能布局与消防安全、消防队伍、消防基础设施、消防立法等的现状情况进行了详细说明，调研了翔实的基础资料，全面分析现状消防安全存在的问题，为消防设施系统布局规划提供基础和支撑。规划成果部分包括消防安全总体布局规划、火灾风险评估及重点消防地区的确定、消防站布局规划、消防装备规划、市政公用消防设施规划、森林消防规划、综合应急救援规划等内容，并确定了近远期规划建设内容；消防站布局对每个消防站的选址、可实施情况进行了详尽分析。

消防基础设施建设方面，规划保留现有34个已建消防站，其中32个陆上站、2个海上站，新规划108个消防站，至规划期末达到142座消防站，其中包括135座陆上消防站（其中特勤消防站18座，一级普通消防站105座，二级普通消防站12座）、5座海上消防站（其中两座站为海陆合建站）、1座航空消防站、1座核电消防站；另设消防训练培训基地1处，消防区域战勤保障中心1处，消防车辆维修基地1座。具体见图15-1。

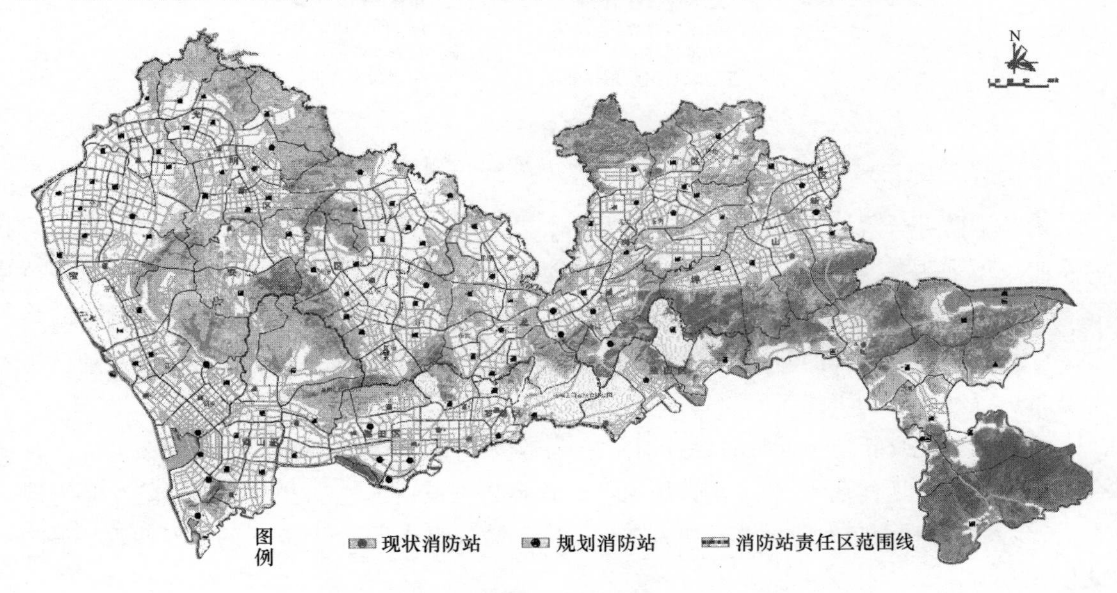

图15-1 深圳市城市消防站布局及责任区规划图

图片来源：深圳市消防设施系统布局规划，项目编绘.［2011-6-1］

15.3 规划创新

1. 在国内率先将森林消防纳入城市消防规划体系

深圳是一个土地资源紧张的城市，自2005年，深圳市就划定了城市的基本生态控制线，其中就包括森林及郊野公园区域。在《深圳市城市总体规划（2009—2020）》中，规划新增了羊台山、银湖等 25 个森林公园和郊野公园，范围覆盖深圳全市森林区域，森林城市化不可避免，森林消防压力也越来越大，森林消防纳入城市消防势在必行（图 15-2）。

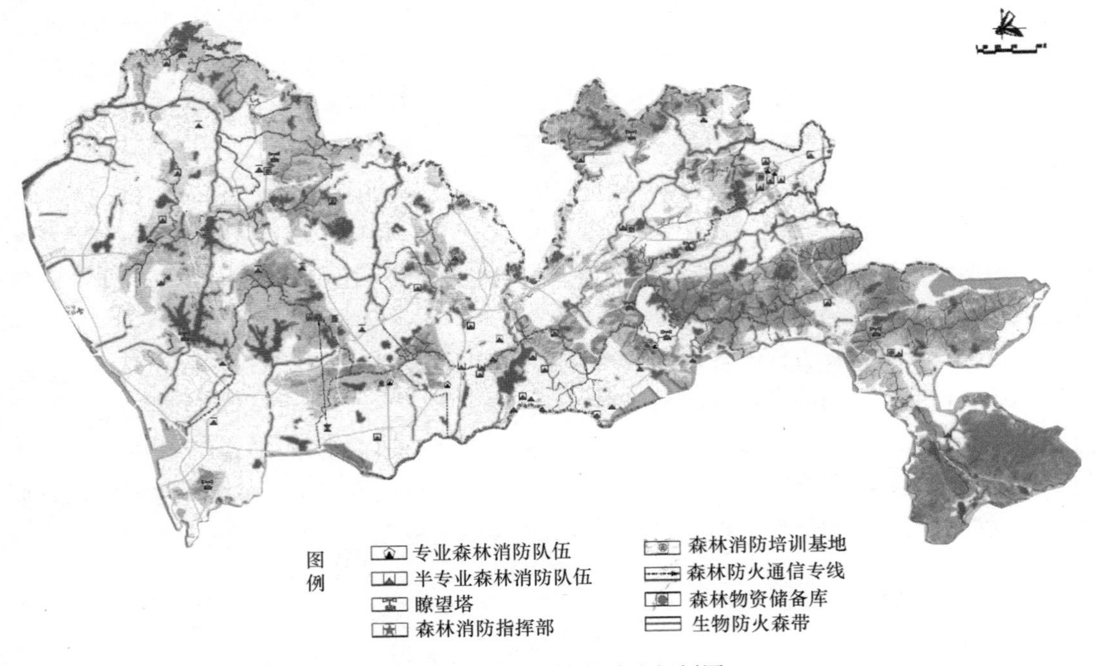

图 15-2　深圳市森林消防规划图

图片来源：深圳市消防设施系统布局规划，项目编绘.［2011-6-1］

森林消防部分规划目标为建设森林消防预防、扑救、保障三大体系，提高森林消防装备水平，增强预警、监测、应急处置和扑救能力，实现火灾防控现代化、管理工作规范化、队伍建设专业化、扑救工作科学化，使森林火灾受害率控制在 1‰以下。森林消防规划主要内容包括：森林消防预警监测系统、消防通信和信息指挥系统、森林消防专业队伍与装备、森林消防物资储备库规划、森林消防基础设施规划、培训基地规划。

规划在部九窝新建一处临时森林消防指挥部和森林消防培训基地，在森林公园、郊野公园规划新建设远程视频点 72 个；新建 7 处森林物资储备库；规划市森林消防支队组建一支 45 人的森林消防专业大队，协调龙岗、宝安区各组建不少于 40 人的半专业森林消防队伍。

2. 采用了基于 GIS 分析的城市火灾风险量化评估新方法

国家规范中推荐采用定性的评估方法，即根据各类用地的火灾危险性高低，将城市规划建设用地分为三大类：城市重点消防地区（高风险地区）、防火隔离带及避难疏散场地、一般风险地区。这种评估方法最大问题在于没有结合现状火灾风险分布情况，对近期规划建设缺乏一定的指导性。因此建议采用一些易获取的基础资料或数据，对现状火灾风险进行定量分析。该规划依照“中心四区以区为界，外围以街道为界，兼顾中队辖区范围”的原则将全市建设用地划分为 24 个大区域，选取现状五类风险指标，分别为重点消防单位分布密度、危化危品单位分布密度、人口分布密度、区域出警频率、高层建筑分布密度，各指标权重分别为0.2、0.25、0.15、0.2、0.2，采用GIS技术对城市火灾风险分布进行量化评估，全面评估城市火灾风险。以火灾风险评估为基础，结合火灾风险预测，划定全市347km² 重点消防地区，44片城市防火隔离区域以及14个中心避难场所。具体见图15-3。

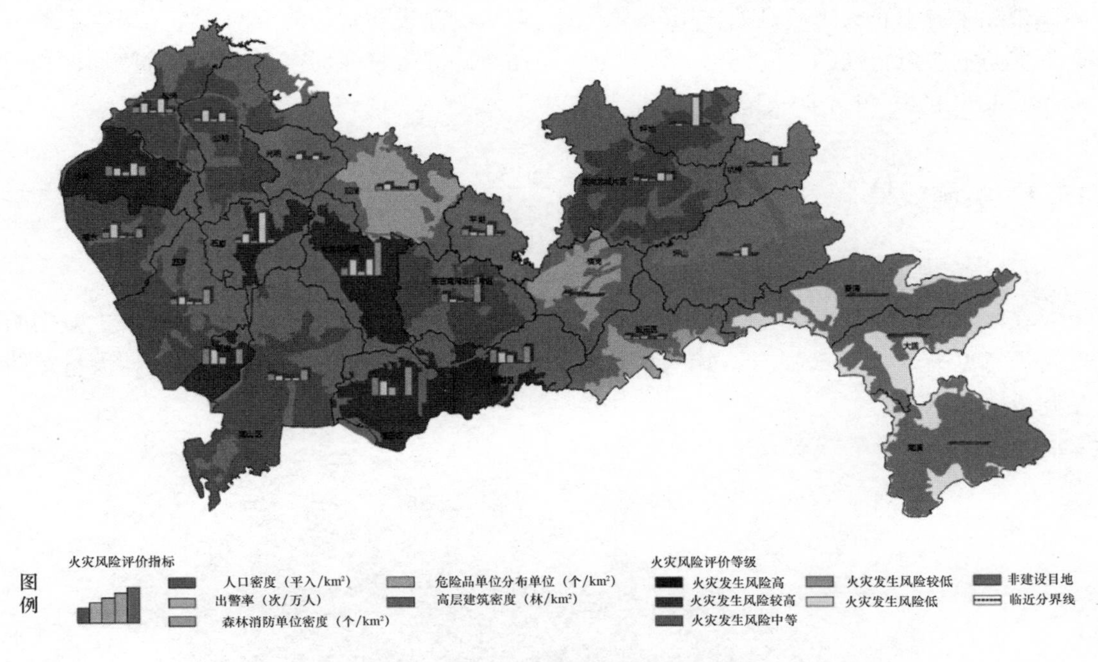

图15-3　深圳市现状火灾风险评估图

图片来源：深圳市消防设施系统布局规划，项目编绘.［2011-6-1］

3. 首次研究了消防体制对消防规划编制内容的影响

深圳在全国首创“消”“防”新体制，该规划详细研究了这种体制对消防规划编制内容的影响。本次规划在充分考虑消防站用地选址中，也将基层防火监督中队纳入规划中。考虑到深圳市建设用地的紧缺性，无法独立给基层防火中队规划办公用地，因此规划也创新性的将公安消防、现役消防再次合并于消防站办公，消防站面积适当增大300～500m²。

4. 重视城市消防中边缘规划内容的研究

项目除了重点对“一面、两点、三线”的常规规划内容进行了研究外，还对具有深圳特色的高层建筑、城中村、核电、地铁、航空、海上消防等非常规的规划内容进行了详细研究，并提出了相关规划对策。

5. 建立以消防队伍为主体的综合应急救援体系

借鉴中国香港地区和美国的经验，提出符合深圳实际的综合应急救援安全体系的设想，同时对消防救护体系进行研究。建立完善的医疗救护体系重点在于布局和管理两个方面。在布局方面，可以参考香港救护站布局标准：须确保城区及郊区的救护车分别于10min及20min到达紧急事故现场。在医疗资源缺乏的地区，可以考虑单独设立救护站，救护站可以与消防站合并建设。在管理方面，体制要适应应急工作的需要，尽量减少指挥层次和中间环节，一切都要从实际出发，注重针对性和实用性，突出短、平、快，强调立竿见影。建议将其纳入城市消防管理体系，进行准军事化管理。

6. 引入城市火灾隔离带的新概念

规划从深圳市整体区域考虑，用防火隔离带为骨干防灾轴，形成防灾骨干网络。防火隔离带除了有阻止火灾蔓延的作用外，还作为避难、救援和救护的空间，与防灾据点等一起形成防灾应急行动的空间网络。该规划主干防火隔离带将深圳市建设用地分隔成面积不大于 25km^2 的共 44 个防火隔离区域。

15.4 实施效果

1. 大大推进了消防站建设工作

在该规划指导下，深圳市规划和自然资源局采用批量选址方法，一次性核发大量消防站选址意见书，截至 2018 年，南头消防站和大运城特勤消防站建成投入使用，大量消防站建成（图 15-4）。

图 15-4 大运城特勤消防站

2. 消防站选址成果全部落实到法定图则，保障了消防站用地

结合深圳市法定图则大会战工作，与 89 项已批法定图则及 164 项在编法定图则进行了充分协调，以尽量采纳已批法定图则中确定的消防站用地为原则，将新规划的 105 座消防站站址一一落实至法定图则中，保证了消防站规划布局的可实施性。

3. 为全市街道级消防规划提供了依据

从该项目完成至今，结合该规划，深圳市各区政府启动了各个街道消防专项规划编制工作。至 2010 年底，全市共完成了 23 个街道的消防专项规划。

第16章　深圳市罗湖区消防专项规划案例

16.1　基础条件

罗湖区位于深圳经济特区中部，行政区域面积78.75km²。罗湖区下辖10个街道、83个社区工作站和115个居委会。2016年末，罗湖区常住人口100.40万人，其中户籍人口59.18万人，非户籍人口41.22万人。罗湖区作为深圳成立之初即存在的城区，现阶段已呈现“高建成度、高强度开发、高层建筑密集、可用地少、老旧社区多、城市更新多”等特点。对辖区内消防工作带来巨大压力，罗湖区所面临等多个关键问题：①城市开发强度大，建筑分布集中，消防救援难度大；②城市人口密度高，人员流动性强，消防救援难度大；③高层建筑甚至超高层建筑越来越多，消防扑救困难。

16.2　成果内容

综合研究并确定罗湖区消防发展目标，对城市消防安全布局和公共消防设施建设进行统筹规划、合理布局，处理好远期发展和近期建设的关系，指导罗湖区消防建设和发展。规划主要成果包括以下五个部分：

1. 现状消防能力双评估，即火灾风险评估和消防安全评价

规划通过引入定性和定量两种方法，从空间布局和消防安全指数两个方面入手，对罗湖区现状消防方面存在的问题进行了综合评价，为下一步消防规划中空间要素布局和消防改善措施等提供了具体空间和数据支撑。

这部分内容作为区一级消防工程专项规划的重要内容，需要在市一级消防工程专项总体规划的指导下进行评估。并细化区一级火灾风险评估和消防安全评价，为区一级消防安全布局提供参考。

2. 消防安全布局与消防站规划

规划根据消防安全布局的原则，提出了各类城市用地的安全布局与规划要求，同时规划中除了对传统消防站进行规划选址外，还结合罗湖区高密度、高强度开发和老城区的特点规划布局了微型消防站，以便更好地解决罗湖区城中村内部的消防问题。

且在规划过程中，对大量的小型消防站进行了布局和选址。在社区布点开展小型移动消防站建设，将有利于在全区尽快形成立体的网格化快速灭火救援体系，达到火灾“灭小、灭早、灭初期”的目标。由于规划区属于老城区，建设用地十分紧张，基本上无可利用空地新建小型消防站。为尽快落实小型消防站的建设，计划优先对现有的城中村服务有限公司中的兼职消防队升级为小型消防站，是实现“5分钟”消防圈的保证。

3. 市政消防设施规划

结合罗湖区的现状消防情况，规划重点对消防供水、消防指挥与通信、消防车通道等薄弱环节进行了详细研究，并提出了相关解决措施。

对消防给水管网、消火栓、消防给水加压泵站、消防水池、消防通信设施及消防车通道等设施进行布局规划，落实相关要求。

4. 森林消防与社会救援

考虑到未来消防救援任务将越来越普遍，规划中增加了森林消防与社会综合救援的内容，以便更好地满足未来消防面临的相关问题。

5. 规划实施与管理保障

为尽快改变消防设施建设滞后于城市发展的状况，按照统一规划、分期实施的原则，结合城市分期建设目标，加大投入，力求消防建设与城市建设和社会经济发展相适应，切实发挥保障城市消防安全的作用。

16.3 规划创新

1. 规划提出了双评估方法对现状消防状况进行综合评价

传统消防规划中的消防评估一般是通过对火灾风险的空间区域进行评估，作为消防规划空间布局的依据，评估方法有定性的，也有定量的。而对消防安全指数进行的评估一般采用的是定量的消防安全评价方法，通过建立评价指标体系，主要从数据指标上对消防安全存在的问题进行定量评价，两种方法各有优缺点，但较少将两者结合在一起进行综合应用（图 16-1）。

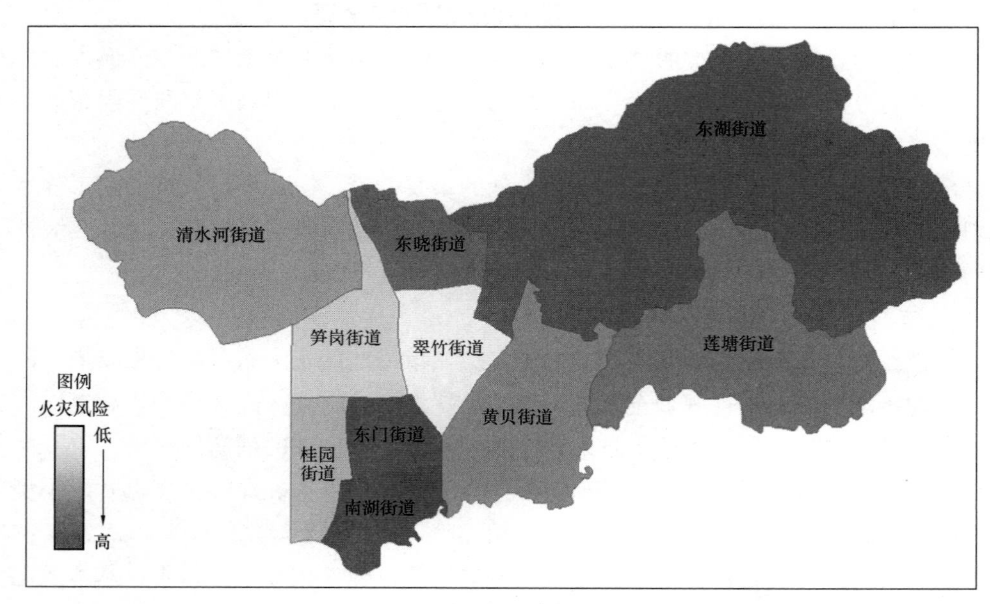

图 16-1　火灾风险总图评估图

图片来源：深圳市罗湖区消防专项规划，项目编绘．[2018-12-1]

该规划中提出将空间布局的定性评估方法与消防安全指标的定量评估方法进行结合，从而更加全面地对现状消防方面存在的问题进行综合评价，其评价内容包括城市公共消防设施、公共消防管理保障、消防宣传教育、灭火救援、火灾预警防控等5个一级子系统，每个一级子系统下设若干有代表性的二级子系统，每个二级子系统下设1～3个有代表性的评价指标。共计17个二级子系统、30个评价指标，如表16-1所示。确定评价指标，综合考虑了明确性、代表性、指导性、可考性、可比性和客观性原则，为下一步消防安全布局提供可靠依据。

城市消防安全评价指标体系框架 **表16-1**

<table>
<tr><th colspan="2">一级子系统</th><th colspan="2">二级子系统</th><th colspan="2">指标层</th><th>单位</th><th>权重</th></tr>
<tr><td rowspan="8">1</td><td rowspan="8">城市公共消防设施</td><td>1</td><td>消防站</td><td>1</td><td>万人拥有消防站</td><td>个/万人</td><td>9</td></tr>
<tr><td rowspan="3">2</td><td rowspan="3">消防装备</td><td>2</td><td>万人拥有消防车</td><td>辆/万人</td><td>6</td></tr>
<tr><td>3</td><td>消防队员空气呼吸器配备率</td><td>具/人</td><td>2</td></tr>
<tr><td>4</td><td>抢险救援主战器材配备率</td><td>套/个</td><td>3</td></tr>
<tr><td rowspan="3">3</td><td rowspan="3">消防供水</td><td>5</td><td>市政消防给水管道平均直径</td><td>mm</td><td>2</td></tr>
<tr><td>6</td><td>市政消火栓覆盖率</td><td>个/km^2</td><td>2</td></tr>
<tr><td>7</td><td>市政消火栓完好率</td><td>%</td><td>1</td></tr>
<tr><td>4</td><td>消防通信</td><td>8</td><td>消防无线通信三级网通信设备配备率</td><td>%</td><td>3</td></tr>
<tr><td rowspan="5">2</td><td rowspan="5">公共消防管理保障</td><td rowspan="2">1</td><td rowspan="2">消防法制建设</td><td>1</td><td>消防立法</td><td>—</td><td>4</td></tr>
<tr><td>2</td><td>消防执法指数</td><td>—</td><td>3</td></tr>
<tr><td>2</td><td>消防队伍建设</td><td>3</td><td>万人拥有消防人员</td><td>人/万人</td><td>5</td></tr>
<tr><td rowspan="2">3</td><td rowspan="2">消防经费投入</td><td>4</td><td>消防人员人均消防业务费</td><td>万元/人</td><td>5</td></tr>
<tr><td>5</td><td>消防经费占GDP比重</td><td>%</td><td>5</td></tr>
<tr><td rowspan="6">3</td><td rowspan="6">消防宣传教育</td><td>1</td><td>消防宣传</td><td>1</td><td>媒体消防宣传</td><td>—</td><td>3</td></tr>
<tr><td rowspan="2">2</td><td rowspan="2">消防教育</td><td>2</td><td>中小学消防知识课开设率</td><td>%</td><td>3</td></tr>
<tr><td>3</td><td>10万人拥有消防教育基地</td><td>个/10万人</td><td>2</td></tr>
<tr><td rowspan="2">3</td><td rowspan="2">消防培训</td><td>4</td><td>消防相关岗位人员培训率</td><td>人/万人</td><td>5</td></tr>
<tr><td>5</td><td>消防职业人员技能鉴定执证率</td><td>人/万人</td><td>3</td></tr>
<tr><td>4</td><td>公众消防安全素质</td><td>6</td><td>公众消防安全知识知晓率</td><td>%</td><td>3</td></tr>
<tr><td rowspan="5">4</td><td rowspan="5">灭火救援</td><td rowspan="2">1</td><td rowspan="2">灭火救援应急联动</td><td>1</td><td>灭火救援应急联动平台覆盖率</td><td>%</td><td>2</td></tr>
<tr><td>2</td><td>灭火救援应急联动通信响应率</td><td>%</td><td>2</td></tr>
<tr><td>2</td><td>灭火救援预案</td><td>3</td><td>政府重特大火灾应急预案编制</td><td>—</td><td>2</td></tr>
<tr><td rowspan="2">3</td><td rowspan="2">灭火救援响应</td><td>4</td><td>消防站辖区7.5分钟响应指数</td><td>—</td><td>4</td></tr>
<tr><td>5</td><td>平均控火时间</td><td>分钟</td><td>4</td></tr>
<tr><td rowspan="6">5</td><td rowspan="6">火灾预警防控</td><td rowspan="2">1</td><td rowspan="2">火灾预警能力</td><td>1</td><td>消防远程监测覆盖率</td><td>%</td><td>4</td></tr>
<tr><td>2</td><td>建筑自动消防设施运行完好率</td><td>%</td><td>3</td></tr>
<tr><td rowspan="3">2</td><td rowspan="3">火灾防控水平</td><td>3</td><td>万人火灾发生率</td><td>起/万人</td><td>2</td></tr>
<tr><td>4</td><td>10万人火灾死亡率</td><td>人/10万人</td><td>4</td></tr>
<tr><td>5</td><td>亿元GDP火灾损失率</td><td>元/亿元</td><td>2</td></tr>
<tr><td>3</td><td>公众消防安全感</td><td>6</td><td>公众消防安全满意率</td><td>%</td><td>2</td></tr>
</table>

2. 因地制宜规划建设小型消防站

小型消防站是对城市消防站重要的补充，是实现“5 分钟”消防圈的保证。为科学规划小型消防站布局，选址重点考虑以下几个因素：

（1）消防站空白区域

根据当前城市消防站分布情况，泥岗片区、莲塘片区、梧桐山大望片区、插花地片区均为城市消防站分布空白区域，上述片区近期难以完成城市消防站规划建设任务。其中，随着城市户外运动兴起，梧桐山片区山地救援任务日益严重，急需在片区设置山地救援消防站。

（2）道路分割区域

根据罗湖区辖区内城市主干道及拥堵路段分布，在泥岗路、深南东路、沿河路、罗沙路、笋岗路、爱国路、怡景路、文景路、春风路等道路两侧均需设置小型消防站，才可达到“5 分钟”消防圈要求。

（3）火灾高发区域

119 接处警系统数据显示：2011 年以来，罗湖区共处置火灾 845 起。其中，黄贝岭中队 106 起，占总数的 13%；笋岗中队 187 起，占总数的 22%；罗湖中队 210 起，占总数的 25%；田贝中队 342 起，占总数的 40%。可见，当前田贝消防中队辖区是全区火灾高发区域，也是重点补充小型消防站区域；当前黄贝岭中队辖区火灾形势相对较为稳定，可适当减少小型消防站规划设置数量或减小设置规模。

由于罗湖区属于老城区，建设用地十分紧张，基本上无可利用空地新建小型消防站。为尽快完成小型消防站的建设任务，区政府计划优先对现有的城中村服务有限公司的 23 支兼职消防队升级为小型消防站和专职队（图 16-2）。小型消防站建设模式分为原址升级

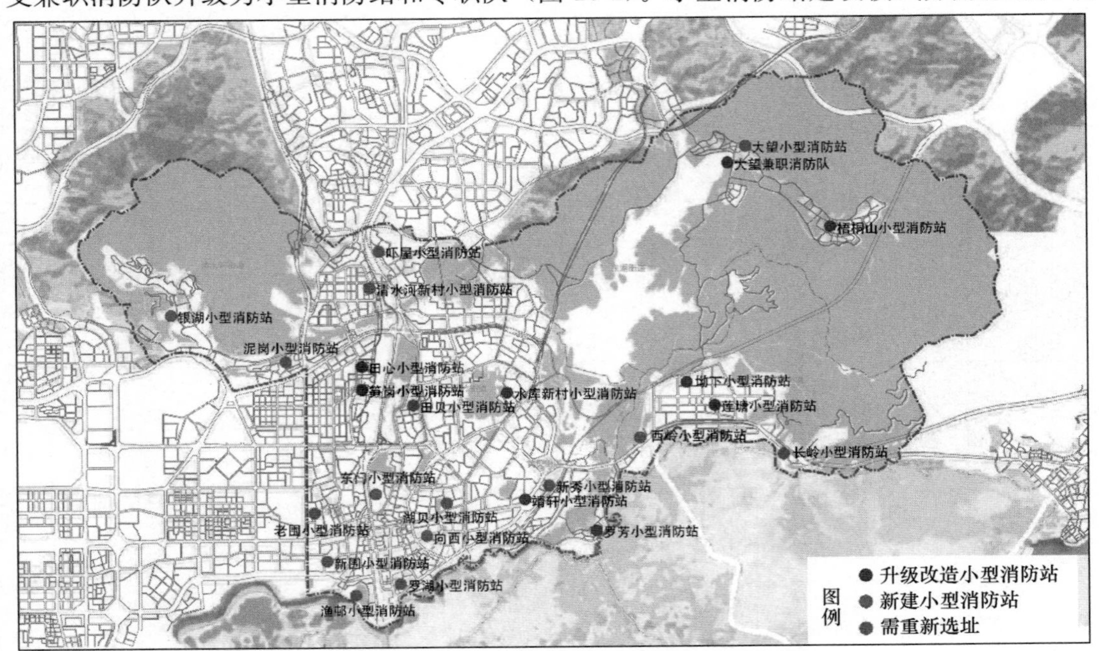

图 16-2　罗湖区升级改造小型消防站布局规划图

图片来源：深圳市罗湖区消防专项规划，项目编绘.［2018-12-1］.

改造、沿街店面租用、移动式活动板房 3 种建设模式，如表 16-2 所示。

小型消防站建设模式分析表 **表 16-2**

项目	选址模式	建设模式	位置
小型消防站	有选址	原址升级改造	社区工作站
	无用地	租用沿街店面	社区范围内
		移动式活动板房	绿地公园内

规划新建消防站各种用房使用面积标准应按《城市消防站建设标准》（建标 152）的标准执行。小型消防站用地标准应按《深圳市小型消防站建设工作方案》执行（图 16-3）。

图 16-3 小型消防站

借助 GIS 服务区分析功能，通过模拟，全部消防站建成后，加上小型消防站的消防力量，基本上可以实现 5min 行驶范围覆盖罗湖区辖区范围内的全部建成区，可最大限度地减少火灾所造成的影响和损失。

3. 创新性推进城中村应急消防点建设

根据罗湖区城市建成度高、建筑密集、用地紧张的特点，要构建快速指挥调度体系，加强初期火灾应急处置准备工作，尤其是老城区和城中村要建设消防应急点，配备“小、巧、灵”消防装备。为减少城中村住宅类火灾事故发生，罗湖区公安分局创新大力推进城中村应急消防站点建设，即通过在巷道狭窄的城中村和人员密集的老旧住宅小区建设消防应急站点，集中配置、储存、管理、维护灭火器材，为居民扑救初起火灾提供“物”的保障（图 16-4）。

图 16-4　城中村消防应急点

16.4　实施效果

1. 泥岗消防站已按规划预选址位置落实建设，计划 2019 年底完工

2018 年，泥岗特勤消防站建设工作纳入区政府年度重点工作，2018 年 6 月，泥岗消防站完成选址工作，本项目总占地面积 5573.87m^2，总建筑面积 15196.00m^2，消防站与区文化中心合建，地上六层，地下一层，建筑高度为 23.6m（图 16-5）。

图 16-5　泥岗消防站新建工程施工现场图

2. 改造或新建 42 座小型消防站

截止 2018 年底，罗湖区累计建设小微型消防站 42 座，基本上形成了一定的基层消防力量，通过建立社区小型消防站，有效打通消防安全“最后一公里”，为社区居民群众筑起了一道牢固的安全防火墙。

3. 城中村应急性消防点布局初见成效

截至 2017 年 9 月，罗湖区 10 个街道共建立消防应急站 130 个、消防应急点 600 个，计划年底完成 1000 个。全面覆盖城中村、旧屋村等重点部位，构建起以应急站为核心、应急点为触角，覆盖全区、环环相扣、首尾相连的火灾防控网。

第 17 章　宝安区沙井街道消防发展规划案例

宝安区沙井街道消防发展规划是深圳市第一个街道级消防规划，拉开了全市街道消防专项规划的帷幕，该规划以近期消防整治为重点，首次提出了消防年度实施计划，开创了消防规划先河。

17.1　基础条件

1. 沙井街道是广东省火灾隐患整治重点地区之一

2008 年 11 月 14 日，广东省人民政府办公厅发布了《关于督促整治火灾隐患重点地区的通知》，将沙井街道办辖区列入广东省 30 个火灾隐患整治重点地区之一。

2. 深圳市消防体制改革对基层消防提出更高要求

2009 年 4 月 1 日，深圳对消防体制进行了大改革，在国内首创“消”“防”分家，设公安消防支队和消防监督管理局，原公安消防队伍负责防火监督，消防现役官兵队伍负责灭火救援，大大加强了各街道的消防力量。

3. 沙井街道火灾形势依然严峻

2008 年 12 月 25 日，沙井街道新桥第三工业区一厂房发生火灾，三层厂房在火灾中整体垮塌，造成 3 人死亡，引起市、区两级政府重视（图 17-1）。

图 17-1　沙井新桥工业区 12.25 特大火灾

图片来源：沙井街道消防专项规划，项目编绘. [2009-1-1]

17.2　成果内容

该规划的成果由现状成果、规划成果及年度实施计划成果三部分。其中现状成果包含现状调研报告和现状图集，规划成果包括规划文本、规划说明和规划图集，年度计划实施成果包括火灾隐患综合整治2009年度实施计划。

在街道层面的消防工程专项规划，属于消防工程详细规划。重点在市、区一级消防工程专项规划的指导下，深入细化街道区域内的消防设施布局。并着重对街道内的消防工程实施计划进行安排，用于指导街道层面消防设施的建设和投资安排。内容可以包括：街道火灾隐患整治实施计划及投资估算、街道消火栓补建计划、街道消防设施建设计划等。

17.3　规划创新

1. 项目以近期消防整治为重点，在国内首次提出了消防年度实施计划

规划从工作部署、工作责任、火灾隐患整改、公共消防设施和消防队伍建设、社区消防安全以及消防宣传教育等多方面制定了详细的年度实施计划，并对年度实施项目进行了详细投资估算，为街道办申请项目经费提供了直接依据（图17-2）。

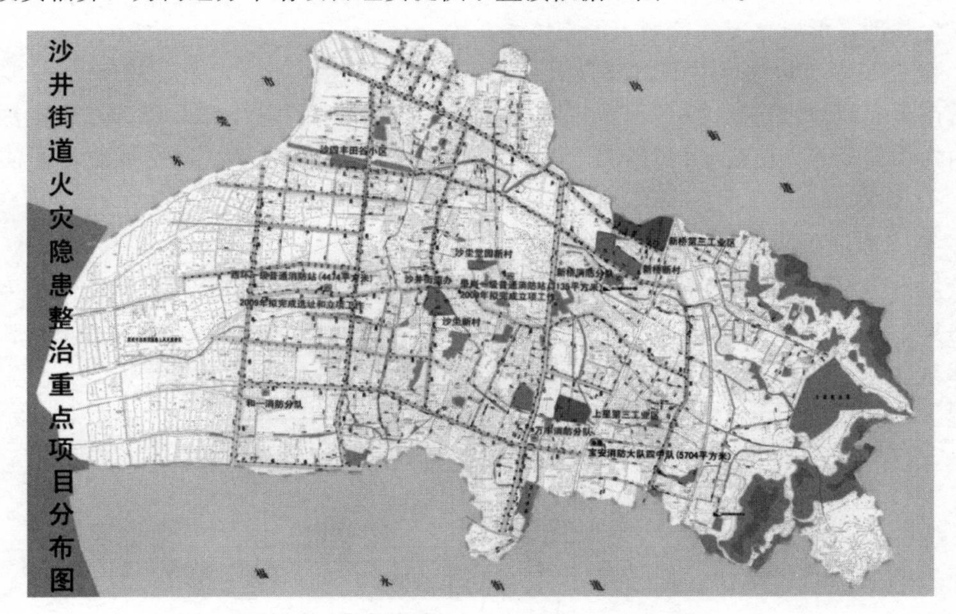

图17-2　沙井街道消防重点地区规划图

图片来源：沙井街道消防专项规划，项目编绘.［2009-1-1］

2. 规划采用了消防站选址的新方式

该规划项目组与国土、城建、消防、街道办以及社区等相关单位进行联合选址，力求超前控制，落实消防站用地红线，保障了消防站用地（图17-3）。

图 17-3　沙井街道各规划消防站选址

图片来源：沙井街道消防专项规划，项目编绘.［2009-1-1］

3. 规划提出打破行政界限，加强区域间消防合作的新思路

该规划提出利用松岗、公明、福永等相邻街道的消防设施和队伍，处置沙井街道重特大火灾和突出公共安全事件，提高跨区域灭火救援战斗能力。同时提出应重点加强社区间消防安全管理，形成全方位的城市消防体系。

4. 建立了城市火灾风险评估新方法

城市火灾风险评估是消防安全研究的新课题，现阶段尚无固定的评估方法。本规划借鉴国内外相关经验，确定了以城市用地分类来评估城市火灾风险，建立了静态评估的新方法。

5. 建立以消防队伍为主体的社会救援体系

该规划建议应充分利用发挥城市消防队伍的装备、管理等优势，使消防队伍成为城市综合防灾的主体，在多个部门的协作下，建立完善的避难场所系统、安全疏散系统和社会防灾体系（图 17-4）。

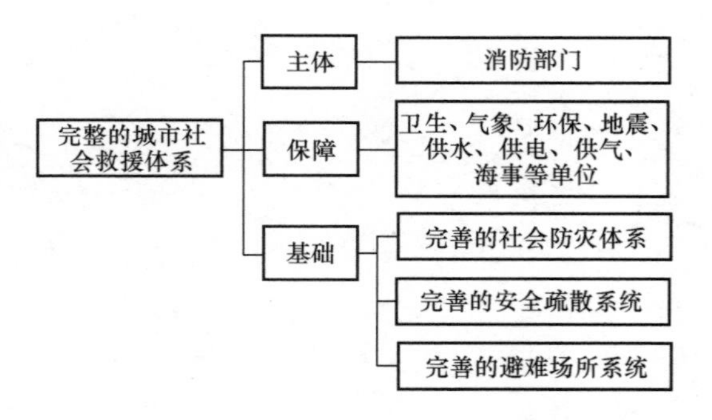

图 17-4　以消防队伍为主体的社会救援体系图

17.4　实施效果

该规划编制以来受到各级政府的关注和肯定，相关部门快速推进了该规划的实施，在多方面取得实质性进展。

1. 实施效果一：沙井街道顺利通过全省消防整治验收，排名全省第一

2009年10月，省消防检查验收组对全省30个消防隐患重点地区进行验收检查，给沙井街道打出92.5的高分，名列全省第一名，其经验向全省进行推广。

2. 实施效果二：为全市大规模开展街道级消防规划提供了范本

该规划是深圳市第一个街道级消防详细规划。2009年底，深圳市在借鉴沙井街道消防专项规划经验的基础上，启动了全市各个街道消防专项规划编制工作，至2010年底，全市共完成了南澳、大鹏、龙城、坪地、石岩等23个街道的消防专项规划编制工作。

3. 实施效果三：有效指导了沙井街道城中村改造工作

2010年8月，沙井街道在该规划的指导下，启动了以消防安全治理为重点的新一轮城中村综合整治，沙井街道39个城中村纳入整治范围，整治重点包括开设逃生出口、打通消防车通道、增加小型消防车以及消防水源等，已取得了良好的效果（图17-5）。

图17-5　城中村整治前后

第 18 章　前海合作区消防工程专项规划案例

18.1　基础条件

前海深港现代服务业合作区（以下简称“前海合作区”）位于珠江三角洲湾区东岸、深圳蛇口半岛西侧，紧邻香港地区，位于粤港澳大湾区的核心位置，对整个珠三角地区发展具有至关重要作用。前海合作区总体地势较为平坦，总用地面积约 14.92km^2，现状建成区面积约为 4.8km^2，主要集中于现状保税港区及平南铁路沿线地区，开发强度较低。现状建筑物以低、多层建筑物为主。

前海合作区具备高密度、小街坊、大规模开发地下空间利用的规划建设特点。截至 2016 年，已出让用地 119 宗，合计 6.68km^2。其中，已建用地 44 宗，用地面积为 2.52km^2，占总用地面积的 38%；在建用地 10 宗，用地面积 0.83km^2，占总用地面积的 12%；未建用地包括空地和堆场用地，合计 65 宗，用地面积 3.33km^2，占总用地面积的 50%，其中，空地 31 宗，用地面积为 1.15km^2，临时占用和堆场用地 34 宗，用地面积为 2.18km^2。如图 18-1 所示。

图 18-1　前海深港现代服务业合作区区位图

图片来源：前海合作区消防工程专项规划，项目编绘.［2017-9-30］

18.2　成果内容

该项目成果包括规划文本、规划说明书和规划图集三部分。规划内容包括城市消防安全评价、消防安全布局规划、消防站规划、消防供水规划、消防通信规划、消防车通道规划、社会救援和综合减灾、项目实施规划、消防管理与规划实施建议等内容。

1. 城市火灾风险评价

前海合作区城市火灾风险评估主要借助于GIS手段。首先，利用前海合作区交通网、建筑物和水系等分布图对防护能力因子进行缓冲区分析；然后将各图层分别与格网进行识别叠加后，统计各要素在地理格网单元所占点数、长度或面积。火灾风险评估基于现状危险源以及其他现状情况，结合前海土地利用规划，统计各单元权重并将权重分级，生成火灾风险等级图。

2. 城市消防安全评价

城市消防安全评价内容包括城市公共消防设施、公共消防管理保障、消防宣传教育、灭火救援、火灾预警防控等5个一级子系统，每个一级子系统下设若干有代表性的二级子系统，每个二级子系统下设1～3个有代表性的评价指标。共计17个二级子系统、30个评价指标。确定评价指标，综合考虑了明确性、代表性、指导性、可参考性、可比性和客观性原则。综合评价方法采用综合指数法。第i个城市的城市消防安全综合指数Z_i，按式（18-1）计算。

$$Z_i = \sum_{j=1}^{30} P_{ij} W_j \tag{18-1}$$

其中，P_{ij}为第i个城市第j个指标的指数值，W_j为第j个指标的权重值。同时，各一级子系统均可按以上公式确定子系统的综合指数，进行排名、分级等应用。根据综合指数计算结果，将消防安全火灾风险分为四级，Ⅰ级为安全、Ⅱ级为较安全、Ⅲ级为较危险和Ⅳ级为危险，如表18-1所示。

消防安全风险等级　　表18-1

序号	等级	状况	分值范围
1	Ⅰ	安全	80～100
2	Ⅱ	较安全	60～79
3	Ⅲ	较危险	40～59
4	Ⅳ	危险	0～39

3. 消防安全重点地区

根据国家标准《城市消防规划规范》GB 51080和城市规划用地分类，结合前海合作区的建设特点，将前海合作区内城市重点消防地区分为四类，如图18-2所示。

A类重点消防地区：以工业用地为主的重点消防地区；B类重点消防地区：以商业用地、居住用地为主的重点消防地区；C类重点消防地区：以对外交通用地、市政公用设施用地为主的重点消防地区；D类重点消防地区：以地下空间为主的重点消防地区。

图 18-2　规划消防重点安全地区分布图

图片来源：前海合作区消防工程专项规划，项目编绘.［2017-9-30］

4. 消防站规划

在前海合作区规划范围内建设 3 座消防站，分别位于桂湾、前湾、妈湾片区，见图 18-3。根据对规划消防站布局与辖区范围的测算，基本能对片区内的建设用地全覆盖，基本能满足片区内的消防需求，详见表 18-2。

消防站规划情况　　表 18-2

序号	站点名称	等级	占地面积（m^2）	辖区面积（km^2）
1	前湾消防站	特勤	8953	4.02
2	桂湾消防站	一级普通	3300	3.93
3	妈湾消防站	一级普通	4220	6.97

5. 消防供水和消防车通道规划

在消防供水规划方面，为了保障前海合作区消防供水安全，规划新增南北向供水干管以打通由南山水厂、大冲水厂向前海合作区供水通道，并完善街道内部消防管道规划，增加各街道管网的互联互通。在消防车通道规划方面，根据相关规范标准要求，将前海合作区内各条道路划分为一级、二级、三级消防车通道。其中，一级消防车通道主要满足城市消防出警快速和远距离增援需要，由区域范围内高速公路、快速路和干线性主干道组成，有广深沿江高速公路、妈湾跨海通道、海滨大道及月亮湾大道等 4 条。二级消防车通道主要担负消防站点辖区内部及临近辖区的消防出警任务，保障消防车通行的通达性和快速性，由区域范围内的主干道、次干道组成，有临海大道、听海大道、梦海大道、怡海大道、桂湾一路、前湾一路、妈湾一路等 17 条。三级消防车通道为各片区内部主要支路，

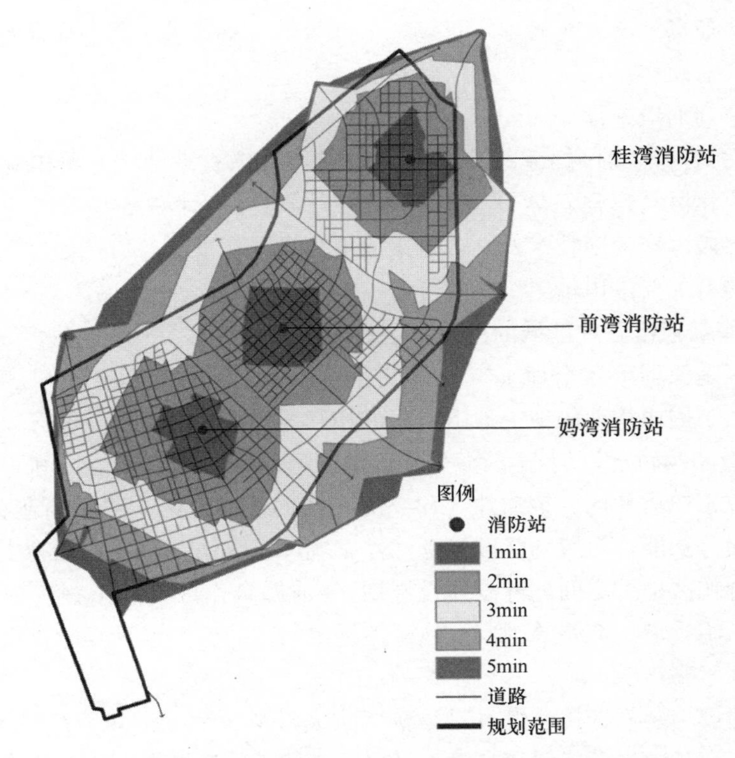

图 18-3 规划消防站 5min 服务范围示意图

图片来源：前海合作区消防工程专项规划，项目编绘.［2017-9-30］

是各片区内部的穿越性交通要道，有一定的通达深度。

18.3 规划创新

1. 高建筑、高密度建设区域的消防安全保障

前海合作区规划定位为世界级金融中心，具有小地块、高路网密度、高容积率及高覆盖率的特点。建设用地地块面积较小，但却有高容积率和高密度的城市容量需求，形成了前海合作区高层建筑密集林立的状况。在用地面积有限、建筑如此密集的情况下，消防安全问题更是成为前海合作区规划的重点与难点。针对这种特征，《前海合作区消防工程专项规划》重点对高层建筑登高面设置进行详细研究，提出下列要求：

（1）高层建筑消防登高面不应小于建筑物的 1/4 周边长度；

（2）单元式、通廊式住宅消防登高面不应小于住宅的一个长边长度；

（3）消防登高面应靠近高层建筑的安全出口、公共楼梯、阳台或可开启外窗，应与屋顶疏散平台方便联系，登高面有直通室外的楼梯或直通楼梯间的出口；

（4）消防登高面一侧的裙房，其建筑高度不应大于 5m，且进深不应大于 4m；登高面与建筑之间不得有妨碍登高车展开作业的高大乔木、线杆、架空线路等；

（5）消防登高面不宜设置大面积的玻璃幕墙；

（6）登高作业场地必须为硬地，且场地下部管线及暗沟等承重力应满足大型消防车荷载要求；

（7）消防登高面应连续。

同时，《前海合作区消防工程专项规划》还借鉴中国香港地区、美国高层建筑疏散经验，建议前海合作区高层建筑内设置消防逃生专用电梯。针对某些功能和结构复杂的建筑，其设计须突破国家消防技术标准或者采用境外设计标准的，可按照《建设工程消防监督管理规定》的有关要求申请组织专家评审。

2. 地下空间高强度开发区域的消防安全保障

前海合作区是深圳市 8 个地下空间重点开发地区之一，地下空间开发的重点表现地铁、交通枢纽及与周边用地的地上地下空间的相互连通，规划地下空间开发规模约 800 万 m^2（不含地下道路及轨道设施）。前海合作区地下空间分为综合功能区和一般功能区。综合功能区主要位于桂湾片区、铲湾片区和妈湾片区的核心地区，包括商业、文化、娱乐、公共服务、交通等功能；一般功能区以配建停车场库、人防、市政功能为主。

基于前海合作区地下空间的开发建设规划，《前海合作区消防工程专项规划》在借鉴美国、日本、中国香港、苏州等国家或地区地下空间消防安全设计经验，提出以下地下空间消防安全规划策略：

（1）内部建设与装修选用非燃材料及新型防火材料：地下空间装修材料应选用非燃、无毒材料，禁止在其中生产或储存易燃、易爆物品和着火后燃烧迅速而猛烈的物品，严禁使用液化石油气和闪点低于 60℃的可燃液体；

（2）设置防火防烟分区及防火隔断装置：地下建筑必须严格划分防火及防烟分区，地下空间必须设置烟气控制系统，设置防烟帘与蓄烟池有助于控制烟气蔓延。排烟口应设在走道、楼梯间及较大的房间内，当地下空间室内外高差大于 10m 时，应设置防烟楼梯间，在其中安置独立的进风排烟系统；

（3）设置火灾自动报警和自动喷水灭火系统等建筑消防设施；

（4）保证人员安全疏散：地下商业空间安全疏散允许时间不超过 3min；地下空间必须设置数量足够、布置均匀的出入口，地下商业空间内任何一点到最近的安全出口的距离不超过 30m，每个出入口所服务的面积大致相当；出入口宽度要与最大人流强度相适应，以保证快速通过能力；

（5）设置足够的应急照明装置和疏散指示标志；

（6）提高相关人员的消防素质。

18.4 实施效果

1. 前海特勤消防站开工建设

2019 年 3 月 29 日，前海合作区唯一特勤级消防站——前海消防站举行开工仪式。前海消防站项目建设用地面积约 8953m^2，总建筑面积约 10700m^2。前海消防站是一座可停放 12 辆消防车的特勤消防站。

前湾特勤消防站以《深圳市消防站标准化工作坊》为参照，在新型消防站的基础上提升了建造标准，按照国家绿色建筑二星及以上标准打造，功能上加强了消防站的综合性、实用性、快捷性，并充分考虑消防官兵的办公、训练、住宿等需求，提出了“消防站综合体”的概念，将打造成深圳消防基础设施建设2.0版本。建成后将实现消防救援、消防宣传教育和应急避难场地等多功能一体化。作为前海合作区内最大的消防工程项目，前海特勤消防站建成后将成为守护前海生产、生活安全的重要城市公共配套。

2. 各类项目严格落实消防建设要求，主要消防车通道已开工建设

依托严格的建筑防火设计审查、审批、验收等管控制度，前海合作区内各类建设项目均严格落实消防控制要求。如桂湾一路及临海大道地下道路、滨海大道地下道路、桂湾片区地下车行联络道、前湾地下车行联络道等4条地下道路项目，总长约7.6km，全过程利用BIM模拟烟气场景、人员疏散场景，采用最先进的泡沫—水喷雾联用系统、室内消火栓系统、自动报警系统、机械防排烟系统及气体灭火系统、人员紧急疏散体系等。截至2019年3月，前海合作区规划的21条消防车通道，已建成4条，在建9条。其中一级、二级等主要消防车通道已大面积开展建设，有效提高了区内消防站的服务能力。

附　录

附录1　基本概念及术语

1. 城市消防规划 planning of urban fire control

对一定时期内城市消防发展目标、城市消防安全布局、公共消防设施和消防装备的综合部署、具体安排和实施措施。

2. 城市火灾风险评估 urban fire risk evaluation

对城市用地范围内的建筑、场所、设施等发生火灾的危险性和危害性进行的综合评价。

3. 城市消防安全布局 urban fire safety layout

符合消防安全要求的城市建设用地布局和采取的安全措施。本书特指对易燃易爆危险品场所或设施、火灾危险性和危害性较大的其他场所或设施用地、防火隔离带、防灾避难场地等进行的综合部署、具体安排和采取的安全措施。

4. 公共消防设施 public fire control facilities

灭火和应急救援所需的消防站、消防通信设施、消防供水设施、消防车通道等的统称。

5. 防火隔离带 fire break

阻止火灾大面积延烧的隔离空间。

6. 消防站 fire station

城镇公共消防设施的重要组成部分，是公安、专职或其他类型消防队的驻在基地，主要包括建筑、道路、场地和设施等。

7. 普通消防站 normal mission fire station

有明确辖区，主要承担火灾扑救和一般灾害事故抢险救援任务的消防站。

8. 特勤消防站 special mission fire station

主要承担特种灾害事故应急救援和特殊火灾扑救任务的消防站，对有明确辖区要求的，同时承担普通消防站任务。

9. 消防培训基地训练设施 training facility for fire service training center

用于集中进行消防灭火救援训练和教学的所有场区、建筑、装置和设备的总称。

10. 综合训练楼 training complex

能够模拟建筑火灾，开展各类建筑火灾扑救和抢险救援的战术训练、实战演练及教学研究的高层建筑。

11. 消防水源 fire water

向灭火设施、车载或手抬等移动消防水泵、固定消防水泵等提供消防用水的水源，包括市政给水、消防水池、高位消防水池和天然水源等。

12. 高压消防给水系统 constant high pressure fire protection water supply system

能始终保持满足水灭火设施所需的工作压力和流量，火灾时无须消防水泵直接加压的供水系统。

13. 临时高压消防给水系统 temporary high pressure fire protection water supply system

平时不能满足水灭火设施所需的工作压力和流量，火灾时能自动启动消防水泵以满足水灭火设施所需的工作压力和流量的供水系统。

14. 低压消防给水系统 low pressure fire protection water supply system

能满足车载或手抬移动消防水泵等取水所需的工作压力和流量的供水系统。

15. 消防水池 fire reservoir

人工建造的供固定或移动消防水泵吸水的储水设施。

16. 消火栓系统 hydrant systems/standpipe and hose systems

由供水设施、消火栓、配水管网和阀门等组成的系统。

17. 消防通信指挥中心 fire communication and command center

设在消防指挥机构，能与公安机关指挥中心、政府相关部门互联互通，具有受理火灾及其他灾害事故报警、灭火救援高度指挥、情报信息支持等功能的部分。

18. 移动消防指挥中心 mobile fire communication and command center

设在消防通信指挥车等移动载体上，具有在火场及其他灾害事故现场或消防勤务现场进行通信组网、指挥通信、情报信息支持等功能的部分，是消防通信指挥中心的延伸。

19. 森林防火 forest fire prevention

是指森林、林木和林地火灾的预防和扑救。

20. 森林火险 forest fire-danger

发生森林火灾潜在的危险程度。

21. 森林防火区 forest fire zone

依据森林资源状况和森林火灾发生规律划定的森林防火区域。

22. 消防应急救援 fire emergency rescue

公安消防队和专职消防队依据国家法律法规，针对除火灾之外的影响人身安全、财产安全、公共安全的生产安全事故、自然灾害、社会安全事件等灾害事故，所进行的以抢救人员生命为主的抢险救援活动。

附录 2　中国香港地区消防体系简介

1. 消防体制

中国香港地区的消防体制是职业制。由香港消防处负责保障本港市民的生命及财产，守护他们免受火灾及其他灾难伤害。香港消防处由保安司领导，成立于 1868 年，最初只有 160 多人，伴随香港地区经济社会发展，消防力量也不断得到加强和完善。

1868 年 5 月 9 日，中国香港地区政府宪报刊登文告宣布成立香港消防队，由总督从警队及其他志愿人士中挑选合适者组成一支队伍，负责本港的灭火工作，该队伍由香港消防队监督统领。时任警察队队长及维多利亚监狱狱长两职的查理士・梅理先生获委任为消防队监督，队员 62 名，另有约 100 名华籍志愿人员辅助。1921 年，渐渐扩充为一支有 140 名各级正规人员的部队；1922 年更增至 174 名，此时的志愿人员或后备消防队在灭火工作上，也担当了非常重要的角色。第二次世界大战后，大量人口涌入香港地区，1949 年达到 100 万，虽然新的消防局在 1946～1956 年间陆续落成启用，仍难以满足需求。

自 1914 年起，救护服务成为消防队的一部分工作。1953 年 7 月，政府的所有救护资源都交由消防队管理，医务署把救护车辆及人员调拨予消防队，进行合并，为现时的救护总区奠立基础。

1960 年，副布政司戴麟趾先生（后出任香港总督）奉命研究消防队的各种问题。他联同当时的副消防总长觉士先生撰写了戴麟趾报告，消防队因此彻底改组，并改称为香港消防事务处（在 1983 年 7 月再改称为香港消防处）。该报告建议进行一项 10 年的分期发展计划，包括加设小型消防局，务求以 6min 内抵达现场为准则。报告上亦建议大量增加人手和消防车，以及缩减负责行动的消防员工作时数（附图 2-1、附图 2-2）。戴麟趾报告为救护服务的发展定下蓝本，经过其后的发展和部门改组，救护服务成为一个独立单位，自 1970 年起称为救护总区，提供现代化的辅助医疗服务，并由一名救护总长管理。

附图 2-1　配备 18m 轮式手动救生梯的开篷大楼梯车（1957 年型号）

图片来源：配备 18m 轮式手动救生梯的开篷大楼梯车（1957 年型号）[Online Image]. [2019-5-7]. https://www.hkfsd.gov.hk/sc/aboutus/history.html

1961 年，哥文先生获委任为首位消防事务处处长。消防事务处在 1966 年 3 月展开本地化的步伐。当最后一位外籍人员于 1992 年 7 月 1 日退休后，消防处所有职位全由华人担任。

由于越来越多灭火及救援工作需要丰富的专业知识和经验，以往曾担任重要角色的后备消防队在 1975 年解散。现时所有消防人员都是经过专业训练的全职人员。1946 年，负责行动的消防员每周工作 84h。其后递减至 1976 年的

72h，1980 年的 60h，1990 年的 54h，以及 2016 年的 51h。

1949 年，消防队成立了防火及检察科，处理一般消防安全事宜。1970 年，该科改组，并扩展为防火组。该组的英文名称其后在 1980 年由 Fire Prevention Bureau 改为 Fire Protection Bureau。1997 年 8 月 1 日，防火组改称为防火总区。1999 年 6 月 1 日，防火总区进一步扩展，并分为两个总区，即牌照及管制总区（在 2001 年 4 月改称为牌照及审批总区）和消防安全总区，以应付日益增加的消防安全工作，以及满足公众越来越高的消防安全期望。

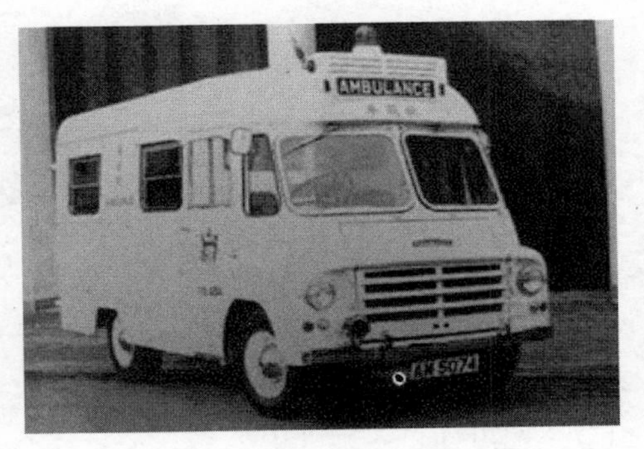

附图 2-2　柯士甸 LD3 救护车

图片来源：柯士甸 LD3 救护车［Online Image］.［2019-5-7］. https://www.hkfsd.gov.hk/sc/aboutus/history.html.

以往，通信及第一线资源调派工作是透过调派中心及消防局指挥系统执行的。自 1980 年起，这些运作模式归由消防通信中心集中处理。1991 年 4 月，第二代调派系统启用，消防通信中心利用中央计算机系统协助紧急服务的调派工作，以达到最高效率。第三代调派系统于 2005 年 3 月取代第二代调派系统。第三代调派系统是非常精密而且以任务为核心的系统，资源调配准确有效，大大提升了调派效率，持续为香港地区市民提供高效率的紧急服务（附图 2-3）。

附图 2-3　第二代和第三代调派系统控制中心

图片来源：历史简介［Online Image］.［2019-5-7］. https://www.hkfsd.gov.hk/sc/aboutus/history.html

目前香港消防处的主要职责包括扑灭火警、执行海陆救援工作、就防火事宜向市民提供意见以及为伤病者提供紧急救护服务。消防处由消防处处长统领，共分为三个行动总区、两个防火总区，以及救护总区、总部总区和行政科（图附 2-4）。具体工作职责如下：

（1）三个行动总区：灭火、救援及其他紧急服务由涵盖港岛（包括离岛及海务）、九龙和新界的三个行动总区负责，各由一名助理处长掌管。

（2）两个防火总区：牌照及审批总区和消防安全总区，各由一名助理处长掌管。牌照及审批总区监管发牌和执法工作；消防安全总区则处理防火和消防安全事宜。

（3）救护总区：助理处长（救护）掌管，负责管控所有救护资源，确保为市民提供快

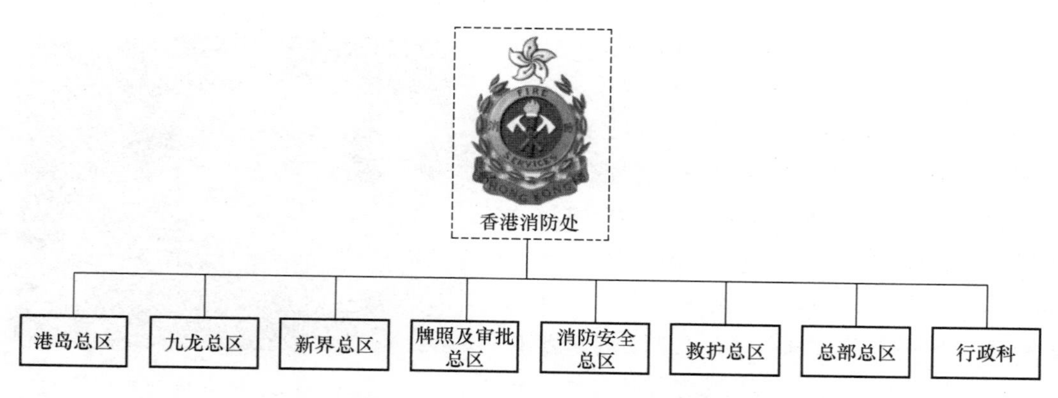

附图 2-4　香港消防处组织结构图

捷有效的辅助医疗救护服务。

（4）总部总区：一名助理处长掌管，为处长提供规划及管理方面的支援，并为其他总区提供政策及后勤支援。总部总区负责消防通信中心、消防及救护学院和西九龙救援训练中心的运作，并监督有关招聘、训练及考试、职业安全健康、采购及后勤支援、资讯科技管理、工程及运输、福利，以及资讯发放和宣传的事宜。

（5）行政科：由文职人员组成、助理处长（行政）执掌，负责人力资源管理、招聘及晋升事宜、一般部门行政、财务管理、内部审核、外判工作、员工关系及翻译服务。

附图 2-5　香港消防员救援油麻地一处饭店火灾
图片来源：《香港消防处年报 2018》

2. 消防系统

消防人员及消防站点：各级消防和救护人员共有 9914 名、文职人员 736 名，消防局 81 间、救护站 39 间、灭火轮消防局 6 间、海上救援局 2 间和 1 个潜水基地，分别设于全港各区重要地点，以便在指定的召达时间内，为各区提供紧急服务。

楼宇火警召唤的规定召达时间：楼宇密集地区需时 6min；楼宇分散及偏远地区需时 9～23min。紧急救护召唤方面，目标召达时间为 12min。消防处承诺致力达至目标，务求 92.5%的楼宇密集地区火警召唤、94.5%的楼宇分散和偏远地区火警召唤，以及 92.5%的紧急救护召唤，能够在上述目标召达时间内得到处理（附图 2-5）。

消防车辆：现有 638 辆配备先进灭火救援装置的消防车及其他车辆。前线车辆基本上包括油压升降台、泵车、细抢救车、旋转台钢梯车、司落高（登高平台消防车），辅以其他支援车辆、设备。该处拥有一支 21 艘船的船队，在香港地区水域提供灭火救援服务（附图 2-6）。

救护车辆：配有 383 辆救护车、4 辆流动伤者治疗车、41 辆急救医疗电单车、3 辆快速应变急救车，以及其他支援车辆。各类救护车辆均备有辅助医疗设施。其中“特别支援

附图 2-6　消防及紧急救援装备

图片来源：《香港消防处年报 2018》

队”救护车备有额外的医疗物资，可以为大型活动或大型意外事故现场提供支援。

消防通信：消防通信中心设有一套电脑调派系统，可迅速有效调配灭火和救护资源，以应付火警和紧急事故。消防通信中心的通信系统连接所有消防局、救护站和灭火轮消防局，方便调配资源。消防通信中心配备的第三代调派系统，结合先进电讯及电脑技术，提升识别、定位和资源调派等方面的功能，从而提高灭火拯救行动的效率（图附 2-7）。消防处的数码集群无线电系统能确保事故现场的无线电通信快捷有效。消防通信中心全日 24h 运作，亦负责处理有关火警危险及危险品的投诉和查询。遇有重大事故，通信中心还会为政府部门和公用事业机构提供紧急协调服务。消防处共有 5 辆流动指挥车，在大型事故的现场作为指挥和控制中心。

牌照及审批：牌照及审批总区负责制订和执行消防安全规例及政策，以及办理消防装置承办商的注册事宜。该总区辖下政策课负责制订防火指引及程序、进行相关研究，以及批核消防装置及设备、手提消防设备和各式气瓶。此外，政策课亦处理与消防安全和防火有关的法律及检控事宜。危险品课负责签发危险品仓库牌照、危险品车辆牌照及木料仓牌照。消防设备专责队伍负责检查建

附图 2-7　香港消防通信中心的第三代调派系统

图片来源：《香港消防处年报 2018》

筑物的消防装置、处理有关建筑物消防装置的投诉，以及监察注册消防装置承办商的表现。消防设备课和通风系统课分别负责检查建筑物的消防装置和通风系统。通风系统课亦负责批核用于通风系统的保险连杆和静电过滤器/聚尘器，以及协助屋宇署处理专门承建商（通风系统工程）的注册事宜。两个防火办事处（即港岛及西九龙，以及新界及东九龙）负责就各类处所的消防安全措施，向政府其他部门提供意见，以便这些部门签发各类牌照及为有关处所注册。

牌照事务课由借调于民政事务总署牌照事务处的人员组成，主要负责协助处理有关酒店、宾馆、会社、卡拉OK场所及床位寓所的牌照事务，以及牌照事务处职权管辖范围内的执法及检控事宜。牌照及审批总区亦借调人员于社会福利署，负责向安老院和残疾人士院舍提供有关防火措施的意见。

3. 消防法规

香港特别行政区在消防安全管理方面具有较为完善的法规、规范、标准体系。2006年以来，又先后修订、制订了《消防条例》《消防（消除火警危险）规例》及《消防安全（建筑物）条例》等法规，进一步完善了消防安全法律体系，规范了政府各行政主管部门、企业单位、公民的消防安全责任和义务。如建筑消防审核，消防部门只负责消防装置和设备是否符合消防法规和技术规范的要求，而建筑的耐火等级、防火间距、消防通道的规划、使用防火材料的审核都由其行业主管部门负责，并向消防部门出具证明。各单位的消防安全管理，由单位为主负责，单位指定专门人员进行防火检查。一些专业技术要求高、火灾危险性大的工作，如电气、燃气防火等，由业务主管部门每年按规范要求进行一次年审。消防处防火部门主要任务是对那些年限较长、不能满足现有消防规范的建筑进行巡视，并向有关部门提出相应的整改建议，这样既发挥了专业部门的技术优势，提高了安全系数，又解决了消防监督检查人员少的矛盾。

《消防条例》：旨在就消防处的组织、职责和权力以及消防处成员的纪律，制定更完备的条文，并就预防火警危险、就与火警有关的事宜调查及就一项福利基金作出规定；对消防装置承办商的注册予以规管，并就管制消防装置或设备的出售、供应、装置、修理、保养及检查，以及为与上述事宜相关的目的制定条文。

该条例由1961年第42号第2条修订；由1964年第1号第2条修订；由1971年第45号第2条修订；由2003年第7号第2条修订。

《消防安全（建筑物）条例》：条例旨在就对某些综合用途建筑物及住用建筑物作出关于消防安全的改进及相关事宜制定条文。该条例于2007年第63号法律公告。

附录3　日本消防体系简介

1. 消防体制

1948年，日本颁发了《消防组织法》，自此日本消防机关脱离了警察机关，开始实行以市、町、村为中心的自治消防行政体制。日本消防部门把防火作为消防的首要任务，并承担着台风、水灾、地震等自然灾害与突发事故的医疗救护、抢险救援任务。

（1）国家消防机构

国家消防机构为日本总务省消防厅及下属的消防研究所、消防大学、消防审议会，其主要负责研究并制定法律法规；规定城市的防火等级；制定防火检查、防火管理及其他火灾预防制度；进行消防统计，宣传普及消防知识；研究危险品管理方法，审批都府县危险品设施的用地选址、消防水源建设，协调指挥大规模灾害事故抢险救援、对下属单位开展业务指导、技能培训和技术援助等工作，负责国家与地方消防团体间的联络；研究制订急救业务标准；制定防火计划；负责国内、国际消防与救援的交流活动；研究市、町、村消防人员、设施配置标准；执行消防团员公务灾害补偿的共济基金法等。

（2）都道府消防机构

日本有47个都道府县，除东京都设消防厅以外，其余的地区均不设立专门的消防机构，在都道府县的地方总务部设置消防防灾科，对市、町、村消防工作进行指导和建议，但无指挥权。

地方消防防灾科主要对消防职员及消防团员进行业务技能教育培训，协调各市、町、村的人事交流，进行消防统计和有关火情、灾情等消防情报的收集，指导下级消防设施建设，宣传普及消防知识。

（3）市、町、村消防机构

市、町、村消防机构承担着消防法律法规赋予的大部分权力和行政事务，是直接为普通市民服务的一线实体，其开展工作的广泛性、自主性、针对性和适应性较高，各地工作各有特色、各有侧重。

市、町、村应设置消防本部、消防署和消防团；消防本部是市、町、村消防的总机关，是消防行政部门的核心，是消防执法和灭火救灾的一线。不仅要收集消防统计数据，还有以下工作：消防同意事务，防火管理、督查、检查事务，消防设备管理，调查火灾起因，宣传消防知识，制订防灾计划及除水灾以外的各种灾害的预防措施，对危险品场所进行安全管理及消防督查，灭火、防洪、救灾、救援、警报传达及避难等事务。

（4）民间消防机构

民间消防机构包括消防团与当地民众组建的自治防灾队、企事业单位的自卫消防队组织、妇女防火协会、老年防火团、少年儿童防火俱乐部等组织。消防团是非常备消防机构，是日本民间的消防专职机构，与消防本部和消防署没有隶属关系，但接受消防本部或消防署的指导。

日本的消防相关团体非常多，其所涉及的专业领域也很全面，在面向全社会普及消防防灾知识方面发挥的作用不可估量。如日本消防协会、救灾协会、危险品保安协会、消防设备安全中心等，这些拥有很多专业人才的团体广泛地开展消防专业技术教育、进行防火宣传和研究工作，为整个社会消防知识的普及起到了不可估量的作用（附图 3-1）。日本还有妇女防火协会、老年防火团、消防少年团等形式比较松散的组织，这些组织利用社会其他团体、企业等的捐款开展各项形式多样的活动，如小学、中学的社会课里的消防知识教育课，就由这些团体和消防部门合作完成。

附图 3-1　东京少年消防团初期灭火训练及紧急救援训练

图片来源：日本总务省消防厅［Online Image］.［2019-4-29］. http：//www. tfd. metro. tokyo. jp/ts/sa/disaster. html＃di08

2. 消防系统

（1）火灾预防

火灾预防是日本消防工作的重中之重，为此日本建立了严格的防火制度。如建筑许可消防同意制度、消防监督检查制度、社会单位消防安全制度等，重视消防宣传工作，宣传普及消防知识。

1）建筑许可消防同意制度

建筑工程许可消防同意制度主要是建筑许可消防同意制度和危险品设施许可制度，是日本消防预防的主要组成部分。

根据日本《消防法》规定，建设部门在对新建、扩建、改建、移建、修缮、改变设计、变更用途的建筑物办理许可、认可或确认手续时，必须首先取得工程所在地消防长或消防署长对该工程防火设计的同意，未经同意不可进行许可、认可或确认。另外，《建筑基准法》规定了建设行政与消防行政的相互协作关系。消防同意制度不是针对建设单位或居民而进行的行政行为，而是根据建设行政主管单位的申请而进行的，是两个行政单位之间的内部行为，不具备行政行为性质。

2）消防监督检查制度

消防检查是消防部门依法对消防对象物的相关人员执行消防相关法令的情况进行指导和检查，掌握消防对象物火灾预防上的缺陷和火灾危险性等情况的一种活动。在日本，防火检查不是具体行政行为，而是属于服务性质的行为，日本消防法规也没有规定消防部门对单位的检查数量和频次。消防职员检查防火对象物的位置、构造、设备及管理情况，如果检查发现火灾隐患或者有不合格的方面，以文件或口头的形式予以指明，指导有关人员进行整改。在日本，由于消防执法环境好，社会单位和民众守法意识强，许多火灾隐患和违法行为大多经过劝导即可整改。

3）社会单位消防安全制度

社会单位的防火管理制度、防火对象物和消防设备定期点检报告制度是消防工作社会化的组成部分。这些制度依靠取得相应从业资格的人员实施，可以有效解决防火对象物所有权者防火管理专业知识和经验的不足。

日本法律规定高层建筑物（31m以上的建筑物）、地下街、准地下街、一定规模以上的特定防火对象物等必须选任“防火管理者”（类似我国社会单位的消防安全管理人）实施防火管理，承担法定消防安全管理职责，制订消防计划，组织灭火，通报及避难训练的活动。防火管理者必须进行申报，必须参加消防部门定期组织的防火管理讲习，并取得甲、乙种“防火管理资格”证书，重要场所的防火管理者每5年还要再培训一次。对多个单位共同使用的大规模多用途建筑，其中的每个单位都需要明确防火负责人，并设定一个防灾管理者进行全面统筹；同时设立共同防火管理协议会，由各单位派人参加，商研制定共同防火管理协议，共同组建自卫消防队，统一管理建筑消防设施和疏散设施，统一制定建筑消防计划，每年统一组织开展2次逃生训练。目前日本全国约有防火管理者100余万人，2017年参加培训的防火管理者约24万人。

为了防止火灾的发生，减轻火灾的损失，消防法规定，对于具有一定用途、构造等防火对象物的管理权者，聘请具有火灾预防相关专业知识者对其防火对象物，包括灭火器、消火栓、火灾报警、疏散设施等进行1次（特定防火对象每年2次）全面点检，发现问题填写在点检报告中，并提出处理方案，由单位的防火管理者向辖区消防部门上报（附图3-2）。消防部门代表政府对点检无较大问题的对象物发放防火基准点检合格证。防火对象物定期检查持续3年以上获得防火优良认定，防火对象物的管理权者可向消防机关申请免除3年的检查、报告义务。

4）重视消防宣传工作

日本人从小就接触各种防火教育。幼儿园、中小学阶段，多是以木偶短剧等喜闻乐见的方式，寓教于乐，宣传防火、防灾知识。针对老年人则由防火员开展家访普及防火防灾知识。各都道府县也都建有市民防灾馆，免费开展防火防灾教育。一些大城市甚至拥有消防乐队，定期举行各种防火防灾教育演出等。新年期间，日本各地都会举行消防仪式，这俨然已成为一种习俗。日本每年举办春季、秋季火灾预防运动和森林、车辆、文物火灾预防运动。还将9月9日定为“急救宣传日”，11月9日定为“119宣传日”。许多城市还规定每月15日为“防火安全宣传日”。

（2）灭火与救援

1）消防机构

日本消防机构由“常备消防”和“非常备消防”两部分组成，“常备消防”由消防员

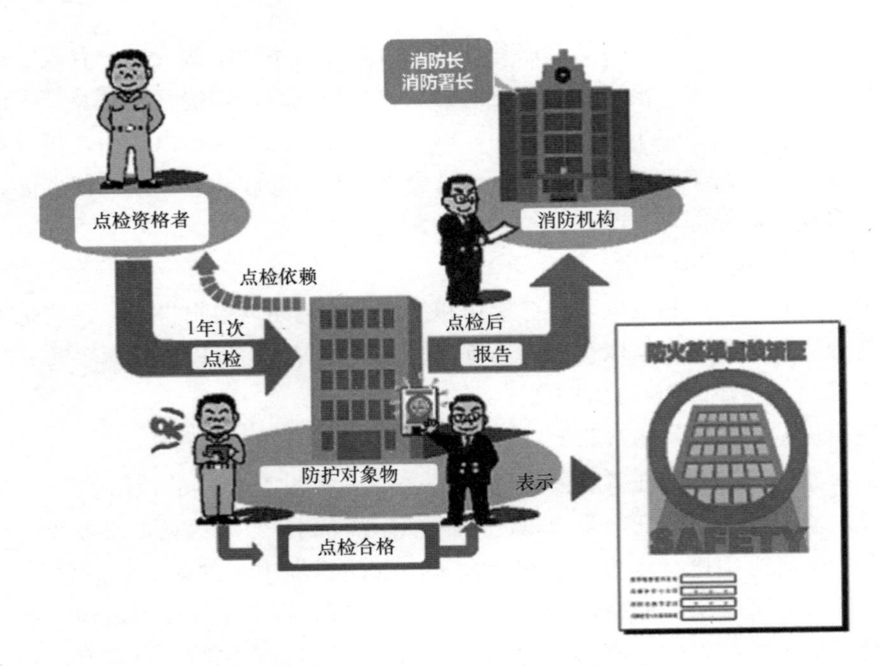

附图 3-2　防火对象物定期点检流程图

图片来源：日本总务省消防厅［Online Image］.　［2019-4-29］. https：//www.fdma.go.jp/about/organization/post-12.html

24h 值勤备战；“非常备消防”也称“消防团”，主要从事初期火灾灭火以及协助消除二次灾害等工作，平时对社区居民进行必要的防火、救急指导，巡回宣传，并在举行大型活动时进行警戒。截至 2018 年 4 月，日本设有 728 个消防本部，1719 个消防署。消防人员 164873 人，其中女性职员 5069 人。

现在的市、町、村的消防体制，大致分为：消防本部及消防署（所谓的常备消防）和消防团并存的地域；只有消防团的地域（所谓的非常备消防）。截至 2018 年 4 月，常备化市町、村共 1690 个市町村，没有常备化消防的町、村共 29 个，常备化的市、町、村比例（常备化率）为 98.3%（其中市为 100%，町、村为 96.9%）。除了山间地和离岛的町村的一部分町、村外，几乎全都实现了常备化，99.9%的人口被常备消防所覆盖。

日本市、町、村的消防组织现状（截至 2018 年 4 月）[102]　　　**附表 3-1**

区分		2017	2018	比较	
				增减数	增减率
消防本部	消防本部	732	728	−4	−0.5
	市	390	387	−3	−0.8
	町、村	52	52	0	0.0
	一部事务组合等	290	289	−1	−0.3
	消防署	1718	1719	1	0.1
	出张所	3111	3117	6	0.2
	消防职员数	163814	164873	1059	0.6
	女性消防团人数	4802	5069	267	5.6

续表

区　分		2017	2018	比较	
				增减数	增减率
消防团	消防团	2209	2209	0	0.0
	分团	22458	22422	−36	−0.2
	消防团人数	850331	843667	−6664	−0.8
	女性消防团人数	24947	25981	1034	4.1

消防要切实应对灾害、事故多样化和大规模化、居民需求多样化等环境变化，履行保护居民生命、身体及财产的义务。以市、町、村为中心的高度自治的消防体制其优点是消防机关独立性大，但由于区域间平时缺少必要的合作与联系，如果遇到重大灾害或者特殊灾害，灾区消防组织可能无法单独应对。因此，消防厅为了确立消防体制和扩充消防能力，推进市町村自主的广域化，建立了紧急相互援助体制，成立紧急消防援助队。紧急消防援助队由能够应对任何类型灾难的各类精英队伍组成，除常规的灭火备勤队伍外，还有由指挥支援部队、后方支援部队、紧急部队、航空部队、救助部队、水上部队、灭火部队、特殊灾害部队等 8 个专业化部队构成。紧急消防救援队能确保大规模灾害发生时迅速进行情报收集、灭火、救灾、救助等活动，确保有先进技术和器材装备的救助队能有效统一地进行消防救助活动。平时，在各自的消防辖区执行任务，当发生大规模灾害时，根据消防厅长官的请求或者指示，集中多个消防部队出动到灾区，实施人命救助等的消防活动（附图 3-3）。

附图 3-3　地震时前往灾区的紧急消防援助队

图片来源：日本总务省消防厅［Online Image］.［2019-4-29］. https://www.fdma.go.jp/about/organization/post-12.html

2）消防组织

日本有精良的消防装备和现代化消防通信指挥系统（附图 3-4）。有的消防部门的消防车辆都安装了 AVM（车辆动态管理系统）和 GPS（全球测位系统）定位系统，与通信指挥中心互联，车辆位置和动态信息全能显示在指挥中心的车辆状态显示屏和电子地图上。为了构建应对灾害能迅速作出判断的通信网络，消防厅联合都道府县和市町村间共同建设消防灾害无线通信网络，同时构建手机、IP 电话等拨打 119 的通报地显示系统，提供受灾信息、受灾地域的水利等信息的广域支援系统。

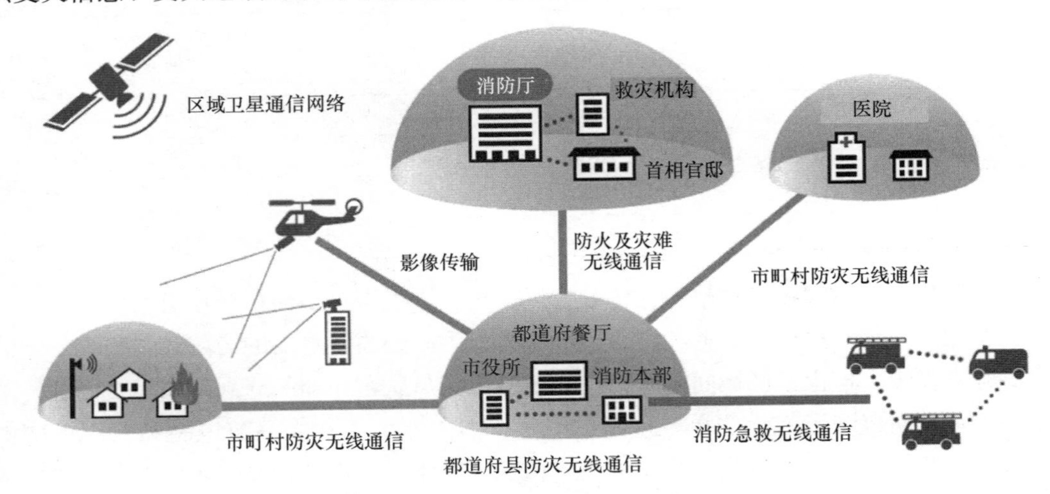

附图 3-4　防火及灾难通信网络概览

图片来源：日本总务省消防厅［Online Image］.［2019-4-29］. https://www.fdma.go.jp/about/organization/post-12.html

消防部门还承担着救助危重病人的任务（附图 3-5）。日本所有救急的费用都是免费的，需要时只需拨打“119”救急电话，消防救护车一般在 5min 内就能赶到。从实际情况看，消防部门的灭火出动远没有救急出动的次数多。截至 2018 年 4 月，急救队有 5179 队，约 62771 个急救队员（其中约 37143 个急救救命队员），消防救护车 6105 台。2016 年包括消防灾害直升机在内的急救出动件数，达到 6345517 件（比前一年增加了 131889 件，增加了 2.1%），搬送人员达到 5738664 人（比前年增加了 114630 人，增加了 2.0%）。

附图 3-5　消防救护车与急救队

图片来源：日本总务省消防厅［Online Image］.［2019-4-29］. https://www.fdma.go.jp/about/organgation/post-12.html

3. 消防法规

日本政府十分重视消防法规的制定。目前已拥有一套健全的消防法制体系。日本有关消防法律体系的构成大致划分为消防系列和建筑系列。其中，消防系列如《消防法》《消防组织法》《消防法施行令》、危险品管理的相关政令、火灾预防条例等；建筑系列如《建筑基准法》《建筑基准法施行规则》等。各地方政府还根据本地实情制定地方条例。在高层建筑、地下工程的防火设计与管理上，日本有较完整的全国性和地方性法令规范，而且都是强制执行。日本消防法规的显著特点是修改变化频繁，有些法规几乎每年修改。这就使消防法能够适应不断变化的实际情况。据不完全统计，截至2000年，《消防组织法》已修改了30多次，《消防法》修改了40多次。

（1）《消防法》

《消防法》是规范日本消防防灾制度和业务的一部重要法律，最早于1949年颁布，共10章47条。颁布至今历经40多次修改，虽然条文总数还是47条，但内容已大大扩充。《消防法》内容主要包括总则、火灾预防、危险物管理、消防设备、火灾警戒、灭火活动、火灾调查、医疗救护和对违反消防管理行为的处罚等。总则主要阐述消防法制定的目的和常用法律术语。火灾预防章节规定了消防监督检查、建筑许可消防同意、防火管理人等火灾预防基本制度。危险物管理章节主要对危险物的贮藏、运输、使用，危险物设施的设置、变更，危险物场所的管理、维护，危险物保安监督人员的管理等予以规范。消防设备章节主要规定建筑消防设施的设置、维护，消防设施施工安装人员资质管理、消防机械设备的检测认可等。火灾警戒章节主要规定地方各级政府在高火险等级的气候条件下在预防火灾方面应履行的职责。灭火活动部分主要规定公民发现火灾报警的义务、消防部门在扑救火灾中享有的权限等。火灾调查主要规定公民、法人和消防部门在火灾调查中应履行的职责。医疗救护业务章节主要规定各级政府在开展医疗救护业务方面应履行的职责。处罚章节主要规定对违反消防管理行为的处罚种类及额度。

（2）《消防组织法》

《消防组织法》本着地方自治的精神，着重强化了市、町、村消防的职能，规定：各市、町、村对本区域的消防事务负责，消防事务的管理由行政长官依据条例实施；消防费用由各市、町、村负担；各市、町、村处理消防事务的机关是该市、町、村消防本部、消防署或消防团；各市、町、村的消防事务不受消防厅长官和都道府县知事的行政管理。但是，消防厅长官和都道府县知事可以对消防事务进行指导或建议；各市、町、村行政长官必须按照消防厅制定的形式和方法，通过都道府县知事向消防厅报告火灾和其他消防有关情况等。

《消防组织法》还从行政上规定了国家、都道府县、市、町、村各自分担的消防事务。国家行使的消防事务主要有：制定消防法律及消防行政必要的规定、标准；消防技术和统计的有关工作；对各地方公共团体消防事务进行指导或建议；大规模灾害发生时进行协调、指挥等。

都道府县行使的消防事务与国家的消防事务基本类似，主要是对辖区市、町、村消防业务的顺利开展提供援助，主要有：设置消防学校对消防职员、消防团员进行教育培训；协调市町村之间的人事交流；危险物管理、消防设备资格证有关的事务；大规模灾害发生时进行协调、指挥等。

市、町、村行使的消防事务包括：设置消防队、医疗紧急救护队为辖区居民提供服务；根据消防法律制度对居民进行有效管理，以达到消防行政的目的等。

（3）《建筑基准法》

《建筑基准法》的内容主要包括总体规定、技术规定和制度规定三部分。总体规定主要内容有立法目的、法律用语的定义、法令的适用范围及处罚规定。技术规定主要内容有单体建筑的构造、防火、采光、通风、日照、避难、灭火、内装修以及建筑设备等方面的规定；综合建筑群的用地、道路、形态、外观、防火等方面的规定。制度规定主要内容有手续规定、行政制度、建筑协定和行政救济等。

《建筑基准法》与消防行政业务有着十分密切的关系。《建筑基准法》第93条有3款内容规定了建设行政与消防行政的相互协作关系。第一款是建设行政主管部门在为建筑物办理行政许可、确认手续时，未经辖区消防长或消防署长的同意，不得对其进行许可或确认。第二款是消防长或消防署长在受理建设行政主管部门的申请时，如果该建筑物没有违反有关法律关于防火的规定，必须在规定期限内予以同意。第三款是建筑行政主管部门对接到建筑物新建或大规模修缮申请时，必须通知辖区消防长或消防署长。这三款内容和《消防法》第7条共同构成了建筑许可消防同意的法律基础。此外，《建筑基准法》及其施行令中有关防火的条款达34条之多，这些内容大部分为技术性条款，如建筑物的不燃性能规定、建筑结构、防火分区、防火墙、人员疏散要求等。

附录 4　美国消防体系简介

1. 消防发展历史

美国的消防可以追溯到 17 世纪。新阿姆斯特丹，即现在的纽约曼哈顿区域，在 1647 年建立了殖民地的第一个消防系统[103]。消防监督员对房屋和烟囱进行日常的检查，并对不合乎要求、存在潜在危险的建筑物进行罚款，同时成立一个 8 人巡逻组，每日进行消防巡查。当发现火灾时，他们通过摇动木制摇铃提醒市民。

1711 年，部分美国人成立了所谓的互助消防社团，每个社团大约有 20 名成员。当其中成员遭受火灾时，其他成员相互之间进行救助。1730 年，第一批进口消防水泵在纽约开始使用[104]。1736 年，本杰明・富兰克林在费城成立了第一家美国志愿者消防公司，其他殖民地也随后成立了类似的消防公司[105]。

1853 年 4 月 1 日，俄亥俄州辛辛那提市成立了美国第一家专业和全薪消防部门。在辛辛那提建立专业和全薪消防部门的主要原因之一是 1852 年在迈尔斯・格林伍德的鹰牌钢铁厂发生的火灾。火灾使格林伍德损失惨重，亟需寻求新的方式来应对火灾。1852 年 3 月 2 日，3 位辛辛那提居民亚伯・肖克，亚历山大・邦纳・拉塔和格林伍德开始建造世界上第一台实用的蒸汽动力消防车。肖克是一名锁匠，拉塔是一名机车制造商，格林伍德的鹰牌钢铁厂生产发动机。早期已有发明者制造了蒸汽动力消防车，但辛辛那提制造的消防车被证明更加实用，因为蒸汽机可以在 10min 内开始从水池中抽水，而更早期的发动机则需要更长时间[106]。辛辛那提市议会看完消防车的展示后随即签订了消防车购买合同。消防车于 1853 年 1 月 1 日被送到辛辛那提消防局，使辛辛那提成为世界上第一个使用蒸汽消防车的城市。后来市议会成员将第一辆消防车命名为“乔・罗斯叔叔”[107]。1854 年，辛辛那提居民筹集了足够的资金让消防部门购买第二台蒸汽消防车。这款发动机被称为“公民的礼物”。蒸汽消防车对消防工作的重要性不言而喻（附图 4-1），由此，当地政府领导决定组建一个专业的消防部门而不是单纯依靠志愿者。

附图 4-1　辛辛那提消防站

图片来源：Cincinnati Fire Museum [Online Image]. [2019-4-29]. http://cincyfirehistory.blogspot.com/

在此后百余年时间里，美国消防系统不断发展，目前已成为以美国消防管理局为主，各市、镇均设有消防局的以政府为主导的消防体系，并结合志愿者消防体系以及少数私营消防体系三位一体的消防系统。

2. 消防体制

美国消防系统总体而言属于职业消防体系，其中包括了由以非营利为目的的职业消防、志愿者消防及少部分以营利为目的的私营消防公司，而美国大部分区域均为前两类消防系统，少部分小镇如田纳西诺斯克县，将消防系统委托私营消防公司负责。下面主要就职业消防和志愿者消防体系两大类分别进行介绍。

（1）职业消防体系

美国的消防体制和联邦自治的政治体制一脉相承，由州、市、县政府分级负责，三级政府间的消防机构无直接隶属关系（附图 4-2）。联邦最高安全机构为国土安全部，美国消防管理局属于其下属四大部门之一，各州设州消防部门，规模较大的市、镇设有消防局。涉及地区和简单的消防工作由高效精干的日常办事机构独立作业，但涉及复杂甚至跨行业跨部门的火灾时，邻近的州与州、地方与地方间都签订支援协议，发生大的火灾或者灾害事故需要支援时，按协议收费[108]。

国家消防管理局主要职责是全国火灾统计分析，消防安全教育培训，联邦政府机构的防火安全，国家森林防火灭火；州消防部门主要职责是公众消防安全教育，管理州消防法规的执行，消防培训以及州属机构单位的防火安全。地方消防局负责本地防火灭火工作，大城市消防局还承担医疗救护职能[109]。消防工作的实体是各州和各地方消防局，消防局向州和地方政府负责。美国共有近 3 万个不同人口规模的城镇设立了消防机构，其中大中型城市职业化程度高并且消防设施先进，小城镇以自治消防为主，分级的消防管理体制以应对不同城市的消防需求。

根据美国国家消防协会（NFPA）、美国消防部门统计数据，截至 2017 年底，全国共有约 1056200 名消防队员。其中，约 373600 名职业消防队员，72%的职业消防员负责保护 25000 人以上的市镇或社区[110]。

附图 4-2　费城 NARBERTH 消防站和唐人街消防站

图片来源：NFPA. U. S. Fire Department Profile[EB/OL]. [2019-8-14]. https://www.nfpa. org/News-and-Research/Data-research-and-tools/Emergency-Responders/US-fire-department-profile

（2）志愿者消防体系

与职业消防制度不同，支撑美国消防体系的另外一部分是志愿者消防体系。

在美国，志愿者消防队员没有固定薪酬，部分地区可以享受一定的社会福利，比如减免税收等，但是志愿者消防队员需要随时待命，承担艰巨的消防工作任务，且可能面临生命危险。应该说，志愿者消防队伍的设立具有较为典型的美国特征，在中国消防体制中，并没有志愿者消防队伍，这一点与中国的消防体制有着较为明显的区别。

自美国殖民以来，志愿者服务已经成为社区的一个传统。美国最早的定居者到达殖民地时，没有一个是为他们提供最基本的保护需要帮助，所以他们自愿互相帮助。几乎在所有的殖民地，首先要做的事情就是保护自己的社区，而保护社区首要的两件事情就是成立民兵组织和消防队志愿者组织。事实上，目前美国国内还有很多地方依赖于志愿者队伍，诸如图书馆、医院、避难所以及消防站等部门，根据美国劳动部门2016年统计，在2014～2015年之间，全国大约有6200万名各种不同职业的志愿者，每个人参与每年52个小时或者每周1个小时的志愿服务[111]。

根据国家志愿消防委员会（NVFC）的调查，大部分志愿者消防队员选择该项任务的动机在于：为社区做出自己的贡献、受到外界的尊重、社会地位提升、得到大家的赞许以及家族历史等。当然，有一些州或者县会提供一些切实的福利给志愿者，各个州的政策差别较大，比较典型的一些福利政策包括：退休和养老金计划；按报警电话或每小时适当付费；补偿部分食品或汽油等；税收减免；医疗保障、住房支援、周期性的奖金、商业折扣、专业技术培训等。

据美国国家消防协会（NFPA）统计，截至2017年底，全国共有约682600名志愿者消防队员，占全部消防人员数量的65%。其中95%的志愿者消防员负责保护25000人以下的市镇或社区。随着社会发展及美国年轻一代的观念变化，过去30年志愿消防队员的数量在持续减少，目前各个领域的志愿者，包括消防员，均面临着志愿者消防队伍人员流失、人员轮转较快导致人员不稳定等诸多问题。

下面简单举一个例子介绍下美国志愿者消防队（附图4-3）。昆西市位于马塞诸塞州，其消防部门成立于1878年，前身是昆西1号消防队。1917年普卢玛斯县监事会设立了昆西消防区，并任命了一个国家专员委员会。该地区受保护人口5500人，最初消防覆盖区域面积为11.4km^2，但目前消防覆盖范围已达到290平方英里。市财政每年预算约为461000美元，22.4万美元来自基本税收，23.7万美元来自2013年通过的一项特别评估，这个评估每5年更新一次。该部门总有33名志愿消防员，外加3个全职职位（消防局长、

附图4-3　美国志愿者消防队员招募中心及装备

图片来源：National Volunteer Fire Council［Online Image］.［2019-4-29］. https://portal.nvfc.org/about

秘书和机械师）。每年大概接警550个，大约每天1.5个警报。此外，该部门有13名志愿辅勤人员，他们主要在一些较大的火灾事故中执行无须操作消防机械的工作任务，进行消防安全培训和其他非紧急的事项。这个部门每年大约有23%的人员流动率。换句话说，每年需要招募7～8名志愿者。当然如果需要保持适当的人员配备，就必须做好招募和留住志愿者的行动。

3. 火灾情况及分类

全球任何地方火灾发生后，都会造成重大生命和财产损失，美国也不例外。NFPA每年都会搜集相关数据，编制形成当年的火灾分析报告。

（1）火灾类别

在美国，火灾统计主要按照三大类别进行，分别是建筑火灾、车辆火灾、户外及其他火灾。三大部分火灾定义如下。

建筑物火灾指的是建筑物或其他建筑物内或其上的任何火灾，即使建筑物本身没有受损，亦被视为建筑物火灾。作为建筑使用的移动财产，如可组装房屋和可移动建筑，被认为是建筑物。车辆在建筑物内燃烧，但火势较小，则被视为车辆失火。其中建筑火灾又细分为住宅火灾和非住宅火灾。住宅物业包括一户和两户住宅，包括可组装住宅、公寓或其他多户住宅、旅馆和汽车旅馆、宿舍等。与其他商业住宅物业相比，个人住家的火灾监管没有那么严格。非住宅构筑物包括公共集会场所、学校和学院、医疗和惩教机构、商店和办公室、工业设施、仓储设施以及其他构筑物，如附属建筑物和桥梁[112]。

广义的车辆火灾指的是车辆包括高速公路型车辆（轿车、卡车、游览车、公共汽车和摩托车）以及飞机、火车、船只或水上交通，以及用于工业、农业、家庭、花园等用途的交通工具发生的火灾。

户外及其他火警指的除上述建筑物火灾及车辆火灾外的其他发生在户外的火灾，包括：室外草地、灌木丛、森林、农作物或其他植被发生火灾；户外垃圾火灾；涉及贵重财产（如仓库或设备）的户外火灾；及未纳入分类的其他火灾。

（2）火灾统计

以2017年为例。根据NFPA 2017年全国火灾调查的数据，美国消防部门大约接警131.95万起火灾，比2016年减少了2%。在这些火灾中，估计有49.9万起是建筑火灾，比前一年多5%。

但是自1977年以来，建筑物火灾的数量呈下降趋势。建筑火灾已从1977年109.8万的峰值，到1998年，直至2008年，建筑物火灾的数目每年在505000～530500宗之间波动，并于2009年减至480500宗。从那时起，估计每年有475500～501500起建筑火灾。详见附图4-4。

在美国，建筑火灾是火灾发生频率和次数相对较高的火灾类别之一。

2017年，住宅建筑火灾37.9万起，占建筑火灾总数的76%，比2016年增加7500起。在这些火灾中，262500起发生在单户和两户家庭住宅内，占所有建筑火灾的53%。另有9.5万起火灾发生在公寓内（占全部建筑总量的19%）。

非住宅建筑火灾12万起，比2016年增加15%。623000起外部火灾或其他非建筑物、

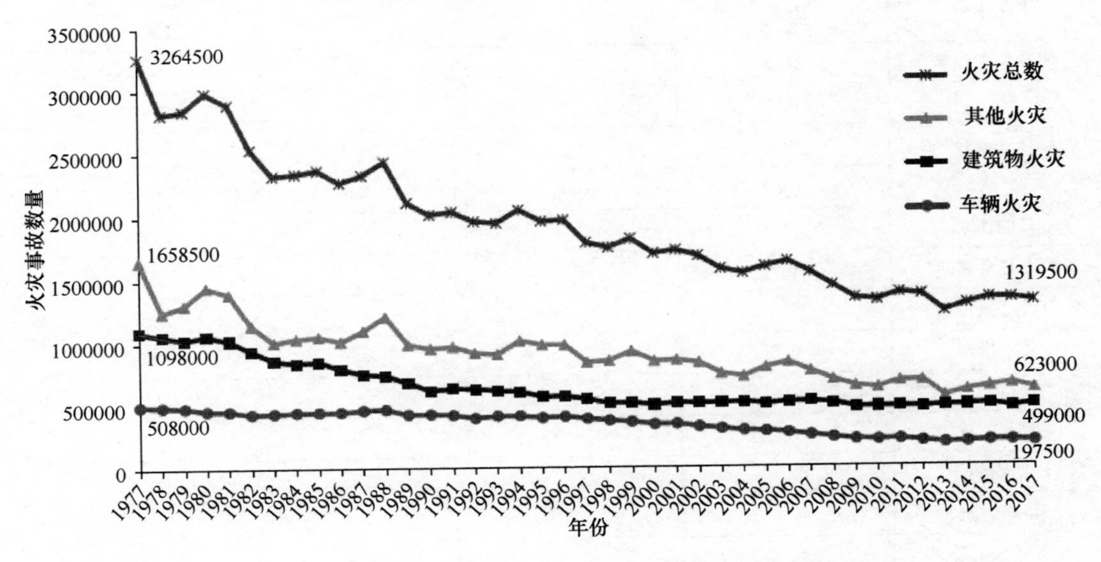

附图 4-4　美国 1977～2017 年火灾统计图

图片来源：NFPA. U. S. Fire Profile 2017 [EB/OL]. [2019-08-14]. https://www.nfpa.org/-/media/Files/News-and-Research/Fire-statistics-and-reports/US-Fire-Problem/osFireLoss.pdf

非车辆火灾几乎占所有报告火灾的一半（47%）。其中包括 28.3 万起灌木丛、草地和森林火灾（占总火灾的 21%）；室外垃圾火灾 17.45 万起（占总火灾的 13%）；涉及物业价值的户外火警 74000 宗（6%）；其他非建筑物、非车辆火灾 9.1 万起（占火灾总数的 7%）。

（3）人员伤亡

2017 年，消防部门报告的 131.95 万起火灾导致约 3400 名平民死亡，比 2016 年的总死亡人数增长不到 1%。通过进一步梳理死亡发生的建筑物类型，可以更好地了解火灾发生的原因。其中 357000 起房屋建筑火灾（包括一户和两户住宅和公寓）造成 2630 名平民死亡，较 2016 年减少 4%。这包括一户和两户家庭的 2290 人死亡（占平民死亡总数的 67%）和包括公寓或其他多户住房的 340 人死亡。与 2016 年相比，单户或两户家庭的死亡人数下降了 5%，而公寓死亡人数增加了 5%。

总体而言，1977～2017 年，家庭火灾死亡人数从 5865 人下降到 2630 人，下降了 55%。与此同时，家庭火灾的数量也在稳步下降，总体下降了 51%。然而，在此期间，每 1000 起家庭火灾造成的死亡率波动很大，从 1977 年的 8.1 人上升到 1996 年的 9.7 人，2006 年又回落至 6.5 人。2017 年，每 1000 起家庭火灾的死亡率为 7.4 人（附表 4-1）。这表明，虽然报告的家庭火灾数量和家庭火灾死亡人数在此期间都有所下降，但火灾死亡率风险保持相对不变。也就是说，考虑到火灾严重到需要向消防部门报告的程度，在过去的 40 年里，美国死于火灾的风险并没有大幅降低。

2017 年美国火灾统计表 附表 4-1

火灾发生类型		发生火灾数量（起/h）	人员死亡数（人/日）	人员受伤数（人/日）	火灾造成的经济损失（美元/h）
所有住宅建筑		43.3	7.4	29.9	902000
住宅		40.8	7.2	29.0	884000
住宅	单户或两户住宅	30.0	6.3	20.5	701000
	公寓	10.8	0.9	8.6	183000
其他住宅		2.5	0.2	0.8	19000
公众集会建筑		1.7			33000
教育机构		0.6			6000
公共机构		0.8			5000
商业和办公		2.1			87000
工业、市政等		1.0			57000
储物间		3.1			95000
特殊建筑		4.5			38000
所有非住宅建筑		13.7	0.3	3.5	321000
所有建筑物		57.0	7.7	33.3	1223000
交通设施		22.5	1.2	4.4	233000
除住宅和交通外的户外火灾		71.1	0.4	0.8	32000
总计		150.6	9.3	40.2	1487000

其他人员受伤及财产损失在此处不再赘述，摘录 2017 年美国火灾统计表供读者参考。

4. 消防站及车辆装备

据统计，截至 2017 年底，美国总共有约 51000 个消防站，66400 辆水泵消防车，7200 辆登高消防，71900 其他类型的灭火车辆，47100 应急救援等车辆（包括救援、照明和救护车辆）。

消防站布局、设备配备以及应急医疗服务等均按照服务社区的人口规模配备，人口规模越大，配备消防站点越多，设备数量也越多、应急医疗服务也更全面。按照人口规模，具体分为 10 个等级，分别为 100 万人以上、50 万～99.9999 万人、25 万～49.9999 万人、10 万～24.9999 万人、5 万～9.9999 万人、2.5 万～4.9999 万人、1 万～2.4999 万人、5000 人～9999 人、2500 人～4999 人以及小于 2500 人。简单以水泵消防车配备比例为例进行说明，详见附表 4-2、附表 4-3。

保护人口为 10 万人以上的消防站配备水泵消防车的比例 附表 4-2

保护人口规模（人）	0	1～5 辆	6～9 辆	10～19 辆	20～39 辆	40 辆以上	总计
1000000 以上	0	0	0	0	25%	75%	100%
500000～999999	2%	0	0	5%	62%	31%	100%
250000～499999	0	0	3%	51%	43%	3%	100%
100000～249999	1%	14%	42%	36%	7%	0	100%

保护人口为10万人以下的消防站配备水泵消防车的比例　　附表4-3

保护人口规模（人）	0	1辆	2辆	3～4辆	5辆以上	总计
50000～99999	1%	8%	33%	56%	1%	100%
25000～49999	5%	22%	46%	25%	1%	100%
10000～24999	9%	33%	47%	10%	1%	100%
5000～9999	15%	45%	36%	4%	1%	100%
2500～4999	23%	50%	23%	1%	2%	100%
小于2500	41%	39%	8%	0%	11%	100%

其他要求的装备名录、规格以及数量等在美国消防协会的网站也有详细的规范，具体内容本书就不一一赘述。

5. 出警时间

美国消防站在接警后有严格出警时间要求，同时对于职业消防站和志愿者消防站的出警要求是不同的，分别有相关的规范来界定出警时间。通常出警时间是由两部分组成：一部分是接警时间，这部分时间由NPFA1221号规范确定；另外一部分是接到出动指令后消防队员出动警车至火灾发生点的时间，这部分时间由NPFA1710号规范确定而志愿者消防站的出警时间则通常是根据保护地区的范围、人口密度以及区域位置来确定，由NPFA1720号规范确定[113]。

根据美国相关规范，要求95%的火灾报警在15s内响应，99%的火灾报警应在40s内响应；同时还要求80%的接警程序在60s内完成，95%的接警程序应在106s内完成。如果警情需要告知下级部门或者社区中心，95%警情告知程序应在30s内完成。

消防部队接到出动指令后有80s的准备时间，随后应在4min内赶到火灾发生点。对于医疗救护队伍，应在60s内准备好，并携带自动除颤仪（AED）在4min内赶到火灾点。对于一般火灾，应在480s内部署好灭火方案并开始扑救火灾，而对于一些特殊建筑物，比如高楼，部署灭火工作时间适当延长至610s。

国内并没有法律法规来规定来确定具体出警时间，但是在《城市消防规划规范》GB 51080中有提出“5min”的陆地消防站布局原则，即接到出动指令后消防站应能够在5min内赶到火灾发生点。这条原则也是基于15min的消防接警及出动时间，具体分配为：发现起火4min、报警和指挥中心处警2.5min、接到指令出动1min、行车到场4min、开始出水扑救3.5min。我国“5min”的原则即由接到指令出动1min和行车到场4min构成。

6. 消防宣传及培训

美国联邦、州及各地方消防部门都承担消防宣传工作任务，一些私营组织也积极致力于消防安全宣传工作。国家消防管理局通过组织防火宣传周，播放消防电视节目，编写培训出版物等对青少年及公众进行防火教育，并将消防宣传教育纳入了全国幼儿园至8年级的课程。各地方消防局结合各自特点，开展了形式多样和有针对性的消防宣传活动。如纽约针对不同移民社区，印制了多语言的宣传材料，费尔法克斯消防局开展独居老人防火安全、青少年纵火教育工作。美国的一些商会、公司及个人对消防安全宣传教育进行赞助。

美国各地消防部门高度重视消防人员的教育培训，建立了完善的岗位资格和教育培训体系。每一岗位人员都有严格的资质要求，必须经过2～4门课程（每课40学时）系统培训并考试取得资质后，才能职级晋升并从事相应工作。新招收的消防员，要经过为期1年的培训，包括6个月的基础训练和6个月下队实习，才能成为正式的消防员从事灭火救援，并需每年定期参加在职脱产岗位培训。消防员如希望从事防火工作，必须在灭火岗位工作4年后，完成相应课程，课程的要求也完全是根据实际岗位需要设定编写的。各类培训教育主要通过美国国家消防学院和各州、各城市消防局的培训机构及一些大学完成，美国全国有38所大学和180个专科学校设有消防课程。国家消防学院主要培训中高级消防官员，实行模拟火灾场景等案例教学，通过课堂、网络等教学方式，每年培训11万人。参观洛杉矶、纽约消防局的培训中心，其火场复杂环境、地铁等训练设施均按照火灾实际设置训练内容。

同时，美国特别注重消防历史的保留和延续，其中全美各个州及下面市、县等总共设立了近300多座博物馆保存北美消防的珍贵历程。一般消防博物馆均为免费场所，除了博物馆里可以看到当地的消防历史，博物馆还定期组织消防学习、消防培训以及消防知识讲座等活动，对于消防宣传等起了很大作用（附图4-5）。

附图4-5　费城消防博物馆及相关藏品

图片来源：NFPA. U.S. Fire Department Profile [EB/OL]. [2019-8-14]. https://www.nfpa.org/News-and-Research/Data-research-and-tools/Emergency-Responders/US-fire-department-profile.

7. 消防法及规范标准

美国在国家层面有联邦消防和控制法案，出台于1974年，目的是通过该法案能够更好地防火和控制火灾，以减少生命和财产损失。联邦消防法案中明确设立了国家消防和控制管理局、国家消防和控制学院以及国家消防数据中心。州政府消防法规制定程序一般是由一些民间组织制定法规推荐版本，州政府需要采纳的提交州议会讨论，通过后为州法规在本州执行。州下辖的地方政府有权决定执行或者不执行州政府颁布的消防法规相关条款，根据本地实际删减或增加相关内容，提交县级议会讨论通过后，为地方消防法规，但县（市、镇）的消防法规必须比州的法规更严格。目前美国42个州和多数县（市、镇）消防法规是由美国国际规范理事会（ICC）制定的，也有一些地方采纳美国消防协会制定的法规或自行制定消防法规。美国消防法规修订周期短，一般每3年左右修订一次，特别是每次大的火灾事故后，都要认真调查，总结教训，及时修改相应法律法规和标准。美国各州消防法中，都规定了消防人员非故意执法过失的免责条款。

对于消防规范标准方面，则由美国国家消防协会（NFPA）主要负责。该协会是一家全球自筹资金的非营利组织，成立于1896年，致力于消除因火灾、电气和相关危害而导致的死亡、伤害、财产和经济损失。

至今为止，NFPA总计发布了300多部规范和标准，旨在最大限度地降低火灾和其他火灾发生风险。NFPA规范和标准由250多个技术委员会管理，由大约8000名志愿者组成，在全世界范围内得到采用和使用[114]。

NFPA标准制定过程鼓励公众参与其标准的制定。所有NFPA标准每3～5年修订和更新一次，修订周期每年开始2次。通常，标准的周期大约需要2年才能完成。每个修订周期根据公布的时间表进行，该时间表包括标准制定过程中每个阶段的最终日期。NFPA标准制定过程中的四个基本步骤是：公众投入、公众意见、NFPA技术会议（技术会议）、标准委员会行动（上诉和发布标准）[115]。

NFPA技术委员会和专家组是负责制定和更新所有NFPA准则和标准的主要共识机构。委员会和专家组由标准委员会任命，通常由不超过30名代表利益余额的投票成员组成。参加NFPA技术委员会不需要NFPA会员资格。任命技术委员会的依据是诸如技术专长、专业地位，对公共安全的承诺以及将一类感兴趣的人或群体的观点提交到桌面的能力。每个技术委员会的组成是为了包含受影响利益的平衡，不超过委员会三分之一来自同一利益类别。委员会必须达成共识，以便对一个项目采取行动。

附录 5　1951～2016 年全国火灾四项指标统计表

1951～2016 年全国火灾四项指标统计表[2]

年份	火灾起数	死亡人数	受伤人数	直接损失（万元）
1951	19740	754	2526	4420.1
1952	36585	741	2967	7321.3
1953	37766	1180	4292	8077.2
1954	43849	1414	2773	3962.6
1955	89703	1865	5210	4158.6
1956	89680	3408	14454	6141.9
1957	75579	2929	9742	5818.2
1958	73315	5310	11352	8173.9
1959	114880	10131	14617	11616.9
1960	90845	10843	13809	17886.3
1961	103485	6989	10597	23009.2
1962	105064	4990	8555	17389.6
1963	106468	4798	8939	16691.2
1964	63301	3441	6646	9724.0
1965	76859	4179	8283	9588.2
1966	85377	5386	12171	19695.0
1967	36861	1912	4199	6403.4
1968	25940	1114	2484	5538.9
1969	35205	1348	3615	9651.2
1970	39925	2167	5658	9904.9
1971	75593	4362	12368	30428.4
1972	88417	4629	10437	26625.7
1973	84966	4337	9095	22141.9
1974	86614	4348	8799	27527.8
1975	82221	4818	8674	21343.0
1976	81634	5673	9865	25418.9
1977	85442	5583	8699	33519.4
1978	81667	4046	7990	22743.4
1979	88082	3696	6175	23236.2
1980	54333	3043	3710	17609.3
1981	50034	2643	3480	23130.6

续表

年份	火灾起数	死亡人数	受伤人数	直接损失（万元）
1982	41541	2249	2929	18926.3
1983	37026	2161	2741	20398.0
1984	33618	2085	2690	16086.4
1985	34996	2241	3543	28421.9
1986	38766	2691	4344	32584.4
1987	32053	2411	4009	32584.4
1988	29852	2234	3206	35424.4
1989	24154	1838	3195	49125.7
1990	58207	2172	4926	53688.6
1991	45167	2105	3771	52158.8
1992	3939	1937	3388	69025.7
1993	38073	2378	5937	111658.3
1994	39337	2765	4249	124391.0
1995	37915	2278	3838	110315.5
1996	36856	2225	3428	102908.5
1997	140280	2722	4930	154140.6
1998	142326	2389	4905	144257.3
1999	179955	2744	4572	143394.0
2000	189185	3021	4404	152217.3
2001	216784	2334	3781	140326.1
2002	258315	2393	3414	154446.4
2003	253932	2482	3087	159088.6
2004	252804	2562	2969	167357.0
2005	235941	2500	2508	136603.4
2006	231881	1720	1565	86044.0
2007	163521	1617	969	112515.8
2008	136835	1521	743	182202.5
2009	129382	1236	651	162392.4
2010	132497	1205	624	195945.2
2011	125417	1108	571	205743.4
2012	152157	1028	575	217716.3
2013	388821	2113	1637	484670.2
2014	395052	1815	1513	470234.4
2015	346701	1899	1213	435895.3
2016	323636	1591	1093	412502.2
合计	7156044	196755	345972	5656066.3

注：上表中数据均引自《中国消防年鉴（2016）》。

附录6　城市消防站抢险救援器材配备品种与数量

1. 救援器材配备分类

普通消防站的装备配备应适应扑救本辖区内常见火灾和处置一般灾害事故的需要。特勤站的装备应适应扑救特殊火灾和处置特种灾害事故的需要。因此消防站抢险救援器材可根据消防站的级别分为普通站、特勤站抢险救援器材，其中普通站抢险救援器材可以分为侦检、警戒、破拆、救生、堵漏、排烟照明及其他等类别；特勤站抢险救援器材可分为侦检、警戒、破拆、救生、堵漏、输转、洗消、照明排烟及其他等类别。

2. 各器材配备数量

根据《城市消防站建设标准》（建标152），普通站的抢险救援器材配备种类和数量不应小于附表6-1规定。特勤站抢险救援器材品种及数量配备不应低于附表6-2中的规定。抢险救援器材的技术性能应符合国家有关标准。

普通站救援抢险器材配备标准　　**附表6-1**

类别	器材名称	主要用途	性能要求	配备	备份	备注
侦查	有毒气体探测仪	探测有毒气体、有机挥发性气体等	具备自动识别、防水、防爆性能	1套	—	—
	可燃气体检测仪	可检测事故现场多种易燃易爆气体的浓度	—	1套	—	—
	消防用红外热像仪	黑暗、浓烟环境中人员搜救或火源寻找	性能符合《消防用红外热像仪》GA/T 635规定	1台	—	—
	测温仪	非接触测量无题温度，寻找隐藏火源	测温范围：－50～1000℃	1个	1个	
警戒	各类警示牌	事故现场警戒警示	具有发光或反光功能	1套	1套	
	闪光指示灯	灾害事故现场警戒警示，频闪型，管线暗时自动闪亮	—	2个	1个	
	隔离警示带	灾害事故现场警戒	具有发光或反光功能，每盘长度约250m	10盘	4盘	—
破拆	液压破拆工具组	建筑倒塌、交通事故等现场破拆作业，包括机动液压本、手动液压泵、液压剪切器、液压扩张器、液压剪扩器、液压撑顶器等	性能符合《液压破拆工具通用技术条件》GB/T 17906规定	2套	—	—
	手动破拆工具组	用于常规手动破拆	包括：铁锹、铁锤、消防斧、丁字锤、铁锤、冲击式手动破拆工具（由冲杆、拆锁器、金属切断器、凿子、钎子等部件组成）	2套	—	—

续表

类别	器材名称	主要用途	性能要求	配备	备份	备注
破拆	机动链锯	切割各类木质障碍物	—	1具	1具	—
	无齿锯	切割金属和混凝土材料	—	1具	1具	锯片按1：2备份
	多功能挠钩	事故现场小型障碍物消除，火源寻找或灾后清理	—	1套	1套	—
	绝缘剪断钳	事故现场电线电缆或其他带电体的剪切	—	2把	—	—
	液压开门器	卷帘门、金属防盗门的破拆作业	开门器最大升限≥150mm，最大挺举力≥60kN	1套	—	—
	毁锁器	防盗门及汽车锁等快速破拆，主要由特种钻头螺丝、锁芯拔除器、锁芯切断器、换向扳手、专用电钻、锁舌转动器等组成	—	1套	—	—
救生	救生缓降器	高处救人和自救	性能符合《救生缓降器》GA 413规定	3个	1个	—
	气动起重气垫	交通事故、建筑倒塌等现场救援，有方形、柱形、球形等类型，依据起重重量可划分为多种规格	—	1套	—	方形、柱形气垫每套不少于4种规格，球形气垫每套不少于2种规格
	稳固保护附件	包括各类垫块、止滑器、索链、紧固带等，与救生、破拆器材配套使用，起稳固保护作用	—	1套		
	支撑保护套具	建筑倒塌、车辆事故等现场支撑保护作业，包括手动、气动、液压等工作方式，分为重型和轻型等	—	1套		
	消防过滤自救呼吸器	事故现场被救人员呼吸防护	性能符合《消防过滤式自救呼吸器》GA 209规定	20具	10具	含滤毒罐
	多功能担架	深井、狭小空间、高空等环境下的人员救助，可水平或垂直吊运，承重不小于120kg	—	1副	—	—
	救援支架	高台、悬崖及井下等事故现场救援	金属框架，牵引滑轮最大承载≥2.5kN，绳索长度≥30m	1组	—	—
	救生抛投器	远距离抛投救生绳或救生圈	气动喷射，投射距离≥60m	1具	—	—
	救生照明线	能见度较低情况下的照片及疏散导向	具备防水、质轻、抗折、耐拉、耐压等性能，每盘长度耐高温≥100m	2盘	—	—
	医药急救箱	现场医疗急救	包含常规外伤和化学伤害急救所需的敷料、药品和器械等	1个	1个	—

续表

类别	器材名称	主要用途	性能要求	配备	备份	备注
堵漏	木制堵漏楔	乐力容器的点状、线状泄漏或裂纹泄漏的临时封堵	—	1套	—	每套不少于28种规格
	金属堵漏套管	管道孔、洞、裂缝的密封堵漏	带压情况下，可封堵泄漏介质的最大压力≥1.6MPa	1套	—	每套不少于9种规格
	注入式堵漏丁具	阀门或法兰盘堵漏作业	无火花材料，配有手动液压泵，泵缸压力≥74MPa	1组	—	含注入式堵漏胶1箱
	磁压式堵漏工具	各种罐体和管道表面点状、线状泄漏的堵漏作业	—	*	—	—
	无火花工具	易燃易爆事故现场手动作业	—	1套	—	配备不低于11种规格
排烟照明	移动式排烟机	灾害现场排烟和送风，有电动、机动、水力驱动等几种		1台	—	
	移动照明灯组	灾害现场的作业照明，由多个灯头组成，具有升降功能，发电机可选配		2套	—	
	移动发电机	灾害现场供电	功率≥5kW	1台	—	若移动照明灯组已自带发电机，则可视情不配
其他	水幕水带	阻挡稀释易燃易爆和有毒气体或液体蒸气		100m		
	空气充填泵	气瓶内填充空气	町同时充填两个气瓶，充气量≥600L/min	1套		
	多功能消防水枪	用于火灾扑救、冷却保护、场地洗消和移动送风排烟	具有直流喷雾无级转换、流量可调、防扭结等功能	10支	5支	又名导流式直流喷雾水枪
	直流水枪	火灾扑救，具有直流射水功能		6支	3支	
	灭火救援指挥箱	为指挥员提供辅助决策，内含灭火救援指挥终端、指挥图板、望远镜等		*		
	刺穿式破拆水枪	用于汽车、机舱、吊顶、堆垛、封闭式空间等的穿透喷射灭火	—	1支		
	转角水枪	用于外墙、烟囱、墙角等拐弯处的喷射灭火		2支		

续表

类别	器材名称	主要用途	性能要求	配备	备份	备注
其他	中压分水器	用于中压消防车火场供水		2个	—	
	异型异径接口	用于火灾现场不同形式、直径接口之间的转换连接	—	2组	—	
	消防移动储水装置	现场的中转供水及缺水地区的临时储水	—	1个	—	水源缺乏地区可增加配备数量
	消防水带带压堵漏装置	用于火场供水水带泄漏情况下的带压快速封堵	—	2套	—	—
	人员转移椅	经由楼梯、平地等转移失去行动能力的人员	—	*	—	—
	移车器	小范闱内手动转移车辆	—	4只	—	—
	消防用小型飞行器	用于火灾或其他灾害事故现场的空中侦察、通信中继、广播警报以及少量物资的投掷等		*	—	非防爆型不得用于易燃易爆场所
	单兵图像传输设备	基于公网的音视频信号传输设备	—	1套		—
	消防员单兵图侦系统	可对事故现场室内环境下的音视频信号进行实时采集与远程传输及双向语音传输	应同时具备红外图像和可见光图像采集、回传及语音双向传输功能，可接人公用网络，具备无线自组网功能	*	—	—

注：“*”表示装备由各地根据实际需要进行选配，“—”表示不做要求。

特勤站救援抢险器材配备标准 附表6-2

类别	器材名称	主要用途	性能要求	配备	备份	备注
救援抢险器材	有毒气体探测仪	探测有毒气体、有机挥发性气体等	具备自动识别、防水、防爆性能	2套	—	—
	军事毒剂侦检仪	侦检沙林、芥子气、路易氏气、氢氰酸等化学战剂	—	*	—	—
	可燃气体检测仪	检测事故现场多种易燃易爆气体的浓度	具备防水和快速感应性能	2套	—	—
	水质分析仪	定性分析水中的化学物质	—	*	—	—
	电子气象仪	检测事故现场风向、风速、温度、湿度、气压等气象参数	具备防水和防爆性能	1套	—	—
	无线复合气体探测仪	实时检测现场的有毒有害气体浓度	终端设置多个可更换的气体传感器探头，并将数据通过无线网络传输至主机，具有声光报警和防水、防爆功能	1个	—	—

续表

类别	器材名称	主要用途	性能要求	配备	备份	备注
救援抢险器材	生命探测仪	搜索和定位地震及建筑倒塌等现场的被困人员，有音频、视频、雷达等几种		2套		
	消防用红外热像仪	黑暗、浓烟环境中人员搜救或火源寻找，有手持式和头盔式两种	性能符合《消防用红外热像仪》GA/T 635要求	2台		
	漏电探测仪	确定泄漏电源位置，具有声光报警功能		1个		
	核放射探测仪	快速寻找并确定射线污染源的位置		*		
	个人辐射剂量仪	监测X射线和γ射线对人体照射的剂量当量率和剂量当量				
	电子酸碱测试仪	测试液体的酸碱度		1套		
	测温仪	非接触测量物体温度，寻找隐藏火源	测温范围：−50～1000℃	2个		
	移动式生物快速侦检仪	快速检测、识别常见的病毒和细菌	可在30mm之内提供检测结果	*		
	激光测距仪	快速准确测量各种距离参数		1个		
	便携危险化学品检测片	通过检测片的颜色变化探测有毒化学气体或蒸汽。检测片种类包括：强酸、强碱、氯、硫化氢、碘、光气、磷化氢、二氧化硫等	—	*		
警戒	警戒标志杆	灾害事故现场警戒	有发光或反光功能	10根		—
	锥形事故标志柱	灾害事故现场道路警戒	—	10根	—	—
	隔离警示带	灾害事故现场警戒	具有发光或反光功能，每盘长度约250m	20盘	—	—
	出入口标志牌	灾害事故现场出入口标识	图案、文字、边框均为反光材料，与标志杆配套使用	2组	—	—
	危险警示牌	灾害事故现场警戒警示。分为有毒、易燃、泄漏、爆炸、危险等五种标志	图案为发光或反光材料，与标志杆配套使用	1套	—	
	闪光警示灯	灾害事故现场警戒警示	频闪型，光线暗时自动闪亮	5个	—	—
	手持扩音器	灾害事故现场指挥	功率＞20W，声强≥100dB（1m内）	2个	—	—

续表

类别	器材名称	主要用途	性能要求	配备	备份	备注
破拆	手动破拆工具组	用于常规手动破拆	包括：铁锹、铁铤、消防斧、丁字镐、铁锤、冲击式手动破拆工具（由冲杆、拆锁器、金属切断器、凿子、钎子等部件组成）	2套	—	—
	液压破拆工具组	建筑倒塌、交通事故等现场剪切、扩张、撑顶作业，动力源分为机动、电动和手动为机动、电动和手动	包括机动液压，泵、手动液托泵、液压剪切器、液压扩张器、液压剪扩器、液压撑顶器、液压万向剪切钳等，性能符合现行国家标准《液压破拆工具通用技术条件》GB/T 17906的规定	3套		应保证重型或中型2套，轻型1套
	双轮异向切割锯	双锯片异向转动，能快速切割硬度较高的金属薄片、塑料、电缆等缆等		*	—	
	机动链锯	切割各类木质障碍物		1具	1具	
	无齿锯	切割金属和混凝土材料		1具	1具	锯片按1∶4备份
	气动切割刀	切割车辆外壳、防盗门等薄壁金属及玻璃等，配有不同规格切割刀片		*	—	
	冲击钻	灾害现场破拆作业，冲击速率可调	—	*	—	—
	凿岩机	混凝土结构破拆	—	*	—	—
	玻璃破碎器	切割窗玻璃、玻璃幕墙的手动破拆，也可对砖瓦、薄型金属进行破碎		1台	—	
	手持式钢筋速断器	剪切作业	直径20mm以下钢筋快速切断。一次充电可连续切断直径16mm的钢筋≥70根	*		
	多功能刀具	救援作业	由刀、钳、剪、银等组成的组合式刀具	5套	—	—
	混凝土液压破拆工具组	建筑倒塌灾害事故现场破拆作业	由液压机动泵、金刚石链锶、圆盘锯、破碎镐等组成，具有切、割、破碎等功能	1套	—	—
	液压千斤顶	交通事故、建筑倒塌现场的重载荷撑顶救援	最大起重重量≥20t	*	—	
	便携式汽油金属切割器	金属障碍物破拆	由碳纤维氧气瓶、稳压储油罐等组成，汽油为燃料	*	—	—

续表

类别	器材名称	主要用途	性能要求	配备	备份	备注
破拆	液压开门器	卷帘门、金属防盗门的破拆作业	最大升限≥150mm，最大挺举力≥60kN	1套	—	—
	毁锁器	防盗门及汽车锁等快速破拆	主要由特种钻头螺丝、锁芯拔除器、锁芯切断器、换向扳手、专用电钻、锁舌转动器等组成	1套		
	多功能挠钩	事故现场小型障碍清除，火源寻找或灾后清理		2套		
	绝缘剪断钳	事故现场电线电缆或其他带电体的剪切		2把		
	应急救援金刚石串珠绳锯	用于大型建筑物构件、汽车车体、动车车体的破拆	不加水切割、可拆开运输、单件重量≤180kg	*		串珠绳按1:2备份
	金属弧水陆切割器	用于水下切割破拆以及钢铁、混凝土和高铁、动车、地铁列车的车体及窗户玻璃等特殊对象的切割破拆		*		
救生	躯体固定气囊	固定受伤人员躯体，保护骨折部位免受伤害	全身式，负压原理快速定型，牢固、轻便	2套		
	肢体固定气囊	固定受伤人员肢体，保护骨折部位免受伤害	分体式，负压原理快速定型，牢固、轻便	2套	—	
	婴儿呼吸袋	提供呼吸保护，救助婴儿脱离灾害事故现场	全密闭式，与全防型过滤罐配合使用，电驱动送风	*	—	
	消防过滤式自救呼吸器	事故现场被救人员呼吸防护	性能符合《消防过滤式自救呼吸器》GA 209规定	20具	10具	含滤毒罐
	救生照明线	能见度较低情况下的照明及疏散导向	具备防水、质轻、抗折、耐拉、耐压、耐高温等性能。每盘长度≥100m	2盘	—	—
	折叠式担架	运送事故现场受伤人员	可折叠，承重≥120kg	2副	1副	—
	伤员固定抬板	运送事故现场受伤人员	与头部固定器、颈托等配合使用，避免伤员颈椎、胸椎及腰椎再次受伤。担架周边有提手口，可供三人以上同时提、扛、抬，水中不下沉，承重≥250kg	3块	—	
	多功能担架	深井、狭小空间、高空等环境下的人员救助	可水平或垂直吊运，承重≥120kg	2副	—	—
	消防救生气垫	救助高处被困人员	性能符合《消防救生气垫》GA 631规定	1套	—	—

续表

类别	器材名称	主要用途	性能要求	配备	备份	备注
救生	救生缓降器	高处救人和自救	性能符合《救生缓降器》GA 413 规定	3 个	1 个	
	灭火毯	火场救生和重要物品保护	耐燃氧化纤维材料。防火布夹层织制，900℃火焰中不熔滴、不燃烧	*		
	医药急救箱	现场医疗急救	包含常规外伤和化学伤害急救所需的敷料、药品和器械	1 个	1 个	
	医用简易呼吸器	辅助人员呼吸	包括氧气瓶、供气面罩、人工肺等	*		
	气动起重气垫	交通事故、建筑倒塌等现场救援	有方形、柱形、球形等类型，依据起重重量，可划分为多种规格	2 套		方形、柱形气垫每套不少于 4 种规格。球形气垫每套不少于 2 种规格
	救援支架	高台、悬崖及井下等事故现场救援	金属框架，牵引滑轮最大承载≥2.5kN，绳索长度≥30m	1 组		
	救生抛投器	远距离抛投救生绳或救生圈	气动喷射，投射距离≥60m	1 套	—	
	机动橡皮舟	水域救援	双尾锥充气船体，材料防老化、防紫外线。船底部有充气舷梁，铝合金拼装中板，具有排水阀门，发动机功率>18kW，最大承载能力>500kg	*	—	
	敛尸袋	包裹遇难人员尸体		20 个		—
	救生软梯	被困人员营救	长度≥15m，荷载≥1000kg	2 具	—	—
	自喷荧光漆	标记救人位置、搜索范围、集结区域等	—	20 罐	—	—
	电源逆变器	电源转换	可将直流电转化为 220V 交流电	1 台		功率应与实战需求相匹配
	支撑保护套具	建筑倒塌、车辆事故等现场支撑保护作业，包括手动、气动、液压等工作方式，分为重型、轻型等		2 套	—	—
	稳固保护附件	包括：各类垫块、止滑器、索链、紧固带等，与救生、破拆器材配套使用，起稳固保护作用	—	2 套	—	
	人员转移椅	经由楼梯、平地等转移失去行动能力的人员			—	—

续表

类别	器材名称	主要用途	性能要求	配备	备份	备注
堵漏	外封式堵漏袋	管道、容器、油罐车或油桶与油罐罐体外部的堵漏作业	带压情况下，可封堵泄漏介质的最大压力≥0.15MPa	1套		每套不少于2种规格
	捆绑式堵漏袋	管道、容器、油罐车或油槽车、油桶与储罐罐体外部的堵漏作业	带压情况下，可封堵泄漏介质的最大压力≥0.15MPa	1套		每套不少于2种规格
	下水道阻流袋	阻止有害液体流入城市排水系统，材质具有防酸碱性能		2个		
	金属堵漏套管	管道孔、洞、裂缝的密封堵漏	带压情况下，可封堵泄漏介质的最大压力≥1.6MPa	1套		每套不少于9种规格
	堵漏枪	密封油罐车、液罐车及储罐裂缝	带压情况下，可封堵泄漏介质的最大压力≥0.15MPa	*		每套不少于4种规格
	阀门堵漏套具	阀门泄漏堵漏作业		*	—	
	注入式堵漏工具	阀门或法兰盘堵漏作业	无火花材料，配有手动液压泵，泵缸压力≥74MPa	1组		含注入式堵漏胶1箱
	磁压式堵漏工具	各种罐体和管道表面点状、线状泄漏的堵漏作业		1组		
	木制堵漏楔	压力容器的点状、线状泄漏或裂纹泄漏的临时封堵		2套	1套	每套不少于28种规格
	气动吸盘式堵漏器	封堵不规则孔洞	气动、负压式吸盘，可输转作业	*	—	—
	无火花工具	易燃易爆事故现场的手动作业	—	2套	—	配备不低于11种规格
转输	手动隔膜抽吸泵	输转有毒、有害液体	手动驱动，输转流量≥3t/h，最大吸入颗粒粒径10mm，具有防爆性能	1台		
	防爆输转泵	吸附、输转各种液体	一般排液量6t/h，最大吸入颗粒粒径5mm，有防爆性能	1台	—	—
	黏稠液体抽吸泵	快速抽取有毒有害及黏稠液体	具有防爆性能	1台	—	
	排污泵	吸排污水	—	*	—	—
	有毒物质密封桶	装载有毒有害物质	防酸碱，耐高温	3个	—	
	围油栏	防止油类及污水蔓延	材质防腐，充气、充水两用型，可在陆地或水面使用	1组	—	—
	吸附垫	吸附泄漏液体	—	2箱	1箱	—
	集污袋	暂存酸、碱及油类液体	材料耐酸碱	2只	—	

续表

类别	器材名称	主要用途	性能要求	配备	备份	备注
洗消	公众洗消站	对从有毒物质污染环境中撤离人员及装备器材进行喷淋洗消。也可以做临时会议室、指挥部、紧急救护场所等	帐篷展开面积＞ 30m²，配有电动充、排气泵，洗消供水泵，洗消排污泵．洗消水加热器，暖风发生器，温控仪，洗消喷淋器，洗消液均混罐，洗消喷枪、移动式高压洗消粟（含喷枪），洗消废水回收袋等	1套		
	单人洗消帐篷	人员及装备洗消	配有充气、喷淋、照明等辅助装备	1套		
	简易洗消喷淋器	快速洗消装置	设置有多个喷嘴，配有不易破损软管支脚，遇压呈刚性	1套		
	强酸、碱洗消器	化学砧污染后的身体洗消及装备洗消		1具		
	强酸、碱清洗剂	化学品污染后的身体局部洗消及器材洗消		1000mL		
	生化洗消装置	生化有毒物质洗消		*		
	三合一强氧化洗消粉	与水溶解后吋对酸、碱物质进行表面洗消		500g		
	三合二洗消剂	对地面、装备进行洗消，不能对精密仪器、电子设备及不耐腐蚀的物体表面洗消	—	1kg	—	
	有机磷降解酶	对被有机磷、有机氯和硫化物污染的人员、服装、装备以及土壤、水源进行洗消降毒，尤其适用于农药泄漏事故现场的洗消	无毒、无腐蚀、无刺激，降解后产物无毒害，无二次污染	2kg		
	消毒粉	用于皮肤、服装、装备的局部消毒，吸附各种液态化学品	无腐蚀性	1kg	—	
照明、排烟	移动式排烟机	灾害现场排烟和送风，有电动、机动、水力驱动等几种	—	2台	—	—
	坑道小型空气输送机	狭小空间排气送风	可快速实现正负压模式转换，有配套风管	1台		—
	移动照明灯组	灾害现场的作业照明	由多个灯头组成，具有升降功能，发电机可选配	1套	—	
	移动发电机	灾害现场供电	功率≥5kW	2台		若移动照明灯组已自带发电机，则可视情不配

续表

类别	器材名称	主要用途	性能要求	配备	备份	备注
照明、排烟	消防排烟机器人	地铁、隧道及石化装置火灾事故现场排烟、冷却		*		
	大型水力排烟机	火灾事故现场排烟、冷却	最大排烟量≥60000m³/h	2台		
其他	大流量移动消防炮	扑救大型油罐、船舶、石化装置等火灾	流量≥80L/s，射程≥80m	2门	2门	
	空气充填泵	向气瓶内填充空气	可同时充填两个气瓶，充气M≥300L/min	1台		
	防化服清洗烘干器	清洗、烘干防化服	最高温度40℃，压力为21kPa	1组		
	折叠式救援梯	登高作业	伸展后长度≥3m，额定承载≥450kg	1具		
	水幕水带	阻挡稀释易燃易爆和有毒气体或液体蒸气	—	100m		
	消防灭火机器人	高温、浓烟、强热辐射、爆炸等危险场所的灭火作业	—	1台	—	—
	高倍数泡沫发生器	灾害现场喷射高倍数泡沫		1个		
	消防移动储水装置	现场的中转供水及缺水地区的临时储水	—	1个	—	水源缺乏地区可增加配备数量
	多功能消防水枪	火灾扑救，具有直流喷雾无级转换、流量可调、防扭结等功能	—	10支	5支	又名导流式直流喷雾水枪
	直流水枪	火灾扑救，具有直流射水功能	—	10支	5支	—
	移动式细水雾灭火装置	灾害现场灭火或洗消	—	*	—	
	消防面罩超声波清洗机	空气呼吸器面罩清洗		1台	—	—
	灭火救援指挥箱	为指挥员提供辅助决策，内含灭火救援指挥终端、指挥图板、望远镜等	—	1套	—	
	单兵图像传输设备	基于公网的音视频信号传输设备		1套	—	—
	消防员单兵图侦系统	可对事故现场室内环境下的音视频信号进行实时采集与远程传输及双向语音传输	应同时具备红外阁像和可见光图像采集、回传及语音双向传输功能，可接入公用网络，具备无线自组网功能	*		

续表

类别	器材名称	主要用途	性能要求	配备	备份	备注
其他	消防用浅水域水下搜救机器人	用于江河湖及沿海临岸区域等潜水域的水下安检，以及溺水人员、落水车辆、沉船等的快速搜4定位	最大潜水深度≥100m。最大前进速度≥2节，配备水下摄像机、成像声呐、定位声呐、机械手	*		
	防爆型消防侦查机器人	用于化学事故现场的视频采集及危险气体、液体的侦察与检测	防爆型，具备常见易燃易爆气体和5种以上有毒气体的快速检测功能；具备实时数据无线传输功能和无线遥控行定功能，符合《消防机器人　第1部分：通用技术条件》GA 892.1	*		
	中压分水器	与中压消防车供水配套使用		2个		
	异型异径接口	用于火灾现场不同形式、直径接口之间的转换连接		2组		
	消防水带带压堵漏装置	用于火场供水水带泄漏情况下的带压快速封堵		2套	—	
	大流量远程供水系统	用于石化等大型火灾现场的远程、大流供水，包含供水模块、增压模块、大口径水带释放收卷系统、专用分集水器等	供水流量≥200L/s	*	—	
	移车器	小范围内手动转移车辆	—	4只	—	—
	消防用小型飞行器	用于火灾或其他灾害事故现场的空中侦察、通信中继、广播警报以及少量物资的投掷等		*		非防爆型不得用于易燃易爆场所

注：“*”表示装备由各地根据实际需要进行选配，“—”表示不做要求。

附录 7　城市消防站消防人员基本防护和特种防护装备配备品种与数量

1. 救援器材配备分类

消防员个人防护装备是指消防员在消防救援作业或训练中用于保护自身安全的基本防护装备和特种防护装备。消防员个人防护装备按照防护功能分为消防员躯体防护类装备、呼吸保护类装备和随身携带类装备等三类。

2. 各器材配备数量

消防员个人防护装备按照防护功能分为消防员躯体防护类装备、呼吸保护类装备和随身携带类装备等三类。根据《消防员个人防护装备配备标准》GA 621，防护装备的技术性能应符合国家有关标准，消防员各类防护装备配备情况如附表 7-1～附表 7-3 所示。

消防员躯体防护类装备配备表　　附表 7-1

序号	名称	主要用途及性能	一级普通消防站		二级普通消防站		特勤消防站		备　注
			配备	备份比	配备	备份比	配备	备份比	
1	消防头盔	用于头部、面部及颈部的安全防护技术性能符合《消防头盔》GA 44 的要求	2 顶/人	4∶1	2 顶/人	4∶1	2 顶/人	2∶1	
2	消防员灭火防护服	用于灭火救援时身体防护。技术性能符合《消防员灭火防护服》GA 10 的要求	2 套/人	1∶1	2 套/人	1∶1	2 套/人	1∶1	
3	消防手套	用于手部及腕部防护。技术性能不低于《消防手套》GA 7 中 1 类消防手套的要求	4 副/人	1∶1	4 副/人	1∶1	4 副/人	1∶1	可根据需要选择配备 2 类或 3 类消防手套
4	消防安全腰带	登高作业和逃生自救。技术性能符合《消防用防坠装备》GA 494 的要求	1 根/人	4∶1	1 根/人	4∶1	1 根/人	4∶1	
5	消防员灭火防护靴	用于小腿部和足部防护。技术性能符合《消防员灭火防护靴》GA 6 的要求	2 双/人	1∶1	2 双/人	1∶1	2 双/人	1∶1	
6	消防员隔热防护服	强热辐射场所的全身防护。技术性能符合《消防员隔热防护服》GA 634 的要求	4 套/班	4∶1	4 套/班	4∶1	4 套/班	2∶1	优先配备带有空气呼吸器背囊的消防员隔热防护服

续表

序号	名称	主要用途及性能	一级普通消防站		二级普通消防站		特勤消防站		备注
			配备	备份比	配备	备份比	配备	备份比	
7	消防员避火防护服	进入火焰区域短时间灭火或关阀作业时的全身防护	2套/站	—	2套/站	—	3套/站	—	
8	二级化学防护服	化学灾害现场处置挥发性化学固体、液体时的躯体防护。 技术性能符合《消防员化学防护服装》GA770的要求	6套/站	—	4套/站	—	1套/人	4∶1	原名消防防化服或消防员普通化学防护服。 应配备相应的训练用服装
9	一级化学防护服	化学灾害现场处置高浓度、强渗透性气体时的全身防护。具有气密性，对强酸强碱的防护时间不低于1h。技术性能应符合《消防员化学防护服装》GA770的要求	2套/站	—	2套/站	—	6套/站	—	原名重型防化服或全密封消防员化学防护服。 应配备相应的训练用服装
10	特级化学防护服	化学灾害现场或生化恐怖袭击现场处置生化毒剂时的全身防护。具有气密性，对军用芥子气、沙林、强酸强碱和工业苯的防护时间不低于1h	△	—	△	—	2套/站	—	可替代一级化学防护服使用。 应配备相应的训练用服装
11	核沾染防护服	处置核事故时，防止放射性沾染伤害	△	—	△	—	△	—	原名防核防化服。距离核设施及相关研究、使用单位较近的消防站宜优先配备
12	防蜂服	防蜂类等昆虫侵袭的专用防护	△	—	△	—	2套/站	—	有任务需要的普通消防站配备数量不宜低于2套/站
13	防爆服	爆炸场所排爆作业的专用防护	△	—	△	—	△	—	承担防爆任务的消防站配备数量不宜低于2套/站
14	电绝缘装具	高电压场所作业时全身防护。 技术性能符合《带电作业用屏蔽服装》GB/T 6568的要求	2套/站	—	2套/站	—	3套/站	—	
15	防静电服	可燃气体、粉尘、蒸汽等易燃易爆场所作业时的全身外层防护。 技术性能符合《防静电服》GB 12014的要求	6套/站	—	4套/站	—	12套/站	—	

续表

序号	名称	主要用途及性能	一级普通消防站		二级普通消防站		特勤消防站		备注
			配备	备份比	配备	备份比	配备	备份比	
16	内置纯棉手套	应急救援时的手部内层防护	6副/站	—	4副/站	—	12副/站	—	
17	消防员灭火防护头套	灭火救援时头面部和颈部防护。技术性能符合《消防员灭火防护头套》GA 869的要求	2个/人	4∶1	2个/人	4∶1	2个/人	4∶1	原名阻燃头套
18	防静电内衣	可燃气体、粉尘、蒸汽等易燃易爆场所作业时躯体内层防护	2套/人	—	2套/人	—	3套/人	—	
19	消防阻燃毛衣	冬季或低温场所作业时的内层防护	△	—	△	—	1件/人	4∶1	
20	防高温手套	高温作业时的手部和腕部防护	4副/站	—	4副/站	—	6副/站	—	
21	防化手套	化学灾害事故现场作业时的手部和腕部防护	4副/站	—	4副/站	—	6副/站	—	
22	消防护目镜	抢险救援时眼部防护	1个/人	4∶1	1个/人	4∶1	1个/人	4∶1	
23	抢险救援头盔	抢险救援时头部防护。技术性能符合《消防员抢险救援防护服装》GA 633的要求	1顶/人	4∶1	1顶/人	4∶1	1顶/人	4∶1	
24	抢险救援手套	抢险救援时手部防护。技术性能符合《消防员抢险救援防护服装》GA 633的要求	2副/人	4∶1	2副/人	4∶1	2副/人	4∶1	
25	抢险救援服	抢险救援时身体防护。技术性能符合《消防员抢险救援防护服装》GA 633的要求	2套/人	4∶1	2套/人	4∶1	2套/人	4∶1	
26	抢险救援靴	抢险救援时小腿部及足部防护。技术性能符合《消防员抢险救援防护服装》GA 633的要求	2双/人	4∶1	2双/人	4∶1	2双/人	2∶1	
27	潜水装具	水下救援作业时的专用防护	△	—	△	—	4套/站	—	承担水域救援任务的普通消防站配备数量不宜低于4套/站

续表

序号	名称	主要用途及性能	一级普通消防站		二级普通消防站		特勤消防站		备　注
			配备	备份比	配备	备份比	配备	备份比	
28	消防专用救生衣	水上救援作业时的专用防护。具有两种复合浮力配置方式，常态时浮力能保证单人作业，救人时最大浮力可同时承载两个成年人，浮力大于等于 140 kg	△	—	△	—	1 件/2 人	2∶1	
29	消防员降温背心	降低体温防止中暑。使用时间不应低于 2h	4 件/站	—	4 件/站	—	4 件/班	—	

注："△"表示可选配；"—"表示可无要求。

消防员呼吸保护类装备配备表　　**附表 7-2**

序号	名称	主要用途及性能	一级普通消防站		二级普通消防站		特勤消防站		备　注
			配备	备份比	配备	备份比	配备	备份比	
1	正压式消防空气呼吸器	缺氧或有毒现场作业时的呼吸防护。技术性能符合《正压式消防空气呼吸器》GA 124 的要求	1 具/人	5∶1	1 具/人	5∶1	1 具/人	4∶1	可根据需要选择配备 6.8L、9L 或双 6.8L 气瓶，并选配他救接口。备用气瓶按照正压式空气呼吸器总量 1∶1 备份
2	移动供气源	狭小空间和长时间作业时呼吸保护	1 套/站	—	1 套/站	—	2 套/站	—	
3	正压式消防氧气呼吸器	高原、地下、隧道以及高层建筑等场所长时间作业时的呼吸保护。技术性能符合《正压式消防氧气呼吸器》GA 632 的要求	△	—	△	—	4 具/站	2∶1	承担高层、地铁、隧道或在高原地区承担灭火救援任务的普通消防站配备数量不宜低于 2 具/站
4	强制送风呼吸器	开放空间有毒环境中作业时呼吸保护	△	—	△	—	2 套/站	—	
5	消防过滤式综合防毒面具	开放空间有毒环境中作业时呼吸保护	△	—	△	—	1 套/2 人	4∶1	滤毒罐按照消防过滤式综合防毒面具总量 1∶2 备份

注："△"表示可选配；"—"表示可无要求。

消防员随身携带类装备配备表

附表 7-3

序号	名称	主要用途及性能	一级普通消防站		二级普通消防站		特勤消防站		备注
			配备	备份比	配备	备份比	配备	备份比	
1	佩戴式防爆照明灯	消防员单人作业照明	1个/人	5∶1	1个/人	5∶1	1个/人	5∶1	
2	消防员呼救器	呼救报警。 技术性能符合《消防员呼救器》GB 27900 的要求	1个/人	4∶1	1个/人	4∶1	1个/人	4∶1	配备具有方位灯功能的消防员呼救器，可不配方位灯
3	方位灯	消防员在黑暗或浓烟等环境中的位置标识	1个/人	5∶1	1个/人	5∶1	1个/人	5∶1	
4	消防轻型安全绳	消防员自救和逃生。 技术性能符合《消防用防坠装备》GA 494 的要求	1根/人	4∶1	1根/人	4∶1	1根/人	4∶1	
5	消防腰斧	灭火救援时手动破拆非带电障碍物。 技术性能符合《消防腰斧》GA 630 的要求	1把/人	5∶1	1把/人	5∶1	1把/人	5∶1	优先配备多功能消防腰斧
6	消防通用安全绳	消防员救援作业。 技术性能符合《消防用防坠装备》GA 494 要求	2根/班	2∶1	4套/班	2∶1	4套/班	2∶1	
7	消防Ⅰ类安全吊带	消防员逃生和自救。技术性能符合《消防用防坠装备》GA 494 的要求	△	—	△	—	4根/班	2∶1	
8	消防Ⅱ类安全吊带	消防员救援作业。 技术性能符合《消防用防坠装备》GA 494 的要求	2根/班	2∶1	2根/班	2∶1	4根/班	2∶1	可根据需要选择配备消防Ⅱ类安全吊带和消防Ⅲ类安全吊带中的一种或两种
9	消防Ⅲ类安全吊带	消防员救援作业。 技术性能符合《消防用防坠装备》GA 494 的要求	2根/班	2∶1	2根/班	2∶1	4根/班	2∶1	
10	消防防坠落辅助部件	与安全绳和安全吊带、安全腰带配套使用的承载部件。包括：8字环、D形钩、安全钩、上升器、下降器、抓绳器、便携式固定装置和滑轮装置等部件。技术性能符合《消防用防坠装备》GA 494 的要求	2套/班	3∶1	2套/班	3∶1	2套/班	3∶1	可根据需要选择配备轻型或通用型消防防坠落辅助部件

续表

序号	名称	主要用途及性能	一级普通消防站		二级普通消防站		特勤消防站		备 注
			配备	备份比	配备	备份比	配备	备份比	
11	手提式强光照明灯	灭火救援现场作业时的照明。具有防爆性能	3具/班	2∶1	3具/班	2∶1	3具/班	2∶1	
12	消防用荧光棒	黑暗或烟雾环境中一次性照明和标识使用	4根/人	—	4根/人	—	4根/人	—	
13	消防员呼救器后场接收装置	接收火场消防员呼救器的无线报警信号，可声光报警。至少能够同时接收8个呼救器的无线报警信号	△	—	△	—	△	—	若配备具有无线报警功能的消防员呼救器，则每站至少应配备1套
14	头骨振动式通信装置	消防员间以及与指挥员间的无线通信，距离不应低于1000m，可配信号中继器	4个/站	—	4个/站	—	8个/站	—	
15	防爆手持电台	消防员间以及与指挥员间的无线通信，距离不应低于1000m	4个/站	—	4个/站	—	8个/站	—	
16	消防员单兵定位装置	实时标定和传输消防员在灾害现场的位置和运动轨迹	△	—	△	—	△	—	每套消防员单兵定位装置至少包含一个主机和多个终端

注：“△”表示可选配；“—”表示可无要求。

附录 8　城市消防工程规划图例（参考）

彩色/图例	实体类型	图例说明	所在层名	颜色	线宽	总图线型（比例）	分图线型（比例）	备注
	BLOCK	现状消防指挥中心	现状消防指挥中心	5	—	continous	—	1. 应注明各设施的名称、占地面积； 2. 各设施说明字体颜色宜与各图例一致，字体宜为宋体，字高：0.002/图纸比例； 3. 圆半径：0.004/图纸比例； 4. 正方形边长：0.005/图纸比例
	BLOCK	规划消防指挥中心	规划消防指挥中心	1	—	continous	—	
	BLOCK	现状一级普通消防站	现状一级普通消防站	5	—	continous	—	
	BLOCK	规划一级普通消防站	规划一级普通消防站	1	—	continous	—	
	BLOCK	现状二级普通消防站	现状二级普通消防站	5	—	continous	—	
	BLOCK	规划二级普通消防站	规划二级普通消防站	1	—	continous	—	
	BLOCK	现状特勤消防站	现状特勤消防站	5	—	continous	—	
	BLOCK	规划特勤消防站	规划特勤消防站	1	—	continous	—	
	BLOCK	现状战勤保障消防站	现状战勤保障消防站	5	—	continous	—	
	BLOCK	规划战勤保障消防站	规划战勤保障消防站	1	—	continous	—	
	BLOCK	现状水上消防站	现状水上消防站	5	—	continous	—	1. 应注明各设施的名称、占地面积； 2. 各设施说明字体颜色宜与各图例一致，字体宜为宋体，字高：0.002/图纸比例； 3. 圆半径：0.004/图纸比例； 4. 正方形边长：0.005/图纸比例
	BLOCK	规划水上消防站	规划水上消防站	1	—	continous	—	
	BLOCK	现状航空消防站	现状航空消防站	5	—	continous	—	

续表

彩色/图例	实体类型	图例说明	所在层名	颜色	线宽	总图线型（比例）	分图线型（比例）	备注
	BLOCK	规划航空消防站	规划航空消防站	1	—	continous	—	1. 应注明各设施的名称、占地面积； 2. 各设施说明字体颜色宜与各图例一致，字体宜为宋体，字高：0.002/图纸比例； 3. 圆半径：0.004/图纸比例； 4. 正方形边长：0.005/图纸比例
	BLOCK	现状消防直升机起降点	现状消防直升机起降	5	—	continous	—	
	BLOCK	规划消防直升机起降点	规划消防直升机起降	1	—	continous	—	
	BLOCK	现状消防训练基地	现状消防训练基地	5	—	continous	—	
	BLOCK	规划消防训练基地	规划消防训练基地	1	—	continous	—	
	BLOCK	现状消防取水点	现状消防取水点	5	—	continous	—	
	BLOCK	规划消防取水点	规划消防取水点	1	—	continous	—	
	BLOCK	现状室外消火栓	现状室外消火栓	5	—	continous	—	圆半径：0.0015/图纸比例
	BLOCK	规划室外消火栓	规划室外消火栓	1	—	continous		填充：SOLID；圆半径：0.0015/图纸比例
	PLINE	现状消防车通道	现状消防车通道	5	0.001/图纸比例	divide2/0.004/图纸比例	divide2/0.008/图纸比例	
	PLINE	规划消防车通道	规划消防车通道	1	0.001/图纸比例	divide2/0.004/图纸比例	divide2/0.008/图纸比例	
	PLINE	消防站责任区界线	消防站责任区界线	31	0.0005/图纸比例	phantom/0.0005/图纸比例	phantom/0.00025/图纸比例	

附录 9 城市消防工程规划编制费用计算标准参考

1. 城市消防工程总体规划编制费用计算标准参考

在国内现行计费标准中，主要有两种计费依据：一种是依据规划人口规模进行计算，主要代表为中国城市规划协会于 2017 年 12 月修订的《城市规划设计计费指导意见》；另一种是依据规划面积进行计算，主要代表为广东省城市规划协会规划设计分会于 2003 年 10 月发布的《广东省城市规划收费标准的建议（行业指导价）》。下面分别列举如下：

（1）《城市规划设计计费指导意见》

该意见 2004 年 6 月正式发布，于 2017 年 12 月完成修订。根据《城市规划设计计费指导意见》(2017 修订版)，城市综合防灾专项规划包含抗震防灾、防洪防涝、消防、人防、气象灾害防御等五大类综合性专项规划，以及重大危险源布局规划、应急避难场所规划等若干单项类专项规划。

城市消防工程规划属于城市综合防灾专项规划中的综合性专项规划，费用计算按总体规划的 30%收取。计费基价按照城市规模如附表 9-1 所示。

城市综合防灾专项规划（综合类）计费标准　　附表 9-1

序号	城市规模（万人）		基价（万元）	总体规划参考收费单价（万元/万人）
1	小城市	50 以下	40	6
2	中等城市	50～100	75	5
3	大城市	100～500	120	4
4	特大城市	500～1000	450	3
5	超大城市	1000 以上	协商	协商

注：如编制城市综合防灾专项规划，在该计费单项的基础上乘以 1.5 的系数。

（2）《广东省城市规划收费标准的建议（行业指导价）》(2003 版)，参见附表 9-2。

城市消防、防洪系统规划收费一览表　　附表 9-2

序号	规划面积（km^2）	消防规划收费（万元）	防洪规划收费（万元）
1	≤20	28	20
2	50	55	35
3	100	90	50
4	＞100	以 0.6 万元/km^2 递增	以 0.4 万元/km^2 递增

注：规划规模在表列数字之间的收费额，按内插法确定。

2. 城市消防工程详细规划编制费用计算标准参考

国内现尚无城市消防详细规划编制费用计算标准，结合城市消防工程详细规划工作深度和规划范围，可考虑在上述城市消防工程总体规划计费基础上采用工作深度系数法，计取编制费用。

根据最新的《城市规划设计计费指导意见》（2017 修订版），控制性详细规划计费单价是分区规划计费单价 8.33 倍（新区）和 10 倍（旧城区），城市消防工程详细规划工作深度至少要达到控制性详细规划深度，结合市场价格情况，可考虑在上述城市消防总体（分区）规划计费基础上，取工作深度系数为 2.0～4.0，计取编制费用。

3. 实例参考

以广东省某市某重点片区为例，该片区城市消防工程详细规划项目计费情况如下：

（1）基本情况

该片区属于城市新城区，规划面积 14.2km²。至 2030 年，规划人口规模为 16 万人。

（2）规划要求

在城市消防总体规划深度的基础上，项目需要达到详细规划深度，并指导片区消防基础设施的建设。

（3）计费依据

依据 1：中国城市规划协会发布的《城市规划设计计费指导意见》（2017 修订版）。

依据 2：广东省城市规划协会发布的《广东省城市规划收费标准的建议（行业指导价）》（2003 版）。

（4）计费方法

采用工作深度系数法。按照上述工作深度系数范围，本案例中项目工作基础较好，深度系数取低值 2.0 进行计算。

（5）计算过程

采用依据 1 计算：本案例中，规划区规划人口规模为 16 万人，对应于《城市规划设计计费指导意见》（2017 修订版）中的城市规模“小城市（50 万人以下）”标准进行基准取费，具体计算过程如附表 9-3 所示，则该片区城市消防详细规划的项目收费为 81.6 万元。

某片区城市消防详细规划费用计算一览表　　**附表 9-3**

计算步骤	计费内容	计费单位或系数	计算过程	取费（万元）
1	基价	40 万元/项	1×40	40
2	城市综合防灾专项规划（总体规划）	6 万元/万人	40+16×6	136
3	城市消防规划（总体规划层次）	30%	136×30%	40.8
4	工作深度系数	2.0		
5	城市消防详细规划	40.8 万元/项	40.8×2.0	81.6

采用依据 2 计算：本案例中，由于规划区规划面积为 14.2km²，故对应于《广东省城市规划收费标准的建议（行业指导价）》（2003 版）中的城市消防、防洪系统规划进行计费，计费金额为 28 万元。取工作深度系数 2.0，则该片区城市消防详细规划的项目收费为 28×2.0=56 万元。

（6）最终费用

综上，两种方法计算得到的费用相差约46%，计算结果存在较大差异。故可取两种方法计算费用的平均值作为项目最终编制费用，则该片区城市消防工程详细规划的项目最终收费为：（81.6＋56）/2＝68.8万元。

4. 城市消防工程规划修编计费标准参考

城市消防工程规划应适时进行修编，修编计费用应考虑修编计费系数：5年内发生修编的计费系数取0.7～0.9；5年后发生修编的计费系数取0.8～1.0。

5. 城市消防工程规划编制费用分期付款比例参考

参考《城市规划设计计费指导意见》（2017修订版），建议城市消防工程规划编制费用分期付款比例如下：委托方应按进度分期支付城市规划设计费。在规划设计委托合同签定后3日内，支付规划设计费总额的40%作为定金；规划设计方案确定后3日内，支付40%的规划设计费；提交全部成果时，结清全部费用。

参 考 文 献

[1] 中央政府门户网站. 国务院调查组认定天津港“8·12”爆炸是特别重大生产安全责任事故[EB/OL]. [2016-2-5]. http://www.gov.cn/xinwen/2016-02/05/content_5039773.htm.

[2] 公安部消防局. 中国消防年鉴(2015)[M]. 昆明：云南人民出版社，2016.

[3] 张守斌. 军巡铺——我国最早的消防部队[J]. 浙江消防，2003(7)：37-38.

[4] 王宏伟. 我国消防体制的历史沿革与未来发展[J]. 中国安全生产，2018，13(11)：30-34.

[5] 孙洋. “对标体制”转改，积极构建消防监督管理新体系与模式[J]. 江西化工，2019(4)：243-245.

[6] 相坤，李磊，李宏文，等. 关于消防专项规划的思考与展望[J]. 消防技术与产品信息，2017(11)：5-8.

[7] 齐鹏. 《山东省城市消防规划编制审批办法》颁布实施[J]. 城市规划通讯，1999(19)：12.

[8] 省公安厅消防局印发公安部《城市消防规划编制要点》[J]. 河南消防，1998(10)：8.

[9] 刘应明，彭剑，何瑶，等. 新规范下城市消防规划的若干问题[J]. 土木建筑与环境工程，2011，33(S2)：91-93.

[10] 李丁. 基于火灾风险评估的城市消防规划研究[D]. 西北大学，2013.

[11] 胡传平. 区域火灾风险评估与灭火救援力量布局优化研究[D]. 同济大学，2006.

[12] 周天. 城市火灾风险和防火能力研究[D]. 同济大学，2007.

[13] 杨君涛. 城市火灾风险评估标准研究[J]. 现代职业安全，2017(11)：15-17.

[14] 董法军，何宁，杨国宏. 基于单体对象的城市区域火灾风险评价方法研究[J]. 安全与环境学报，2006(2)：120-123.

[15] 惠学俭. 区域火灾风险评估值在城市消防规划中的应用[A]//中国消防协会. 2010中国消防协会科学技术年会论文集[C]. 中国消防协会：中国消防协会，2010：3.

[16] 陈志芬，黄靖玲，李亚. 适应城市消防规划需求的火灾风险评估研究[J]. 中国安全生产科学技术，2019，15(5)：185-191.

[17] 公安部消防局. 中国消防手册(第三卷)[M]. 上海：上海科学技术出版社，2006.

[18] 屈波. 城市区域火灾风险评估研究[D]. 重庆大学，2005.

[19] 彭剑. 火灾风险量化评估在城市消防规划中的应用探讨[A]//中国城市规划学会、南京市政府. 转型与重构——2011中国城市规划年会论文集[C]. 中国城市规划学会，2011：9.

[20] 曾洪涛，储传亨. 当代中国的城市建设[M]. 北京：中国社会科学出版社，1991.

[21] 城市用地分类与规划建设用地标准GB 50137—2011[S]. 北京：中国建筑工业出版社，2011.

[22] 闫运忠. 新兴工业区消防站布局模型及其应用研究[J]. 消防技术与产品信息，2009(8)：46-49.

[23] 周陶洪. 旧工业区城市更新策略研究[D]. 清华大学，2005.

[24] 任俊峰. 华骏物流园火灾原因查明相关人员已被控制[EB/OL]. [2017-12-2]. http://news.qingdaonews.com/qingdao/2017-12/02/content_20057812.htm.

[25] 南博一. 日本东京一物流仓库失火造成3人死亡[EB/OL]. [2019-2-12]. https://www.thepaper.cn/newsDetail_forward_2976252.

[26] 乔星. 物流仓库消防安全对策研究[J]. 建筑学研究前沿，2017：34.
[27] 赵和生. 城市规划与城市发展[M]. 南京：东南大学出版社，2005.
[28] 韩东松. 基于城市安全的旧城区规划策略与实施路径研究[D]. 天津：天津大学，2014.
[29] 滕五晓，万蓓蕾，夏剑霰. 城市老旧房屋的安全问题及破解方略——以上海市为例[J]. 城市问题，2011(10)：74-79.
[30] 刘芹芹. 城市老旧街区火灾隐患及防治策略研究[D]. 天津：天津大学，2016.
[31] 贾骏. 浅议老城区消防规划的现状及对策[J]. 学理论，2012(19)：119-120.
[32] 城市居住区规划设计规范 GB 50180—93(2016 年版)[S]. 北京：中国建筑工业出版社，2016.
[33] 建筑设计防火规范 GB 50016—2014(2018 年版)[S]. 北京：中国计划出版社，2018.
[34] Council on Tall Buildings and Urban Habitat，CTBUH Year in Review：Tall Trends of 2018 [R]. 2018.
[35] 陈家强. 高层建筑火灾与应对措施[J]. 消防科学与技术，2007(2)：109-113.
[36] 商业建筑设计防火规范 DGJ32/J 67—2008[S]. 江苏省住房和城乡建设厅，2008.
[37] 李慎海. 城市综合体建筑消防安全策略研究[J]. 消防科学与技术，2016，(8)：1171-1174.
[38] 郁震飞，陈保胜. 历史街区消防规划初探[J]. 中国公共安全(学术版)，2009(4)：83-86.
[39] 刘天生. 国内木结构古建筑消防安全策略分析——古建筑火灾风险评估技术初探[D]. 上海：同济大学，2006.
[40] 胡敏. 历史街区的防火问题研究[D]. 北京：中国城市规划设计研究院，2005.
[41] 赵波平，徐素敏，殷广涛. 历史文化街区的胡同宽度研究[J]. 城市交通，2005(3)：45-48.
[42] 铁路工业站港湾站设计规范 QCR9135—2015[S]. 北京：中国铁道出版社，2015.
[43] 中国城市轨道交通协会. 城市轨道交通 2018 年度统计和分析报告[R]. 2019(2).
[44] 杜宝玲. 国外地铁火灾事故案例统计分析[J]. 消防科学与技术，2007(2)：214-217.
[45] 张玉杰. 地铁火灾风险评价研究[D]. 北京：北京交通大学，2018.
[46] 钟金花. 让过去告诉未来——全球地铁事故典型案例盘点[J]. 湖南安全与防灾，2016(7)：20-21.
[47] 丁厚成，朱庆松，郭双林，等. 地铁区间隧道火灾烟气流动特性对人员疏散影响的数值模拟[J]. 安全与环境工程，2019，26(2)：162-168.
[48] 史伟男，李佳宁. 地铁及隧道消防规划研究——以沈阳市“十三五”消防专项规划为例[J]. 城市住宅，2018，25(7)：72-74.
[49] 黄敏. 地下商场火灾风险评价及安全疏散性能化设计研究[D]. 长沙：中南大学，2008.
[50] 孔键，束昱，马仕等. 地铁车站服务标志系统功效综合评价[J]. 同济大学学报(自然科学版)，2007(8)：1064-1068.
[51] 孔键. 城市地下空间内部防灾问题的设计对策——介绍浙江杭州钱江世纪城核心区规划的地下防灾设计[J]. 上海城市规划，2009(2)：42-46.
[52] 城市综合管廊工程技术规划 GB 50838—2015[S]. 北京：中国计划出版社，2015.
[53] 深圳市地下综合管廊工程技术规程 SJG 32—2017[S]. 深圳市住房和城乡建设局，2017.
[54] 李国辉. 综合管廊火灾特征及消防设计现状与关键技术[A]//中国消防协会. 2017 中国消防协会科学技术年会论文集[C]. 中国消防协会：中国消防协会，2017：3.
[55] 朱安邦，刘应明，汪叶萍. 深圳前海合作区综合管廊自动灭火系统比选[J]. 中国给水排水，2018，34(18)：42-47.

[56] 国家核安全局令第 1 号. HAF101 核电站厂址选择安全规定[S]. 国家核安全局.

[57] 薛静. 对核电站的安全、选址问题的研究[D]. 广州：华南理工大学，2012.

[58] United Nation. Recommendations on the Transport of Dangerous Goods Model Regulations[M]. United Nation，tenth revised edition，2011.

[59] 汽车加油加气站设计与施工规范 GB 50156—2012[S]. 北京：中国计划出版社，2012.

[60] 国家能源局电力司，中国电动汽车充电基础设施促进联盟. 2018—2019 年度中国充电基础设施发展报告[R]. 2019.

[61] 韩刚团. 电动汽车充电设施规划与管理[M]. 北京：中国建筑工业出版社，2017.

[62] 蔡兴初，朱一鸣，陈彬，等. 电动汽车充电停车楼消防设施配置研究[J]. 给水排水，2017，53(9)：89-92.

[63] 电动汽车充电站设计规范 GB 50966—2014[S]. 北京：中国计划出版社，2014.

[64] 林俊雄，江心，朱建国，等. GIS 模型在城市消防站布局规划的应用研究[J]. 城市规划，2018，42(5)：63-68.

[65] 陈志芬，李俊伟，卢方欣，等. 城市消防站选址布局优化及对雄安新区的启示[J]. 中国安全生产科学技术，2018，14 (9)：12-17.

[66] 陈驰，任爱珠. 消防站布局优化的计算机方法[J]. 清华大学学报(自然科学版)，2003，43(10)：1390-1393.

[67] 钟中，周雨曦. “消防站综合体”设计研究——以深港对比为例[J]. 华中建筑，2019，37(5)：67-71.

[68] 鲁磊，沈本源. 核电厂专职消防队管理经验探讨[J]. 设备管理与维修，2015(S2)：58-59.

[69] 乡镇消防队 GB/T 35547—2017[S]. 北京：中国标准出版社，2015.

[70] 卢国建. 高层建筑及大型地下空间火灾防控技术[M]. 北京：国防工业出版社，2014.

[71] 陈智慧. 消防技术装备(2014 年版)[M]. 北京：机械工业出版社，2013.

[72] 千奇百怪的消防车[J]. 消防界(电子版)，2015(1)：27-30.

[73] 森林消防专业队伍建设标准 LY/T 5009—2014[S]. 北京：中国林业出版社，2014.

[74] 森林航空消防工程建设标准 LY/T 5006—2014[S]. 北京：中国林业出版社，2014.

[75] 陈耀宗，等. 建筑给水排水设计手册[M]. 北京：中国建筑工业出版社，1992.

[76] 孟庆港，孙莉. 关于消防水池的思考[J]. 工业用水与废水，2007(4)：125-126.

[77] 熊文涛. 非市政水源在城市消防供水技术中的应用[J]. 消防技术与产品信息，2015(5)：20-23.

[78] 胡海燕，邓一兵，刘勇，等. 海水用作沿海、海岛地区消防供水的探讨[J]. 水上消防，2009(6)：26-29.

[79] 李国金，赵新华. 再生水作消防用水的研究[J]. 建筑科学，2005(3)：48-50.

[80] 胡晓琼. 游泳池作为消防水源的工程实例及技术措施[J]. 给水排水，2015，51(7)：76-78.

[81] 尹大勇. 消防取水码头的建造形式及选用原则[J]. 武警学院学报，2011，27(2)：18-20.

[82] 谢龙祥. 小区游泳池兼作消防水池的探讨[J]. 重庆建筑，2007(8)：46-47.

[83] 石油库设计规范 GB 50074—2014[S]. 北京：中国计划出版社，2013.

[84] 石油化工企业设计防火规范 GB 50160—2008[S]. 北京：中国计划出版社，2008.

[85] 刘应明，彭剑，何瑶，等. 新规范下城市消防规划的若干问题[J]. 土木建筑与环境工程，2011，33(S2)：91-93.

[86] 杨正奎，陈晓鹏. 定位技术在消防水源道路熟悉中的应用研究[J]. 内蒙古科技与经济，2018

(23)：102+108.

[87] 尤明伟. 浅谈城市消防通信规划的现状和发展[J]. 内蒙古科技与经济，2017(18)：6-7.

[88] 刘昌伟. 消防移动应急通信系统的规划及应用[J]. 通讯世界，2016(5)：57-58.

[89] 刘梦茜. 消防移动应急通信系统的规划及应用[J]. 居业，2017(7)：64-65.

[90] 浦天龙，鲁广斌. 现代城市智慧消防建设探讨[J]. 人民论坛·学术前沿，2019(5)：50-55.

[91] 康富贵. 智慧消防建设面临的问题及建议——以陇南市为例[J]. 中国应急救援，2017(5)：61-64.

[92] 朱国营. 如何发挥"智慧消防"在消防救援队伍的实战指挥应用[J]. 今日消防，2019，4(3)：34-37.

[93] 城市消防远程监控系统技术规划 GB 50440—2007[S]. 北京：中国计划出版社出版，2007.

[94] 王林. 对高层建筑消防登高面、作业场地以及消防车道设计的相关思考[J]. 科技与企业，2013(16)：231.

[95] 森林防火总体规划编制规范 DB41/T 683—2011[S]. 郑州：河南省质量技术监督局，2011.

[96] 连旦军. 美国消防实力评估方法简[J]. 武警学院学报，2013，(6)：39-41.

[97] 陈飞，钟竑. 欧美创伤急救体系的发展与现状[J]. 创伤外科杂志，2014，16(2)：170-173.

[98] 李彦军，王宝伟，吴华，等. 对日本消防工作考察的启示[J]. 消防科学与技术，2012，31(5)：523-526.

[99] 顾旭东，聂时南. 法国院前创伤急救体系介绍[J]. 创伤外科杂志，2013，15(3)：286-288.

[100] 刘厚俭，熊悦安，陈欢，等. 武汉、台北、香港三城市院外急救比较研究[J]. 中国急救复苏与灾害医学杂志，2011，6 (1)：7-10.

[101] 林炜栋，陈向芳，陆树良. 建立消防医疗救助体系的探讨[J]. 中国急救复苏与灾害医学杂志，2009，4(8)：569-572.

[102] 日本总务省消防厅. 平成 30 年版消防白书[EB/OL]. [2019-4-29]. https://www. fdma. go. jp/publication/hakusho/h30/chapter2/section1/38271. html.

[103] Maria Mudd-Ruth, Scott Sroka. Firefighting: Behind the Scenes [M]. Houghton Mifflin Harcourt, 1998.

[104] Firefighting in the United States[EB/OL]. [2019-8-14]. https://en. wikipedia. org/wiki/Firefighting_in_the_United_States#cite_ref-9.

[105] Ruth, Sroka. AFDE Post 264 Anchorage Fire Department Explorer Handbook[M]. 1986.

[106] Cincinnati Fire Department[EB/OL]. [2019-8-14]. http://www. ohiohistorycentral. org/w/Cincinnati_Fire_Department.

[107] Reiner, A. Liberty Hose Co. No. 2 - Incident Detail[EB/OL]. [2016-11-4]. www. lykensfire. com.

[108] 余廉，王大勇. 由美国城市消防体制经验谈我国消防体制变革[J]. 行政管理改革，2011(4)：67-72.

[109] 汉鼎建设. 赴美国进行消防管理培训情况报告[EB/OL]. [2018-12-2]. http://www. dd0798. com/xfwh/xfwz/ 2018-12-21/6472. html.

[110] NFPA. U. S. Fire Department Profile[EB/OL]. [2019-8-14]. https://www. nfpa. org/News-and-Research/Data-research-and-tools/Emergency-Responders/US-fire-department-profile.

[111] NVFC. Volunteer Fire Service Culture: Essential Strategies for Succes[EB/OL]. [2019-8-14]. https://www. nvfc. org /wp-content /uploads/2017/07/Culture-Shift-Textbook-FINAL. pdf.

[112] NFPA. U. S. Fire Profile 2017[EB/OL]. [2019-8-14]. https://www. nfpa. org/-/media/Files/

News-and-Research/ Fire-statistics-and-reports/US-Fire-Problem/osFireLoss. pdf.

[113] NFPA. U. S. Standard for the Organization and Deployment of Fire Suppression Operations, Emergency Medical Operations, and Special Operations to the Public by Career Fire Departments[EB/OL]. [2019-8-14]. https://www. nfpa. org/codes-and-standards/all-codes-and-standards/list-of-codes-and-standards/detail? code=1710.

[114] NFPA. U. S. Standard for the Organization and Deployment of Fire Suppression Operations, Emergency Medical Operations and Special Operations to the Public by Volunteer Fire Departments[EB/OL]. [2019-8-14]. https://www. nfpa. org/codes-and-standards/all-codes-and-standards/list-of-codes-and-standards/detail? code=1720.

[115] NFPA. U. S. How the process works [EB/OL]. [2019-8-14]. https://www. nfpa. org/Codes-and-Standards/Standards-development-process /How-the -process-works.